职业院校公共基础课系列教材

计算机应用基础

——Windows 7+ Office 2010

主　编　李富宏　郭一鸣

副主编　陈　灿　覃绍宇

　　　　布晓超　朱志明

编　委　沈正华　罗本双

　　　　廖淑琴

西安电子科技大学出版社

内 容 简 介

本书是针对计算机应用基础课程的教学要求，结合最新的计算机科学技术的发展成果编写的，主要介绍计算机基础知识和相关应用技术的使用方法。全书共 7 章，内容包括计算机基础知识、Windows 7 操作系统及应用、Word 2010 文字处理、Excel 2010 表格处理、PowerPoint 2010 演示文稿、计算机多媒体基础、计算机网络基础。

本书在选材上力求精炼、重点突出，既重视基础知识的讲解，又强调应用技能的培养；对于计算机基础知识部分的讲解内容丰富、通俗易懂，对于计算机操作部分的讲解图文并茂、易学易用。本书可作为职业院校计算机基础课程的教材，也可作为计算机应用培训以及企事业单位的办公人员的参考用书。

★ 本书配有电子教案，有需要的教师可登录出版社网站(www.xduph.com)，免费下载。

图书在版编目(CIP)数据

计算机应用基础：Windows 7+Office 2010 / 李富宏，郭一鸣主编. —西安：西安电子科技大学出版社，2019.6(2021.8 重印)
ISBN 978–7–5606–5333–4

Ⅰ. ①计…　Ⅱ. ①李…　②郭…　Ⅲ. ①Windows 操作系统　②办公自动化—应用软件　Ⅳ. ①TP316.7　②TP317.1

中国版本图书馆 CIP 数据核字(2019)第 080521 号

策划编辑　明政珠　尹志宏
责任编辑　明政珠　李惠萍
出版发行　西安电子科技大学出版社（西安市太白南路 2 号）
电　　话　(029)88202421　88201467　　邮　　编　710071
网　　址　www.xduph.com　　　　　　电子邮箱　xdupfxb001@163.com
经　　销　新华书店
印刷单位　陕西天意印务有限责任公司
版　　次　2019 年 6 月第 1 版　　2021 年 8 月第 3 次印刷
开　　本　787 毫米×1092 毫米　1/16　印张 18.5
字　　数　435 千字
印　　数　7001～9000 册
定　　价　45.00 元
ISBN　978–7–5606–5333–4 / TP

XDUP 5635001-3

职业院校计算机应用基础——Windows 7 + Office 2010

公共基础课系列教材编委会

主　编　李富宏　（云南省临沧卫生学校）

　　　　郭一鸣　（云南省文山卫生学校）

副主编　陈　灿　（云南省昭通卫生职业学院）

　　　　覃绍宇　（云南省文山民族职业技术学校）

　　　　布晓超　（云南省普洱卫生学校）

　　　　朱志明　（云南省楚雄技师学院）

编　委　沈正华　（云南省玉溪市元江县职业高级中学）

　　　　罗本双　（云南中医药中等专业学校）

　　　　廖淑琴　（云南省昭通卫生职业学院）

前　言

随着计算机科学技术、网络技术和多媒体技术的飞速发展，计算机在人类社会的各个领域都得到了广泛的应用，影响着人们日常的工作、学习、交往、娱乐等各种活动。计算机已经成为人们提高工作质量和工作效率的必备工具，因此，计算机文化、计算机基础知识和计算机基本操作技能是当代大学生的必修内容之一。目前，职业教育中"计算机应用基础"是第一个层次的核心课程之一，它是非计算机专业或计算机专业的公共基础课，目的是让学生逐步认识计算机在国民经济各个领域中的应用，从而激发学习计算机的热情。

计算机应用基础教学已经进行了很多年，但是由于软件升级很快，导致原来的教材内容落后于时代。另外，计算机普及程度越来越深入，职业院校学生对计算机的熟悉程度已经比过去提高了许多，所以职业教育阶段的计算机基础教育需要紧跟时代的步伐，讲授一些前沿的计算机实用技术。为了达到这个目的，我们结合当前计算机基础教育的形势和任务，并按教育部对职业院校计算机基础课程的要求编写了本书。本书全面系统地介绍了计算机基础知识、Windows 7 操作系统及应用、Office 2010 办公软件、计算机多媒体基础、计算机网络基础等方面的知识，强调知识性、技能性与应用性的紧密结合。

全书共分 7 章，具体内容安排如下：

第 1 章介绍了计算机基础知识，包括计算机的发展与应用、计算机的系统组成和工作原理、数制与编码，以及计算机病毒和安全方面的知识等。

第 2 章介绍了 Windows 7 操作系统及应用，包括 Windows 7 基本操作、文件管理与磁盘维护、Windows 7 系统环境设置、Windows 7 实用应用软件，以及中文输入法的使用等。

第 3 章介绍了 Word 2010 文字处理技术，包括文档的基本操作、文本的编辑操作、文本与段落格式的设置、图文混排、表格的创建与编辑、文档的高级排版技术等。

第 4 章介绍了 Excel 2010 表格处理技术，包括工作簿与工作表的基本操作、数据的输入、工作表的编辑、公式与函数、数据处理与图表等。

第 5 章介绍了 PowerPoint 2010 演示文稿的制作技术，包括演示文稿的创建、幻灯片的编辑和美化、幻灯片的动画效果设置和放映方式等。

第 6 章介绍了计算机多媒体基础，包括多媒体的有关概念、多媒体技术的应用与发展、多媒体创作工具以及图像、声音与视频三种主流媒体的基本知识等。

第 7 章介绍了计算机网络基础，包括计算机网络的概念、分类和功能，计算机网络协议和网络结构，Internet 基础知识和网络连接等，具体可根据各校实际情况安排教学。

本书从实际出发，力求内容新颖、技术实用、通俗易懂，适合作为职业院校计算机基础教育的教材。参加本书编写工作的教师均长期从事计算机教学和学科建设工作，计算机理论和实践教学经验十分丰富。本书由李富宏、郭一鸣主编，由陈灿、覃绍宇、布晓超、朱志明担任副主编，参加编写的还有沈正华、罗本双、廖淑琴。本书的编写得到了西安电子科技大学出版社的关心和支持，在此一并表示感谢。

由于时间仓促，作者水平有限，书中如有不妥之处，欢迎广大读者朋友批评指正，以便修订和补充。

编　者

2019 年 3 月

目　录

第 1 章　计算机基础知识

✦✦✦✦✦✦✦✦✦✦✦✦✦✦✦✦✦✦✦✦✦✦✦✦✦✦✦✦✦✦✦✦✦✦✦✦✦✦

　　计算机是由一系列电子元器件组成的，能够存储程序并按程序自动、高速、精确地进行信息存储、传送与加工的电子装置。计算机的主要工作是数值计算与信息处理，它的应用渗透到了工业、农业、航天、气象、通信、科研、教育、艺术设计、办公等各个不同的社会领域。计算机的广泛应用，推动了人类社会的发展与进步，对生产、生活、科研等各个领域产生了极其深刻的影响。学习计算机知识，掌握并使用计算机是每一个人的迫切需求。

※ 目标规划

1. 熟悉计算机硬件系统
2. 掌握计算机软件系统
3. 了解信息安全知识

1.1　计算机概述

　　如果说 19 世纪蒸汽机的出现把人们从笨重的体力劳动中解放出来，那么 20 世纪的计算机则让人们从浩瀚的信息海洋中获得了自由。计算机已经成为人类征服自然与改造自然的有力工具。

1.1.1　计算机发展简史

　　计算机是 20 世纪最伟大的一项技术革命，它开创了解放人类脑力劳动的新时代。世界上第一台计算机于 1946 年 2 月在美国宾夕法尼亚大学诞生，全称为"电子数字积分机与计算机(Electronic Numerical Integrator And Calculator)"，简写为 ENIAC(埃尼阿克)，如图 1-1 所示。这台计算机共用了 18 000 多个电子管，占地 170 平方米，重 30 吨，耗电 140 kW，内存为 17 KB。它的功能远不如今天的计算机，但是 ENIAC 具有划时代的意义，它使信息处理技术进入了一个崭新的时代。

　　从计算机的发展趋势来看，计算机在短短的 70 多年里经过了电子管、晶体管、集成电路(IC)和超大规模集成电路(VLSI)四个阶段的发展，计算机的体积越来越小，功能越来越强，价格越来越低，应用越来越广泛，目前正朝着智能化(第五代)计算机的方向发展。每一个发展阶段在技术与性能上都是一次新的突破。

图 1-1　世界上第一台计算机 ENIAC

1. 第一代计算机(1946—1958 年)

第一代计算机采用的主要元件是电子管，所以也称为电子管计算机。这一代计算机运算速度很慢，一般为几千次到几万次每秒，体积庞大，主要用于科学计算。其主要特点是：

(1) 采用电子管作为基本逻辑部件，耗电量大、寿命短、可靠性差。

(2) 采用电子射线管作为存储部件，容量很小。后来使用磁鼓存储信息，在一定程度上扩充了存储容量。

(3) 输入输出装置简单，主要使用穿孔卡片，速度慢，使用起来十分不便。

(4) 没有系统软件，只能用机器语言和汇编语言编程。

2. 第二代计算机(1959—1965 年)

第二代计算机采用的是晶体管技术，称为晶体管计算机。这一代计算机的运算速度提高了几百倍，其应用范围扩展到了数据处理、自动控制和企业管理等方面。第一台晶体管计算机是 1959 年 12 月由美国 IBM 制造的 IBM 7090，只有 32 K 内存，系统占 5 K，用户占 27 K，用户数据在内存和一台磁鼓之间切换，如图 1-2 所示。第二代计算机的主要特点是：

(1) 体积小、可靠性强、寿命延长。

(2) 计算速度达到几万次到十几万次每秒。

(3) 可以使用汇编语言、高级程序设计语言编程，如 FORTRAN。

(4) 普遍采用磁芯作为内存储器，磁盘的容量大大提高。

图 1-2　第一台晶体管计算机 IBM 7090

3. 第三代计算机(1966—1970 年)

第三代计算机主要采用中小规模集成电路作为元器件，这是计算机发展史上一次重大的飞跃，第三代计算机的代表是 IBM 公司花了 50 亿美元开发的 IBM 360 系列，如图 1-3 所示。集成电路的出现与使用，快速推动了计算机的发展与普及，也为计算机走入寻常百姓家奠定了基础。第三代计算机的主要特点是：

(1) 体积更小，寿命更长。

(2) 计算速度可达到几百万次每秒。

(3) 出现操作系统，功能越来越强，计算机的应用范围进一步扩大。

(4) 普遍采用半导体存储器，存储容量进一步提高。

图 1-3　第三代计算机 IBM 360 系列

4. 第四代计算机(1971 年至今)

第四代计算机也称为超大规模集成电路计算机。这一代计算机的基本组成元器件是超大规模的集成电路，例如 80386 微处理器芯片，其面积约为 10 mm × l0 mm，却集成了约 32 万个晶体管。另外，内存储器采用半导体技术制造，外存储器主要有磁盘、磁带和光盘，运算速度大大提高，应用范围涉及社会生活的各个领域。其主要特点是：

(1) 采用大规模和超大规模集成电路元件，体积越来越小，可靠性更好，寿命更长，技术更新越来越快。

(2) 计算速度加快，达到几千万次到几十亿次每秒。

(3) 发展了并行处理技术和多机系统。

(4) 应用领域与应用技术得到了前所未有的发展，进入寻常百姓家庭。

(5) 计算机网络技术得到空前发展。

随着科学技术的不断进步，作为第四代计算机的典型代表——微型计算机应运而生。微型计算机的发展大致经历了五个阶段。

第一阶段是 1971—1973 年，这是 4 位和 8 位低档微处理器时代。典型产品是 1971 年 Intel 公司研制的 MCS-4 微型计算机，采用 4 位的 Intel 4004 微处理器，后来又推出了以 8 位 Intel 8008 为核心的 MCS-8 微型计算机。这个阶段的基本特点是采用 PMOS 工艺，集成度低，系统结构和指令系统比较简单，主要采用机器语言或简单的汇编语言，指令数目较少，用于家电和简单的控制场合。

第二阶段是 1974—1977 年，这是 8 位中高档微处理器时代，属于微型计算机的发展和改进阶段。典型产品是 Intel 8080/8085、Motorola 公司的 M6800、Zilog 公司的 Z80 等微处理器以及 MCS-80、TRS-80 和 APPLE-II 等微型计算机。这个阶段的基本特点是采用NMOS(N-Metal-Oxide-Semiconductor，N 型金属氧化物半导体)工艺，集成度提高约 4 倍，运算速度提高 10～15 倍，指令系统比较完善，具有典型的计算机体系结构和中断、DMA(Direct Memory Access，直接内存存储)等控制功能。软件方面除了汇编语言外，还有BASIC、FORTRAN 等高级语言和相应的解释与编译程序，后期还出现了操作系统，如 CMP操作系统。

第三阶段是 1978—1984 年，这是 16 位微处理器时代。典型产品是 Intel 公司的 8086/8088、80286，Motorola 公司的 M68000，Zilog 公司的 Z8000 等微处理器。这一时期著名的微型计算机产品是 1981 年 IBM 公司推出的基于 Intel 8086 微处理器的个人计算机(Personal Computer，PC)，1982 年 IBM 又推出了扩展型的个人计算机 IBM PC/XT，对内存进行了扩充，并增加了一个硬磁盘驱动器。1984 年 IBM 推出了以 Intel 80286 微处理器为核心的 16 位增强型个人计算机 IBM PC/AT，如图 1-4 所示。从此，人们对计算机不再陌生，计算机开始深入到人类生活的各个方面。

图 1-4　1984 年的 IBM PC/AT

这个阶段的基本特点是采用 HMOS(High performance Metal-Oxide-Semiconductor，高性能金属氧化物半导体)工艺，集成度和运算速度都比第二阶段提高了一个数量级，指令系统更加丰富、完善，采用多级中断、多种寻址方式，并配置了完善的软件系统。

第四阶段是 1985—1992 年，这是 32 位微处理器时代。典型产品是 Intel 公司的80386/80486，Motorola 公司的 M68030/68040 等。其特点是采用 HMOS 或 CMOS(Complemetary Metal-Oxide-Semiconductor，互补金属氧化物半导体)工艺，集成度极高，具有 32 位地址线和 32 位数据总线，每秒钟可完成 600 万条指令。由于集成度高，系统的速度和性能大为提高，可靠性增加，成本降低，此时的微型计算机功能已经非常强大，可以胜任多任务、多用户作业。

第五阶段是 1993 年以后，这是 64 位高档微处理器时代。1993 年 3 月，Intel 公司率先推出了统领 PC 达十余年的第五代微处理器——Pentium(奔腾)，代号为 P5，也称为 80586，具有 64 位的内部数据通道。从设计制造工艺到性能指标，都比第四代产品有了大幅度的提高。同期还有 AMD 公司的 K6 系列微处理器，其内部采用了超标量指令流水线结构，具有相互独立的指令和数据高速缓存。

计算机技术的发展一日千里，目前最新的微处理器是 Intel 公司的"酷睿 i7"系列(即Intel Core i7)，该处理器采用 64 位四核心 CPU，沿用 X86-64 指令集，并以 Intel Nehalem微架构为基础。

总之，进入 20 世纪 90 年代以来，随着科学技术的高速发展，计算机的新工艺、新技术和新功能不断推陈出新，使计算机的应用范围更广泛，功能更神奇。应当看到，计算机发展到今天已经进入第五代，我们把第五代计算机称为人工智能计算机。这类计算机可以模仿人的思维活动，具有推理、思维、学习以及对声音与图像的识别能力等。第五代计算机将随着人工智能技术的发展，具备类似于人的某些智慧，其应用范围和对人类生活的影响是难以想象的。

1.1.2　计算机的分类

随着计算机技术的发展和应用，计算机已成为一个庞大的家族。计算机的类型从不同角度有多种分类方法，从计算机的处理对象、使用范围、工作模式以及规模等不同角度，可以进行如下分类。

1. 按计算机处理对象分类

按照计算机处理的对象进行分类，可以分为数字计算机、模拟计算机和数字模拟混合计算机。

(1) 数字计算机。数字计算机采用二进制运算，其特点是输入、处理、输出和存储的数据都是离散的数字信息，计算精度高，便于存储，通用性强，既能胜任科学计算和数字处理，又能进行过程控制和 CAD/CAM 等工作。通常所说的计算机，一般是指数字计算机。

(2) 模拟计算机。模拟计算机主要用于处理模拟信号，如工业控制中的温度、压力等。模拟计算机的运算部件是由运算放大器组成的各类电子电路。一般来说，模拟计算机的运算精度和通用性不如数字计算机，但其运算速度快，主要用于过程控制和模拟仿真。

(3) 数字模拟混合计算机。数字模拟混合计算机将数字技术和模拟技术相结合，既能进行高速运算，又便于存储信息，兼有数字计算机和模拟计算机的功能和优点，但这类计算机造价昂贵。

2. 按计算机使用范围分类

按计算机的使用范围可以分为通用计算机和专用计算机。

(1) 通用计算机。通用计算机是指该类计算机具有广泛的用途和使用范围，可以解决各种问题，具有较强的通用性、适应性，主要应用于科学计算、数据处理和工程设计等。目前人们所使用的大都是通用计算机。

(2) 专用计算机。专用计算机是指该类计算机适用于某一特殊的应用领域，结构简单，功能单一，但是运行效率高、速度快、精度高，是其他计算机无法替代的，主要应用于智能仪表、生产过程控制、军事装备的自动控制等。导弹和火箭上使用的计算机很大一部分就是专用计算机。

3. 按计算机工作模式分类

按计算机的工作模式分类，可以分为服务器和工作站两大类。

(1) 服务器。服务器是一种可供网络用户共享的、高性能的计算机。服务器一般具有大容量的存储设备和丰富的外部设备，在其上运行网络操作系统要求具有较高的运行速度，用于网络管理、运行应用程序、处理网络工作站成员的信息请求等。服务器上的资源可供网络用户共享。

(2) 工作站。工作站是为了某种特殊用途而将高性能计算机系统、输入/输出设备及专用软件结合在一起的系统。它的独到之处就是易于联网，并配有大容量主存和大屏幕显示器，特别适合于 CAD/CAM 和办公自动化。

4．按计算机规模分类

按照计算机的体积大小、结构复杂程度、功率消耗、性能指标、数据存储容量、指令系统和设备、软件配置等的不同，可以将计算机分为巨型机、大中型机、小型机、微型机及单片机等，如图 1-5 所示。

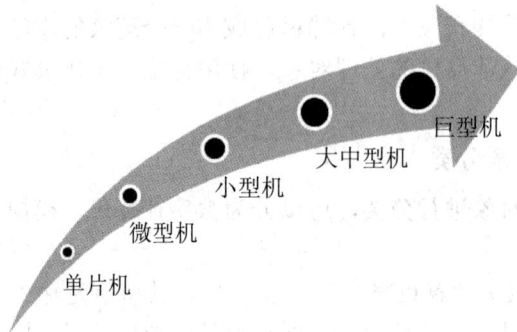

图 1-5　按计算机规模分类

(1) 巨型机。人们通常把体积最大、运行最快、最昂贵的计算机称为巨型机(超级计算机)，其每秒可执行几亿条指令，数据存储容量很大，规模大，结构复杂。巨型机一般用在国防和尖端科学领域。目前，巨型机主要用于战略武器(如核武器和反导弹武器)的设计、空间技术、石油勘探、天气预报等领域，是国家科技发展水平和综合国力的重要标志。

我国自行研制的银河-Ⅰ(每秒运算 1 亿次以上)、银河-Ⅱ(每秒运算 10 亿次以上)和银河-Ⅲ(每秒运算 100 亿次以上)都是巨型机。银河系列巨型计算机使我国高端系列计算机系统的研制水平再上一个新台阶。

(2) 大中型机。大中型机也具有很高的运算速度和很大的存储容量，并且允许多用户同时使用。但是在结构上比巨型机简单，运算速度没有巨型机快，价格也比巨型机便宜，一般只有大中型企事业单位使用它处理事务、管理信息与数据通信等。20 世纪 60 年代的 IBM 360，20 世纪 70 年代和 80 年代的 IBM 370，20 世纪 90 年代的 IBMS/390 系列都是大型机的代表作。

(3) 小型机。小型机的规模和运算速度比大中型机要低，但仍能支持十几个用户同时使用。小型机具有体积小、价格低、性价比高等优点，适合中小企业、事业单位用于工业控制、数据采集、分析计算、企业管理以及科学计算等，也可作为巨型机或大中型机的辅助机。

典型的小型机是美国 DEC 公司的 PDP 系列计算机、IBM 公司的 AS/400 系列计算机、我国的 DJS-130 计算机等。

(4) 微型机。微型机的出现与发展，掀起了计算机普及的浪潮，利用 4 位微处理器 Intel 4004 组成的 MCS-4 是世界上第一台微型机。我们现在工作学习生活中使用的 PC 机就是微型机。1978 年 Intel 成功开发了 16 位微处理器 Intel 8086。1981 年 32 位微处理器 Intel 80386 问世。随着技术的不断发展，现在已经进入 64 位多核微处理器时代。

(5) 单片机。单片机是一种集成电路芯片，是采用超大规模集成电路技术把具有数据处理能力的中央处理器(Central Processing Unit，CPU)、随机存储器(Random Access Memory，

RAM)、只读存储器(Read-Only Memory，ROM)、多种 I/O 接口和中断系统、定时器/计时器等功能集成到一块硅片上而构成的一个小巧而完善的微型计算机系统。单片机体积小、功耗低、使用方便，但存储容量较小，多用于工业控制领域、家用电器等。

小贴士

　　随着技术的不断发展，计算机的体积越来越小，功能越来越强。目前还在发展一些新型计算机，如生物计算机(Biocomputer)、光子计算机(Photon Computer)、量子计算机(Quantum Computer)等。

1.1.3　计算机的特点

　　计算机的应用已经渗透到社会生活的各个领域，成为人类生产、生活中不可缺少的工作、学习、娱乐工具。之所以如此，是由计算机的自身特点决定的，归纳起来有以下特点：

1．运算速度快

　　目前，一般的计算机运算速度是每秒几十万次到几百万次。大型计算机的运算速度是每秒几千万次。世界上运算速度最快的计算机已达万亿次，我国的"银河-Ⅲ"巨型计算机，其运算速度每秒达百亿次，可以完成如天气预报、大地测量、运载火箭参数的计算等。

2．具有"记忆"能力，且存储容量大

　　计算机不仅能计算，还能把数据、计算指令等信息存储起来。通常用容量(存储量)来表示机器记忆功能的大小，单位为 K(1 K = 1024 字节，每个字节可以存放一个字符)。目前，一台家用计算机的硬盘容量可达 200 G(1 G 约等于 10 亿字节)，甚至更多。

3．计算精度高、可靠性强

　　一般计算机可以有十几位甚至几百位的有效数字，这样就能进行精确的数据计算。如用计算机计算圆周率的值，精确度可以达到几百万位，这在目前是任何其他计算工具代替不了的。计算机的计算精度通常用字长表示，有 8 位机、16 位机、32 位机、64 位机等。

4．具有逻辑判断能力

　　计算机不仅能进行算术运算，而且还可以用逻辑运算进行判断与推理，并能根据判断决定以后执行什么命令，这就是人工智能计算机。它可以模仿人的思维活动，具有推理、思维、学习以及对声音与图像的识别能力等。

5．高度自动化

　　计算机的内部操作运算都是可以自动控制的，用户只要把程序送入后，计算机就会在程序的控制下自动运行完成全部预定的任务。

1.1.4　计算机的应用

　　由于计算机不仅具有高效性、精确性和逻辑性等特点，而且还具有逻辑分析和逻辑判断能力，所以应用领域非常广泛。目前，计算机已经在工业、农业、经济、国防、科技及社会生活的各个领域中得到极其广泛的应用。归纳起来分为以下几个方面：

1. 科学计算

科学计算主要是在一些科研领域，如数学、物理、化学、天文学、地质学、气象学等科研方面。在这些领域中，要解决大量的科学计算问题，使用计算机进行计算不仅精确，而且快速，能够实现人工无法解决的各种科学计算问题。例如，一次天气预报需要做 10 万亿次计算。

2. 信息处理

信息处理是指利用计算机对信息进行收集、加工、存储和传递等，目的是为了向人们提供有价值的信息，作为管理和决策的依据。信息处理主要体现在一些企事业单位对计算机的应用，如企事业单位及各部门的事务处理、财务及工资管理、人事管理、人口管理、统计分析、图书管理等，这是目前计算机应用最广阔的领域，约占全部应用领域的 80% 以上。

3. 过程控制

过程控制是指利用计算机实现对单机或整个生产过程的控制。它主要体现在机械、化工、冶金等工业生产中，或者在航天、卫星、导弹控制过程中的自动调整或实时控制，实现一些无法由人工直接完成的工作。

例如，在汽车工业中，利用计算机控制机床和整个装配流水线，不仅可以实现精度要求高、形状复杂的零件加工自动化，而且可以使整个车间或工厂实现自动化。

4. 辅助技术

计算机辅助技术是指通过人机对话，使用计算机辅助人们进行设计、加工、计划和学习等。例如，计算机辅助设计(Computer Aided Design，CAD)、计算机辅助制造(Computer Aided Manufacturing，CAM)和计算机辅助教学(Computer Aided Instruction，CAI)等都属于这一技术范畴。

CAD 是指利用计算机来帮助人们进行工程设计，以提高设计工作的自动化程度，在机械、建筑、服装以及电路等设计中都有广泛的应用。

CAM 是指利用计算机进行生产设备的管理、控制与操作。利用 CAM 可以提高产品质量、降低成本和降低劳动强度。

CAI 是指将教学内容、教学方法以及学生的学习情况等存储在计算机中，帮助学生轻松地学习所需要的知识。

5. 办公自动化

办公自动化是指利用现代通信技术、办公自动化设备和计算机系统帮助办公室人员处理日常工作，简称 OA(Office Automation)。办公自动化技术与计算机网络技术的结合与发展，实现了人们在家里办公的梦想，出现了 SOHO 一族。

6. 网络通信

网络通信是利用计算机网络实现信息的传送、交换、传播，例如电子邮件、电子数据交换(Electronic Data Intercharge，EDI)等。网络通信的应用加速了人类社会信息化的进程，正在全世界广泛建立的"信息高速公路"，就是以计算机网络技术和通信技术为基础的。

7．智能模拟

智能模拟也叫人工智能，其含义是研究计算机模仿人的高级思维活动，进行逻辑判断与推理。通俗地理解，就是让计算机能听懂人的语言、能识别人写的文字、能与人直接对话等。也就是说，人工智能计算机以自然语言的理解和识别、文字和图形以及景物的识别与学习功能为重点。

8．家庭生活

计算机已经走入寻常百姓家庭，所以计算机在家庭方面也越来越普及，主要表现在生活中的以下几个方面：

(1) 娱乐方面。

随着多媒体技术的发展，计算机在娱乐方面的应用很多，如：在计算机上看电影、聆听音乐、玩电脑游戏、网络聊天、视频电话、网上浏览等。

(2) 消费方面。

消费方面的应用更是多种多样，例如，开通网上银行业务，用户可以坐在家里享受银行服务，不再受地理环境、服务时间的限制。再如，当前流行的电子商务，也为百姓生活带来了诸多方便，通过淘宝网、当当网等电子商务网站可以从事网上销售、购物等。

总之，计算机的普及让人们的日常生活发生了变化，例如股票交易，查询火车车次及时间、飞机的班次，旅游报价及购买车票等都可以通过网络在家中完成。

1.1.5　计算机的发展趋势

计算机自诞生以来，其发展速度之快是其他任何技术都无法比拟的。科学家断言，计算机今后还要向高度(高性能)、广度(普及)和深度(智能化)挺进，未来计算机的发展趋势将朝着巨型化、微型化、网络化、智能化和多媒体化方向发展。

1．巨型化

巨型化不是指计算机的体积大，而是指计算机的运算速度更快、存储容量更大和功能更强等。这既是为了满足如原子、核反应、天文、气象、航天等尖端科学飞速发展的需要，也是为了使计算机具有学习、推理、记忆等功能。巨型机的研制集中体现了一个国家科学技术的发展水平。

2．微型化

随着电子技术的发展，制造工艺水平的提高，大规模和超大规模集成电路的集成度越来越高，计算机的体积越来越小，重量越来越轻，但功能却越来越强，价格更低。

3．网络化

网络化是计算机发展的又一个重要趋势。从单机走向联网是计算机发展的必然结果。所谓计算机网络化，是指将计算机通过通信线路和通信设备互相连接成一个大规模、功能强的网络系统，使计算机之间可以相互传递信息，共享数据和软、硬件资源。

4. 智能化

计算机人工智能的研究建立在现代科学基础之上。智能化是计算机发展的一个重要方向，新一代计算机正朝着智能化的方向发展。智能化的研究包括模式识别、图像识别、自然语言的生成和理解、自动程序设计、专家系统、学习系统和智能机器人等。

5. 多媒体化

多媒体计算机是当前计算机领域中最引人注目的高新技术之一。传统的计算机处理信息的主要对象是字符和数字，人们通过键盘、鼠标和显示器与字符和数字进行交互，而多媒体计算机则是利用计算机技术、通信技术和大众传播技术综合处理多种媒体信息，这些信息包括文本、视频、图像、声音、文字等，这使得计算机与人类可以实现更好的交互。

1.2 计算机系统组成

计算机的应用已经渗透到人类社会的各个领域，为了更好地使用计算机，了解和掌握计算机系统的基本组成和工作原理等基础知识是非常必要的。

1.2.1 计算机系统的组成

一个完整的计算机系统包括硬件系统和软件系统两大部分，如图 1-6 所示。硬件系统是计算机系统的物质基础，软件系统是对硬件系统性能的扩充和完善。计算机运行时软、硬件系统协同工作，二者缺一不可。

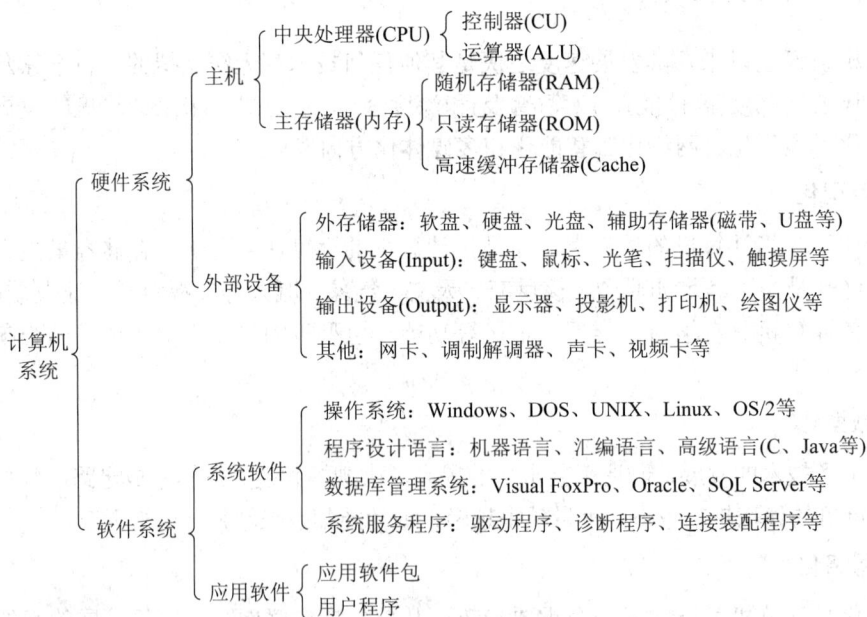

图 1-6 计算机系统的组成

组成计算机的硬件与软件都是客观存在的，两者相辅相成，硬件是计算机的物质基础，没有硬件就无所谓计算机；软件是计算机的灵魂，没有软件，计算机就不存在价值。硬件系统的发展给软件系统提供了良好的开发环境，而软件系统发展又给硬件系统提出了新的要求。

1.2.2　计算机硬件系统

硬件系统(Hardware System)也称为硬件，是看得见、摸得着的计算机实体部分。计算机硬件由运算器、控制器、存储器、输入设备和输出设备 5 大部分组成。运算器和控制器合称为中央处理器(CPU)，中央处理器和主存储器构成主机，在计算机硬件系统中主机以外的设备称为外部设备。主机和外部设备合在一起构成计算机硬件系统。

1．中央处理器

硬件系统的核心是中央处理器，主要包括运算器(Arithmetic Logic Unit，ALU)和控制器(Control Unit，CU)两大部件。它是负责运算和控制的中心，计算机的所有操作都受 CPU 控制，所以它的品质直接影响着整个计算机系统的性能。

其中，运算器又称为算术逻辑单元，它是计算机对数据进行加工处理的部件，包括算术运算(加、减、乘、除等)和逻辑运算(与、或、非、异或、比较等)。控制器则规定了计算机执行指令的顺序，并根据指令的具体含义，控制计算机各部件之间协调地工作。通俗地说，控制器是计算机的指挥中心，指挥着计算机各部分的工作，完成各种操作。

CPU 的档次直接决定了一个计算机系统的档次。CPU 可以同时处理的二进制数据的位数是最重要的一个品质标志。目前市面上的 CPU 主要有 Intel 和 AMD 两种品牌。

2．主存储器

主存储器(Main Memory)也称为内存储器，简称内存，它是由半导体器件构成的。从使用功能上划分，可分为随机存储器(RAM)和只读存储器(ROM)两种。

随机存储器又称为读写存储器，它有两个基本特征：一是其中的信息随时可以读出或写入，当写入时，原来存储的数据将被冲掉；二是加电使用时其中的信息会完好无缺，但是一旦断电(关机或意外掉电)，RAM 中存储的数据就会消失，而且无法恢复。配置电脑时所说的"多大内存"是指 RAM 的容量。

只读存储器装有计算机厂家预先固化了的系统服务程序，如监控程序、翻译程序等，这些内容是采用掩膜技术由厂家一次性写入的，并永久保存下来。用户只能读取其中的数据，不能修改或写入数据，如 BIOS(基本输入/输出系统)中的内容就存储在 ROM 中。

小贴士

　　存储器是计算机记忆或暂存数据的部件。计算机中的全部信息，包括原始的输入数据、经过初步加工的中间数据以及最后处理完成的有用信息都存放在存储器中。存储器分为内存储器（内存）和外存储器（外存）两种。

3．外存储器

虽然内存储器存取速度快，但是容量小、不能长久保存信息，因此，不得不借助外存储器弥补这一缺陷。常见的外存储器有软盘、硬盘、光盘、辅助存储器等。

(1) 软盘。

随着计算机技术的发展，软盘已经被淘汰。在过去的一段时间里，软盘是一种十分重要的外存储器。常见的软盘有 5.25 英寸和 3.5 英寸两种，如图 1-7 所示。

软盘驱动器(简称软驱)用来读写软盘上的数据，使用时，将软盘正面朝上插入软驱中。软盘的体积小，便于携带，可以很方便地保存和交流数据。由于软盘存储容量小、易损坏，近几年已经被 U 盘取代。

图 1-7　5.25 英寸和 3.5 英寸软盘

(2) 硬盘。

硬盘是计算机的"仓库"，通常安装在机箱内部。将硬盘的盘片和对盘片进行读写操作的驱动器做成了一个整体，通常把它们统称为硬盘。由于用户不能对硬盘进行拆卸，因此又称为固定盘(Fixed Disk)。硬盘读写数据的速度比软盘快得多，存储量也比较大。目前生产的硬盘容量一般为 320 GB～1500 GB 以上。在计算机系统中，硬盘驱动器的符号用一个英文字母表示，也称为盘符，如果有两个硬盘，称为 C 盘和 D 盘，或者将一个硬盘分成两个区，也称为 C 区和 D 区。

(3) 光盘。

光盘使用激光在特殊介质上刻写数据，又分为不可擦写光盘(如 CD-ROM、DVD-ROM 等)和可擦写光盘(如 CD-RW、DVD-RAM 等)。CD 光盘的最大容量大约是 700 MB，DVD 光盘的容量大约是 4.7 GB，近几年发展的 BD(蓝光光盘)容量可以达到 25 GB。光盘具有体积小、存储量大、便于携带、数据保存时间长等优点。

(4) 辅助存储器。

现在移动存储技术发展迅速，辅助存储器包括闪盘(U 盘)、存储卡、记忆棒、移动硬盘等。辅助存储器的容量一般都比较大，大多采用 USB 接口，便于不同计算机之间进行信息交流。各种存储技术的参数比较如表 1-1 所示。

表 1-1　各种存储技术的参数

存储器	体　积	容　量	特　点
闪盘(U 盘)	多样化、最小化	1 G/2 G/4 G/8 G/16 G/32 G 等	携带方便、抗振
存储卡	体积最小化	4 G/8 G/16 G/32 G 等	便于携带，超大空间，防振
记忆棒	50 mm × 21.5 mm × 2.8 mm 31 mm × 20 mm × 1.6 mm	8 G/16 G/32 G/64 G 等	高度抗振，多功能，数据存储安全
移动硬盘	体积相对偏大	320 G/500 G/1 T/2 T 等	抗电磁、防潮，多功能，速度更快，携带轻便

另外，MP3 音频播放器及 MP4 多媒体影音播放器是时下流行的两种数码设备，它们

也兼有移动存储的功能。

小贴士

存储容量是存储器的主要性能指标。表示存储容量的主要单位有字节(Byte，1字节相当于 8 个二进制位)、千字节(KB)、兆字节(MB)、吉字节(GB)、万亿字节(TB)等。它们之间的换算关系如下：

1 KB (Kilobyte，千字节) = 1024 B

1 MB (Megabyte，兆字节，简称 "兆") = 1024 KB

1 GB (Gigabyte，吉字节，又称 "千兆") = 1024 MB

1 TB (Trillionbyte，万亿字节，又称太字节) = 1024 GB

4. 输入设备

输入设备(Input Device)是指从外部获取信息的设备，它负责将信息(数据和程序)通过人工键入或磁盘自动输入计算机。常用的输入设备和系统有键盘、鼠标器、语音识别、触摸屏、扫描仪、光笔等，如图 1-8 所示分别是图形扫描仪和条码扫描仪。

图 1-8　图形扫描仪与条码扫描仪

5. 输出设备

输出设备(Output Device)是负责将计算机加工处理后的结果输出，以供人们查阅和使用的设备。常见的输出设备有显示器、打印机、绘图仪、投影仪等。

显示器是计算机不可缺少的输出设备，用户通过它可以很方便地查看送入计算机的程序、数据、图形等信息及经过计算机处理后的中间结果、最后结果。显示器是人机对话的主要工具。打印机与绘图仪也是常见的输出设备，但并不是每一台计算机必须配备的。如图 1-9 所示分别为打印机和绘图仪。

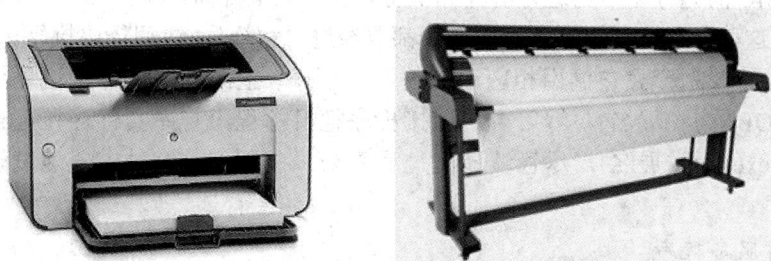

图 1-9　打印机和绘图仪

1.2.3　计算机软件系统

软件系统(Software System)是相对于硬件系统而言的，计算机的硬件决定了计算机的性能，而软件则决定了计算机的功能。一台计算机具体能干什么工作，关键在于安装了什么软件。因此，计算机软件系统是组成计算机系统的重要部分，它包括系统软件和应用软件两大类。

1．系统软件

系统软件是指管理、控制、开发、维护计算机系统的各类程序。它面向机器本身，主要的功能是调度、协调计算机及其外部设备之间的工作，支持应用软件的开发和运行，监控和维护系统等。一般来说系统软件可分为操作系统、程序设计语言、系统服务程序和数据库管理系统。

1) 操作系统

操作系统是管理、控制和监督计算机软、硬件资源协调运行的程序系统，由一系列具有不同控制和管理功能的程序组成。操作系统具有处理器管理(进程管理)、存储管理、设备管理、文件管理和作业管理五大管理功能。它是直接运行在计算机硬件上的最基本的系统软件，是系统软件的核心。

操作系统是计算机发展的产物，使用它的主要目的有两个：一是方便用户使用计算机，它是用户和计算机的接口；二是统一管理计算机系统的全部资源，合理组织计算机工作流程，以便充分、合理地发挥计算机的效率。

操作系统的种类繁多，按其功能和特性分为批处理操作系统、分时操作系统(如 Unix 操作系统)和实时操作系统等；按同时管理用户的多少分为单用户操作系统和多用户操作系统。此外，还有适合管理计算机网络环境的网络操作系统。

目前常用的操作系统有：Windows 系列(Windows XP、Windows 2003、Windows 7 等)、UNIX、Linux 等。

2) 程序设计语言

程序设计语言是系统软件的重要组成部分，是人机进行信息交换的标准，按照其发展历程分为机器语言、汇编语言、高级语言。计算机硬件系统只能直接识别以数字代码表示的指令序列，即机器语言。如果要在计算机上运行高级语言则必须配备相应的翻译程序，对于高级语言来说，翻译的方法有如下两种：

一种是"解释"，早期的 BASIC 语言源程序的执行就是采用这种方式。每次运行都要逐条把 BASIC 的源程序语句进行解释和执行，它不保留目标程序代码，即不产生可执行文件。因此，这种方式速度较慢，每次运行都要经过"解释"，边解释边执行。

另一种是"编译"，它调用相应语言的编译程序，把源程序变成由机器语言组成的目标程序(以 .OBJ 为扩展名)，然后再用连接程序把目标程序与库文件连接起来，形成可执行文件(以 .exe 为扩展名)，尽管编译的过程复杂一些，但是这种方式速度较快，可以反复执行。

3) 系统服务程序

系统服务程序能够提供一些常用的服务性功能，它们为用户开发程序和使用计算机提供了方便，像计算机中常用的诊断程序、驱动程序均属此类。

4) 数据库管理系统

数据库是指按照一定联系存储的数据集合，可以被多种应用程序共享，数据库管理系统 DBMS(Data Base Management System)则是能够对数据库进行加工、管理的系统软件。其主要功能是建立、维护、删除数据库以及对数据库中的数据进行各种操作，如检索、修改、排序、合并等。

常见的数据库管理系统有 Oracle、SQL Server 等。

2．应用软件

应用软件是指用户为解决各种实际问题而编制的计算机应用程序及其有关资料，如人事管理软件、财务管理软件、图书检索软件等。

(1) 办公自动化应用软件包，如 WPS、Word、Office 等。

(2) 图像视频处理软件包，如 Photoshop、3DS max、Premiere 等。

(3) 特殊行业专用程序，如财务管理软件、税务管理软件、票务管理软件、辅助教育软件等。

1.2.4　计算机的工作原理

1946 年著名的美籍匈牙利科学家冯·诺依曼提出了关于计算机组成和工作方式的基本设想，第一次提出了存储的概念，确定了现代计算机的基本结构，这一结构又称为冯·诺依曼结构，现在，所有的存储程序式计算机都称为冯·诺依曼计算机。

冯·诺依曼计算机具体由五大功能模块组成，即运算器、控制器、存储器、输入设备和输出设备。这五大部分相互配合，协同工作，其各部分之间的关系如图 1-10 所示，其中双箭头表示数据流向，单箭头表示控制信号流向。

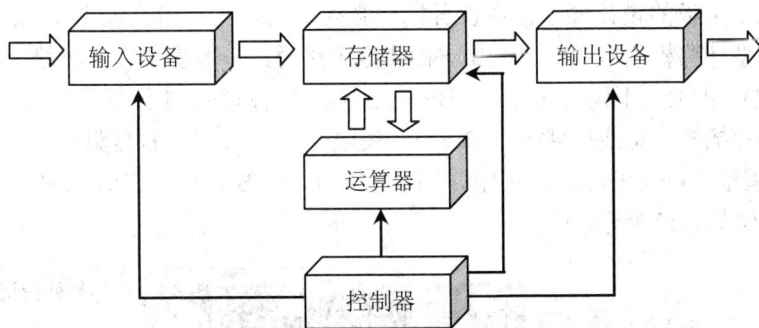

图 1-10　计算机的硬件结构

计算机工作时，首先由输入设备接受外界信息(数据)，控制器发出指令将数据输入到存储器，再由控制器控制存储器将数据送到运算器，经过运算器计算并把计算结果返回存储器中，最后在控制器发出的取数和输出命令下通过输出设备输出处理结果。计算机的工作原理可以概括为"存储程序"和"程序控制"。

从计算机的第一代至第四代，一直没有突破冯·诺依曼的体系结构，目前绝大多数计算机都是基于冯·诺依曼计算机模型而开发的。

1.3 微型计算机的组成

微型计算机简称"微机",最常见的微机就是工作与生活中的 PC,这里主要介绍 PC 的基本硬件组成。

目前流行的微型计算机的基本结构从外观上看都是由主机、显示器、键盘、鼠标等组成。主机是微型计算机的核心,主要由系统主板、CPU、内存、硬盘、光盘驱动器(光驱)、显示器适配器(显卡)、电源等构成,主要部件如图 1-11 所示。

图 1-11 微型计算机的主要部件

1.3.1 主板

系统主板也称为主板(Main Board)、主机板或母板。它是微型计算机最基本的也是最重要的部件之一,是其他各种设备的连接载体,起着连接计算机一切板卡的作用。它用来安装 CPU、内存条以及控制输入/输出设备工作的各种插件板,如显卡、声卡、网卡等。PC99 技术规格规范了主板的设计要求,主板各接口必须采用有色标识,以方便用户识别。

主板是微型计算机主机箱内的一块平面集成电路板,一般安装在主机箱的底部(卧式机)或一侧(立式机)。主板上不仅有芯片组、BIOS 芯片、各种跳线、电源插座,还提供以下插槽:CPU 插槽、内存插槽、总线扩展槽、IDE(电子集成驱动器)接口、软盘驱动器接口、PCI 扩展槽、PCI-E 扩展槽,以及串行口、并行口、PS/2 接口、USB 接口、CPU 风扇电源接口、各类外设接口等,如图 1-12 所示。

图 1-12 系统主板

　　主板几乎与主机内的所有设备都有连接关系，微型计算机通过主板上的总线及接口将CPU 等器件与外部设备有机地连接起来，形成一个完整的系统。主板从结构上可大体分为AT 主板、ATX 主板、NLX 主板 3 大类型。其中，AT 主板已经淘汰，ATX 主板是 Intel 公司的新型主板结构规范，目前大多数主板都采用这种结构。那些超薄的原装机机箱一般都采用 NLX 主板。

　　主板是决定计算机性能的一个重要部件。选择主板时要注意其芯片组的档次、稳定性、散热性、兼容性、可扩展性等。近年来，一些主板上已经集成了显卡和声卡，如果用户使用计算机来处理专业图像或多媒体，建议不要选择这类主板。

1.3.2　CPU

　　CPU 也称为中央处理器，前面已经介绍了它的构成与工作原理。对于微型计算机来说，CPU 的作用相当于人类的"大脑"。目前市面上的 CPU 主要有 Intel 和 AMD 两种品牌，如Inter 公司的 Core i3、Core i5、Core i7，AMD 公司的 A8-3870K、FX 6100 等，如图 1-13 所示是 Intel Core i7 CPU。

图 1-13　Intel Core i7 CPU

　　衡量 CPU 的主要性能指标有字长、主频、核心数目、缓存等。

　　(1) 字长是指 CPU 内部各寄存器之间通过数据总线一次能够完成二进制数传递的位数，该指标反映出 CPU 内部运算处理的速度和效率，字长越长，运算速度越快，处理能力越强。目前 CPU 的字长主要是 32 位和 64 位。

　　(2) CPU 的运算速度用主时钟频率(简称主频)来表示，在其他条件相同的情况下，CPU主频越高，计算机的运算速度就越快。主频是 CPU 的主要性能指标之一，也是购机时首先考虑的一个因素，如 Intel Core i7 CPU 主频是的 3.5 GHz。

　　(3) 按其运算核心的多少，CPU 又可以分为单核、双核、三核和四核 CPU。一般来说，运算主频数值越大，运算核心越多，CPU 运算速度越快。

　　(4) CPU 上的缓存有一级(L1)、二级(L2)、三级(L3)的区别，目前使用三级缓存的 CPU都是多核心处理器。由于三级缓存对 CPU 性能的影响没有二级缓存大，二级缓存对 CPU性能的影响没有一级缓存大，所以 L1 缓存越大，CPU 工作时与存取速度比较慢的 L2 缓存和内存间交换数据的次数就越少，相对计算机的运算速度就可以提高；同样道理，L1 缓存相同的情况下，L2 级缓存越大，CPU 的性能就越好。

1.3.3　内存

　　计算机处理数据时必须先将数据载入内存(Memory)，然后再由 CPU 进行处理。因此，可以把内存比喻为缓冲区，如图 1-14 所示为内存的实物照片，它需要插在主板的内存插槽上。

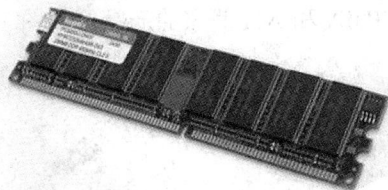

图 1-14　内存

　　目前市场上的主要内存类型有 SDRAM、DDRRAM 和 RDRAM，不同类型的内存在数据传输速率、工作频率、工作方式、工作电压等方面都有区别，其中 DDR 内存占据了市场主流，而 SDRAM 内存规格已不再发展，将逐渐淘汰出市场。

DDR 技术到目前为止已经经历了 DDR、DDR2 和 DDR3 三个时代，目前 DDR2 内存的使用量最大，不过将逐渐被 DDR3 所取代。

内存的容量是指内存条的存储容量，是内存条的关键性参数。内存容量以 MB 作为单位，可以简写为 M。内存的容量一般都为 2 的 N 次方，如 512 MB、1 GB、2 GB、4 GB 和 8 GB 等，其中 1 GB = 1024 MB。一般而言，内存越大，程序运行起来就越顺畅。另外，内存条的选用一定要和主板上内存插槽的形式相匹配。

1.3.4　硬盘

硬盘(Hard Disc Drive，HDD)是存储数据的主要载体，它是计算机配置的全密封结构的大容量外存储器，它可以看做是计算机中存储数据的仓库，由于采用了温彻斯特技术，硬盘又可以称为温盘驱动器或温盘。用户安装的一切软件，包括系统软件与应用软件都存储在硬盘上，如图 1-15 所示为硬盘实物照片。

图 1-15　硬盘

目前市场上广泛使用的硬盘品牌有希捷、迈拓、西部数据等。容量、缓存和转速是硬盘的主要性能指标。例如，"西部数据" WD10EADX 型号的硬盘容量大小是 1 TB(硬盘的容量有很多规格，如 250 GB、320 GB、500 GB、1 TB 和 2 TB 等)，缓存容量为 32 MB，转速为每分钟 7200 转。

1.3.5　显卡

显卡即显示适配卡(Display Card)，是连接主板与显示器的桥梁。显卡由图形芯片、显存、AGP 接口、视频编码芯片、显卡 BIOS 等几部分组成。显卡插在主板的显卡插槽上，只有通过显卡才能使处理后的信息输出到显示器中。目前市场上的显卡芯片主要为 NVIDIA 和 ATI 两家的产品，如图 1-16 所示为显卡实物照片。

图 1-16　显卡

1.3.6　输入/输出设备

输入/输出设备是人与计算机交换信息所必需的设备，不同种类的设备可以满足不同场合的需求。另外，外部存储设备(如硬盘、U 盘、光驱等)既可以看做是输入设备，也可以看做是输出设备。下面介绍常用的几种输入/输出设备。

1. 显示器

显示器是微型计算机中最常用的和必备的标准输出设备，也是人机对话的主要工具，用来显示计算机软件的操作界面、系统信息、处理结果等。显示器根据制造材料的不同，一般分为 CRT(阴极射线管)显示器、LCD(液晶)显示器、PDP(等离子)显示器等。

CRT 显示器也叫阴极射线管显示器，是微型计算机上使用最早、也是最常见的显示器，其工作原理与普通电视机相同，只是数据接收与控制方式不同，如图 1-17 所示。LCD 显示器也叫液晶显示器，使用液晶屏幕显示图像，从理论上说是一种数字显示器，视觉效果好，对人体伤害小，如图 1-18 所示。

图 1-17　CRT 显示器　　　　　　图 1-18　液晶显示器

显示器的主要性能指标有显示尺寸、屏幕分辨率和显示对比度。例如，某种型号的液晶显示器的对比度为 8000∶1,意味着其能显示的最亮部分亮度是最暗部分亮度的 8000 倍。显示器的品牌比较多，如飞利浦、现代、三星、LG、优派等都是不错的选择。

2. 鼠标/键盘

鼠标/键盘是微型计算机上必不可少的输入设备。

通过键盘可以将字母、数字和符号输入到计算机中，实现对数据的输入与控制。常用的键盘有 104 个键或 107 个键，其基本按键排列可以分为主键盘区、数字辅助键盘区、F 键功能键盘区、控制键区等，如图 1-19 所示。

鼠标的使用是为了使计算机的操作更加简便，以此来代替使用键盘时那些繁琐的指令。常用的鼠标按工作原理可分为机械式鼠标和光电式鼠标，如图 1-20 所示。

图 1-19　键盘　　　　　　　　　图 1-20　鼠标

现代微型计算机上键盘和鼠标接口一般采用 PS/2 圆型接口，为了方便识别，键盘接口为蓝色，鼠标接口为绿色，目前键盘和鼠标也可采用 USB 接口。

3．光驱

光驱是用于读取光盘数据的设备，其中有激光头等装置，全称为光盘驱动器，如图 1-21 所示。刻录光驱还可以向特殊的光盘中刻写数据，读取和刻录速度是反映光驱性能的主要标志。它属于微型计算机的选装配件，用户可以根据需要取舍，如果需要播放 DVD、刻录数据等，则有必要选装一款 DVD-RW 光驱。

4．打印机

打印机是输出设备，用于将计算机处理的结果打印在相关介质上，最常用的纸张是 A4 与 B5。打印机分为喷墨打印机和激光打印机，喷墨打印机价格低，但墨盒较贵；激光打印机价格高，但打印速度快、精度高，如图 1-22 所示。

图 1-21 光驱

图 1-22 打印机

1.4 数制与编码

在日常生活中，人们大多使用十进制数来进行计数和计算。而计算机中的数是用二进制表示的，计算机只能识别由"0"和"1"构成的二进制数。计算机采用二进制，其特点是运算器的电路在物理上很容易实现，运算简便、运行可靠。

1.4.1 数制的定义与常用数制

数制也称计数制，是用一组固定的符号和统一的规则来表示数值的方法。人们通常采用的数制有十进制、二进制、八进制和十六进制。学习数制之前必须首先掌握数码、基数和位权这 3 个概念。

数码：数制中表示基本数值大小的数字符号。例如，十进制有 10 个数码：0、1、2、3、4、5、6、7、8、9。

基数：数制所使用数码的个数。例如，二进制的基数为 2；十进制的基数为 10。

位权：数制中某一位上的 1 所表示数值的大小(所处位置的价值)。例如，十进制的 123，1 的位权是 100，2 的位权是 10，3 的位权是 1。

1．十进制数

十进制是日常生活和工作中最常用的进位计数制。在十进制数中，每一位有 0～9 共十个数码，基数是 10，超过 9 的数必须用多位数表示，其中低位和相邻高位之间的关系是"逢十进一"，故称为十进制。十进制数的特点为：

(1) 数值部分用 0、1、2、3、4、5、6、7、8、9 这十个不同的数码来表示；

(2) 十进制数中的 10 称为基数，采用"逢十进一"的原则；

(3) 每个位数的位值，或称"权"，均是基数 10 的某次幂。例如 678.43 这个十进制数，小数点左边第一位是个位，表示 8×10^0，小数点左边第二位是十位，表示 7×10^1 等，整个数可以写成：

$$678.43 = 6 \times 10^2 + 7 \times 10^1 + 8 \times 10^0 + 4 \times 10^{-1} + 3 \times 10^{-2}$$

这种写法叫做"按权展开"，每一位表示的数值不仅取决于该位的数码本身，还取决于所在位的位值——权。我们把按进位的原则进行计数的方法，称为进位计数制。

2．二进制数

在计算机内部，一切信息，包括数值、字符、指令等的存放、处理和传送均采用二进制数的形式。二进制中每一位仅有 0 和 1 两个数码，基数为 2，低位和相邻位间的进位关系是"逢二进一"，二进制数的特点为：

(1) 只有 0 和 1 两个数码；

(2) 基数为 2，采用"逢二进一"的原则；

(3) 各位上的权均是 2 的某次幂。

例如：

$$(1101.11)_2 = 1 \times 2^3 + 1 \times 2^2 + 0 \times 2^1 + 1 \times 2^0 + 1 \times 2^{-1} + 1 \times 2^{-2} = (13.75)_{10}$$

在二进制数的运算过程中，除了"逢二进一、借一当二"，采用 0、1 计数之外，其他运算规律与十进制运算相同。

3．八进制数

在某些场合有时也使用八进制。八进制数的每一位有 0～7 共 8 个不同的数码，计数的基数为 8。低位和相邻的高位之间的进位关系是"逢八进一"。八进制数的特点为：

(1) 采用八个不同的数码：0、1、2、3、4、5、6、7；

(2) 基数是 8，采用"逢八进一"的原则；

(3) 各位上的权均是 8 的某次幂。

例如：

$$(576.2)_8 = 5 \times 8^2 + 7 \times 8^1 + 6 \times 8^0 + 2 \times 8^{-1} = (382.25)_{10}$$

4．十六进制数

十六进制数的每一位有 16 个不同的数码，分别用 0～9、A(10)、B(11)、C(12)、D(13)、E(14)、F(15)表示。十六进制数的特点为：

(1) 十六进制数的数码为 0、1、2、…、9、A、B、C、D、E、F 共 16 个；

(2) 基数为 16，采用"逢十六进一"的原则；

(3) 每一位上的权均是 16 的某次幂。

例如：

$$(3AB.11)_{16} = 3 \times 16^2 + A \times 16^1 + B \times 16^0 + 1 \times 16^{-1} + 1 \times 16^{-2} = (939.06640625)_{10}$$

在十六进制数的运算过程中，除了"逢十六进一、借一当十六"，采用 0 到 F 计数之外，运算规律与十进制运算相同。

为了区别不同进制的数字，书中约定对于任一 R 进制的数 N，记作$(N)_R$。例如二进制数 1101，表示为$(1101)_2$或者 1101B；十进制数 123，表示为$(123)_{10}$或者 123D。四种计数制的对应关系如表 1-2 所示。

表 1-2 四种计数制的对应表

十进制	二进制	八进制	十六进制	十进制	二进制	八进制	十六进制
0	0000	0	0	8	1000	10	8
1	0001	1	1	9	1001	11	9
2	0010	2	2	10	1010	12	A
3	0011	3	3	11	1011	13	B
4	0100	4	4	12	1100	14	C
5	0101	5	5	13	1101	15	D
6	0110	6	6	14	1110	16	E
7	0111	7	7	15	1111	17	F

1.4.2 不同进制数之间的转换

不同进制数据的转换原则是：因为两个有理数相等要求其整数部分与小数部分分别相等，故该数整数部分与小数部分要分别转换。

1. 二进制、八进制、十六进制转换为十进制

转换规则为"按权相加"，即将它们写成按位权展开的多项式之和，再按十进制运算规则求和，即可得到对应的十进制数。

(1) 将二进制数$(1101.01)_2$转换成十进制数。

$$(1101.01)_2 = 1 \times 2^3 + 1 \times 2^2 + 0 \times 2^1 + 1 \times 2^0 + 0 \times 2^{-1} + 1 \times 2^{-2} = (13.25)_{10}$$

(2) 把八进制数$(2576.2)_8$转换成十进制数。

$$(576.2)_8 = 5 \times 8^2 + 7 \times 8^1 + 6 \times 8^0 + 2 \times 8^{-1} = (382.25)_{10}$$

(3) 把十六进制数$(1AD)_{16}$转换成十进制数。

$$(1AD)_{16} = 1 \times 16^2 + 10 \times 16^1 + 13 \times 16^0 = (429)_{10}$$

2. 十进制转换为二进制、八进制、十六进制

整数部分和小数部分必须分别遵守不同的转换规则，如果将十进制数转换为二进制数，其规则为：

整数部分转换：将十进制数连续用基数 2 去除，直到商数到 0 为止，每次除得的余数依次由下向上排列即可，这种方法称为"除 2 取余"法。

小数部分转换：将十进制数小数部分连续乘以 2，取每次所得乘积的整数部分，依次由上向下排列即可，这种方法称为"乘 2 取整"法。

(1) 将十进制数$(25)_{10}$转换成二进制数。

$$
\begin{array}{rll}
2\,\underline{\big|\,25} & \text{余数 1} & \text{上} \\
2\,\underline{\big|\,12} & \text{余数 0} & \Big\uparrow \\
2\,\underline{\big|\,6} & \text{余数 0} & \\
2\,\underline{\big|\,3} & \text{余数 1} & \\
2\,\underline{\big|\,1} & \text{余数 1} & \text{下} \\
0 & &
\end{array}
$$

结果为

$$(25)_{10}=(11001)_2$$

(2) 将十进制数$(0.6875)_{10}$转换成二进制数。

$$
\begin{array}{lll}
0.6875 \times 2 = 1.375 & \text{取整为 1} & \text{上} \\
0.375 \times 2 = 0.75 & \text{取整为 0} & \Big\downarrow \\
0.75 \times 2 = 1.5 & \text{取整为 1} & \\
0.5 \times 2 = 1.0 & \text{取整为 1} & \text{下}
\end{array}
$$

结果为

$$(0.6785)_{10} = (0.1011)_2$$

(3) 将十进制数$(132.525)_{10}$转换成八进制数(小数部分保留 2 位有效数字)。

$$
\begin{array}{rll}
8\,\underline{\big|\,132} & \text{余数 4} & \text{上} \\
8\,\underline{\big|\,16} & \text{余数 0} & \Big\uparrow \\
8\,\underline{\big|\,2} & \text{余数 2} & \text{下} \\
0 & &
\end{array}
$$

通过对整数部分进行转换，得到：$(132)_{10} = (204)_8$

$$
\begin{array}{lll}
0.525 \times 8 = 4.2 & \text{取整为 4} & \text{上} \\
0.2 \times 8 = 1.6 & \text{取整为 1} & \text{下}
\end{array}
$$

通过对整数部分进行转换，得到：

$$(0.525)_{10} = (0.41)_8$$

将整数部分与小数部分合起来，所以

$$(132.525)_{10} = (204.41)_8$$

需要注意的是，十进制数的小数常常不能精确地换算为等值的二进制、八进制、十六进制数，有换算误差存在，转换后的二进制、八进制或十六进制数位根据字长限制取有限位的近似值。

3．二进制转换为八进制、十六进制

由于八进制、十六进制数可以简化书写，便于记忆，而且与二进制数之间转换方便、直观，因此汇编语言及机器指令、数据的书写多采用八进制或十六进制。

由于八进制、十六进制的基数与二进制的基数有内在联系，即 $2^3 = 8$、$2^4 = 16$，因此，每一位八进制数可以转换为三位二进制数，每位十六进制数可转换为四位二进制数，转换直接且方便。

将二进制数以小数点为界，左右分别按三位一组进行划分，不足三位者用零补齐，即可换算出对应的八进制数。同理，将二进制数以小数点为界，左右分别按四位一组划分，不足四位者用零补齐，即可换算出对应的十六进制数。将八进制数转换为二进制数只需把各自对应的三位二进制数写出即可，将十六进制数转换为二进制数只需把各自对应的四位二进制数写出即可。

(1) 将二进制数$(10110111.101)_2$转换成八进制数。

$$(\underline{010}\,\underline{110}\,\underline{111}\,.\,\underline{101})_2 = (267.5)_8$$
$$\quad\; 2 \quad\; 6 \quad\;\; 7 \quad.\; 5$$

(2) 将二进制数$(1010111.110)_2$转换成十六进制数。

$$(\underline{0101}\,\underline{0111}\,.\,\underline{1100})_2 = (57.C)_{16}$$
$$\quad\;\; 5 \qquad 7 \quad.\; C$$

(3) 将八进制数$(150.72)_8$转换成二进制数。

$$(150.72)_8 = (\underline{001}\,\underline{101}\,\underline{000}\,.\,\underline{111}\,\underline{010}\,)_2 = (1101000.11101)_2$$
$$\qquad\qquad\quad\;\; 1 \quad\;\; 5 \quad\;\; 0 \quad.\; 7 \quad\; 2$$

(4) 将十六进制数$(B7.A8)_{16}$转换成二进制数。

$$(B7.A8)_{16} = (\underline{1011}\,\underline{0111}\,.\,\underline{1010}\,\underline{1000}\,)_2 = (10110111.10101)_2$$
$$\qquad\qquad\quad\;\; B \qquad 7 \quad.\; A \qquad 8$$

1.4.3 计算机采用二进制的原因

日常生活中人们习惯使用十进制，但是计算机领域最常用的是二进制，这是因为计算机是由千千万万个电子元件(如电容、电感、三极管等)组成，这些电子元件一般只有两种稳定的工作状态，即"通"与"断"，所以使用二进制数"0"和"1"表示是最理想的，因为二进制最简单，只有 0 和 1，计算的速度也是最快的，和计算机追求的速度不谋而合，而不论十六进制、十进制还是八进制都没有二进制快。

计算机采用二进制的优势是运算器的电路在物理上很容易实现，运算简便、运行可靠，具体地说，表现在以下几个方面：

(1) 技术实现简单。计算机是由逻辑电路组成，逻辑电路通常只有两个状态：开关的接通与断开，这两种状态正好可以用"1"和"0"表示。

(2) 简化运算规则。两个二进制数的和、积运算组合各有三种，运算规则简单有利于简化计算机内部结构，提高运算速度。

(3) 适合逻辑运算。逻辑代数是逻辑运算的理论依据，二进制只有两个数码，正好与逻辑代数中的"真"和"假"相吻合。

(4) 易于进行转换。二进制与十进制数易于互相转换。

(5) 用二进制表示数据具有抗干扰能力强、可靠性高等优点。因为每位数据只有高、低两个状态，当受到一定程度的干扰时，仍能可靠地分辨出它是高还是低。

在计算机内部使用二进制是再自然不过的，但是在人机交流上，二进制有着致命的弱点——数字的书写特别冗长。为了解决这个问题，在计算机的理论和应用中还使用两种辅助的进位制——八进制和十六进制。

1.4.4　计算机中的数据

计算机中的数据(或信息)分为数值型和非数值型。非数值型数据包括字符、图像、声音等。由于计算机只能处理二进制数据，所以，对于数值型的数据信息需要转换成对应的二进制数据；而对于非数值型数据信息则采用二进制数编码来表示。

1．数据的概念

数据是可以由人工或自动化手段加以处理的事实、概念、场景和指示的表示形式，包括各种文字、字符、符号、声音和图像等，数据可以输入计算机进行处理，并得到所需要的结果。

2．数据的单位

在计算机中，数据的常用单位有位、字节和字。

(1) 位(bit)。计算机只认识由 0 或 1 组成的二进制数，二进制数中的每个 0 或 1 就是数据信息的最小单位，称为"位"(bit)。

(2) 字节(Byte)。字节是计算机中存储器容量的基本单位，1 个字节包含 8 个二进制位，即 8bit。字节也叫做 Byte，通常缩写为 B。在计算机中，除了用字节表示存储容量的单位外，还可使用千字节(KB)、兆字节(MB)、吉字节(GB)和太字节(TB)来表示，它们之间的换算关系为

$$1\ B = 8\ bit$$
$$1\ KB = 2^{10}\ B = 1024\ B$$
$$1\ MB = 2^{10}\ KB = 1024\ KB = 2^{20}\ B$$
$$1\ GB = 2^{10}\ MB = 2^{20}\ KB = 2^{30}\ B$$
$$1\ TB = 2^{10}\ GB = 2^{20}\ MB = 2^{30}\ KB = 2^{40}\ B$$

(3) 字(Word)。字是计算机内部进行信息交换、数据处理的基本单元，1 个字由一个字节或几个字节构成，它的表示与具体的机型有关。字通常记为 Word，可缩写为 W。一个字所包含的二进制位数称为字长，字长是计算机性能的重要指标。计算机的字长通常有 8 位、16 位、32 位和 64 位之分。

1.4.5　ASCII 码

任何形式的数据进入计算机后都必须用二进制编码形式表示。对英文字母、数字字符和标点符号等字符的二进制编码称为字符编码。ASCII 码是目前计算机中最普遍采用的一种字符编码。

ASCII 码(American Standard Code for Information Interchange)称为"美国信息交换标准代码"，是美国的字符代码标准，并被国际标准化组织(ISO)确定为国际标准，成为一种国际上通用的字符编码。每个 ASCII 码占用一个字节，由 8 个二进制位组成，每个二进制位为 0 或 1。ASCII 码有 7 位码和 8 位码两种形式，国际上通用的是 7 位码，共有 $2^7 = 128$ 个不同的编码值，其中包括：26 个大写英文字母、26 个小写英文字母、0～9 共 10 个数字、34 个通用控制字符和 32 个专用字符(标点符号和运算符)，如表 1-3 所示。

表 1-3　标准 ASCII 码表

$d_3d_2d_1d_0$ \ $d_6d_5d_4$	000	001	010	011	100	101	110	111
0000	NUL	DLE	SP	0	@	P	'	p
0001	SOH	DC1	!	1	A	Q	a	q
0010	STX	DC2	"	2	B	R	b	r
0011	ETX	DC3	#	3	C	S	c	s
0100	EOT	DC4	$	4	D	T	d	t
0101	ENQ	NAK	%	5	E	U	e	u
0110	ACK	SYN	&	6	F	V	f	v
0111	BEL	ETB	'	7	G	W	g	w
1000	BS	CAN	(	8	H	X	h	x
1001	HT	EM	)	9	I	Y	i	y
1010	LF	SUB	*	:	J	Z	j	z
1011	VT	ESC	+	;	K	[	k	{
1100	FF	FS	,	<	L	\	l		
1101	CR	GS	-	=	M	]	m	}
1110	SO	RS	.	>	N	^	n	~
1111	SI	US	/	?	O	_	o	DEL

例如：字符"A"的 ASCII 码为$(1000001)_2$，对应的十六进制数为$(41)_{16}$，十进制数字为$(65)_{10}$。常用西文字符的 ASCII 码如表 1-4 所示。

表 1-4　常用西文字符的 ASCII 码

西文字符	ASCII 码(十进制数)	十六进制数
空格	32	20H
0～9	48～57	30H～39H
A～Z	65～90	41H～5AH
a～z	97～122	61H～7AH

1.4.6　汉字编码

ASCII 码对于汉字字符完全不适用，因为它最多只能规定 128 个不同的编码。为了满足国内在计算机中使用汉字的需要，中国国家标准总局于 1980 年发布了 GB 2312 编码。几乎所有的中文系统和国际化的软件都支持 GB 2312。

GB 2312 由 6763 个常用汉字和 682 个全角的非汉字字符组成。由于字符数量比较大，GB 2312 采用了二维矩阵编码法对所有字符进行编码。首先构造一个 94 行 94 列的方阵(每一行称为一个"区"，每一列称为一个"位")，然后将所有字符依照一定的规律填写到方阵中。这样所有的字符在方阵中都有一个唯一的位置，这个位置可以用区号、位号组合表示，称为字符的"区位码"。编码范围为 0101～9494，转换为十六进制为 0101H～5E5EH。在区位码中，1～15 区为非汉字图形区，16～87(10H～57H)区是汉字区，88～94 是保留区，其中 16～55 区为一级汉字，56～87 区为二级汉字。

在 GB 2312 中，每个汉字的编码为 16 位二进制数，如"中"字的编码为 0101011001010000。

由于汉字是象形文字，其形状和笔画多少差异极大，而且汉字数量较多，不能由西文键盘直接输入，所以必须用编码转换后存放到计算机中再进行处理操作。汉字编码主要包括汉字输入码、汉字信息交换码、汉字内码、汉字字形码等。

(1) 汉字输入码。汉字输入码也称外码，是指输入汉字时的编码，由键盘上的字符和数字按键组成。

(2) 汉字信息交换码。为了便于计算机系统之间能准确无误地交换汉字信息，规定了一种专门用于汉字信息的统一编码，这种编码称为汉字信息交换码。

(3) 汉字内码。汉字内码是指汉字在计算机内部存储和处理的代码，简称为机内码或内码。一个汉字输入到计算机后便转换为机内码，汉字的机内码占两个字节，分别称为高位字节与低位字节。同一个汉字的外码可以不同，但其机内码是统一的。

(4) 汉字字形码。汉字字形码也称字模或汉字输出码。计算机对各种文字等信息进行二进制编码处理后，必须通过字形输出码转换为人们看得懂的文字格式，即字形码，然后才能通过输出设备
输出。

汉字信息处理流程是指汉字输入、处理和输出的过程，实际上就是汉字各种代码之间的转换过程，如图 1-23 所示。

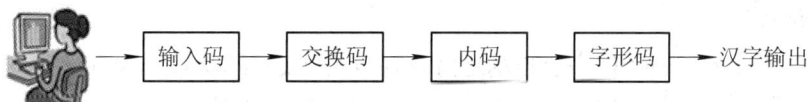

图 1-23　汉字信息处理系统的模型

1.5　计算机安全使用常识

随着计算机应用的推广，计算机病毒的滋扰也愈加频繁，特别是网络技术的普及，几乎人人都上网，这也为计算机病毒的扩散与传播提供了一条便利的途径，所以我们随时都要防范计算机病毒的入侵。一不小心感染病毒、中了木马，轻则系统运行变慢、文件损坏，重则导致计算机瘫痪，严重地威胁着计算机的正常运行。

1.5.1　什么是计算机病毒

计算机病毒是指人为编制的或者在计算机程序中插入的，破坏计算机功能或者毁坏数据、影响计算机的使用，并能自我复制的一组计算机指令或程序代码。它可以把自己复制到存储器中或其他程序中，进而破坏计算机系统，干扰计算机的正常工作。这与生物病毒

的一些特性很类似，因此称为计算机病毒。

计算机病毒可以感染(复制)到可执行文件、程序文件或磁盘引导区中的程序上，然后再通过这些媒介向外传播。

小贴士

《中华人民共和国计算机信息系统安全保护条例》对计算机病毒进行了明确的定义：计算机病毒是指编制或者在计算机程序中插入的破坏计算机功能或者破坏数据，影响计算机使用并且能够自我复制的一组计算机指令或者程序代码。

1.5.2　计算机病毒的特征

就像传染病是人类的克星一样，计算机病毒是计算机的克星，我们必须充分地认识它，时时防范，不能掉以轻心。计算机病毒虽然种类繁多、千奇百怪，但一般都具有以下主要特征。

1．传染性

传染性是计算机病毒的基本特性。当使用软盘、光盘、U 盘等交换数据或者上网冲浪时，计算机病毒就可能由一个程序传染到另一个程序，从一台计算机传染到另一台计算机，从一个网络传染到其他网络，从而使计算机工作失常甚至瘫痪。同时，被传染的程序、计算机系统或网络系统又成为新的传染源。

计算机病毒的传播途径主要是数据交换感染，如果我们的计算机不与外界的任何数据发生交换，就不会感染病毒。

2．破坏性

在一定条件下，病毒程序会自动运行，对计算机进行破坏，主要包括两个方面：一是占用系统资源，降低计算机的工作效率，盗取用户账号或密码信息等；二是破坏或删除程序或数据文件，干扰或破坏计算机系统的运行，甚至导致整个系统瘫痪。

3．潜伏性

大多数计算机病毒在侵入计算机系统以后，破坏性有可能不会马上表现出来。它往往会在系统内潜伏一段时间，等待发作条件的成熟。病毒发作之前在系统中没有表现症状，而触发条件一旦得到满足，病毒就会发作，对计算机造成危害，例如"黑色星期五"病毒，不到预定时间一点都觉察不出来。

4．寄生性

计算机病毒往往不是独立的小程序，而是寄生在其他程序之中，当用户执行这个程序时病毒就发作，这是非常可怕的。

5．隐蔽性

病毒一般是具有很高编程技巧、短小精悍的程序。如果不经过代码分析，感染了病毒的程序与正常程序是不容易区别的。计算机病毒的隐蔽性主要有两个方面：一是指传染的隐蔽性，大多数病毒在传染时速度是极快的，不易被人发现；二是病毒程序存在的隐蔽性，一般的病毒程序都隐藏在正常程序中或磁盘较隐蔽的地方，也有个别的以隐含文件形式出现，目的是不让用户发现它的存在。

另外，计算机病毒还具有可执行性、可触发性、多变性、攻击性、针对性和不可预见性等特征。

1.5.3　计算机病毒的发展

计算机刚刚诞生，就有了计算机病毒的概念。1949 年，计算机之父冯·诺依曼在《复杂自动机组织论》中便定义了计算机病毒的概念，即一种"能够实际复制自身的自动机"。

20 世纪 80 年代由于 IBM PC 系列微型计算机自身的弱点，尤其是 DOS 操作系统的开放性，给计算机病毒的制造者提供了可乘之机。因此，装有 DOS 操作系统的微型计算机成为病毒攻击的主要对象。1986 年的 Brain 病毒成为第一款攻击微软的 DOS 操作系统的病毒。1987 年，世界各地的计算机用户几乎同时发现了形形色色的计算机病毒，如大麻、IBM 圣诞树、黑色星期五等。

计算机病毒的大肆流行是在 1988 年 11 月。美国 23 岁的研究生罗特·莫里斯制作了一个蠕虫病毒，通过 Internet 网络致使 6000 多台计算机受到感染，直接经济损失达9600 万美元。

时至今日，计算机技术得到突飞猛进的发展，计算机病毒也从未停止过脚步。只要计算机技术有新的发展，计算机病毒技术就立刻有新的突破。DOS 操作系统出现不久，就有了针对它的计算机病毒。随着 Windows 的出现，又出现了专门攻击 Windows 格式文件的计算机病毒；微软提供了宏指令，立刻出现了宏病毒；主板厂家为方便用户，开发了无跳线、可用软件修改系统参数的计算机主板，结果出现了史上有名的可以毁坏计算机硬件的 CIH病毒。

因此，只要出现了一项新的计算机技术，利用这项新技术编制的新的计算机病毒就一定会随着产生。它就像幽灵一样，困扰着计算机用户。

在计算机病毒的发展历程中出现过几种有名的病毒，下面简单了解一下。

❖ Elk Cloner(1982 年)：它被看做是攻击个人计算机的第一款全球病毒。

❖ Brain(1986 年)：第一款攻击微软的 DOS 操作系统的病毒。

❖ Morris(1988 年)：最初的设计目的并不是搞破坏，而是用来测量网络的大小。但是，由于程序的循环没有处理好，计算机会不停地执行、复制 Morris，最终导致死机。

❖ CIH(1998 年)：迄今为止破坏性最严重的病毒，也是世界上首例破坏硬件的病毒。该病毒发作时，不仅会破坏硬盘的引导区和分区表，还会破坏计算机系统 BIOS，导致主板损坏。

❖ Melissa(1999 年)：即"美丽杀手"病毒，通过电子邮件传播。当用户打开一封携带此病毒的电子邮件的附件时，病毒会自动发送到用户通讯簿中的前 50个地址，进而呈几何级数方式传播，短短数小时即可传遍全球。它导致了历史上第 2 次重大的计算机病毒灾难。

- ❖ Love bug(2000 年)：该病毒通过 Internet 网络的电子邮件功能传播，造成全世界(包括我国在内)空前的计算机系统破坏，也称为"爱虫"计算机病毒。
- ❖ 红色代码(2001 年)：被认为是史上代价最高昂的计算机病毒之一，除了会篡改网站外，被感染的系统的性能也会严重下降。
- ❖ 冲击波(2003 年)：其英文名称是 Blaster，也被称为 Lovsan 或 Lovesan。它利用了微软软件中的一个缺陷，对系统端口进行疯狂攻击，可以导致系统崩溃。
- ❖ 震荡波(2004 年)：震荡波是又一个利用 Windows 缺陷进行攻击的蠕虫病毒，可以导致计算机崩溃并不断重启。
- ❖ 熊猫烧香(2007 年)：熊猫烧香病毒会使所有程序图标变成"熊猫烧香"样式，并使它们不能应用。
- ❖ 想哭(2017 年)：一种名为"想哭"的勒索病毒席卷全球，病毒出现时，上百个国家和地区受到影响。

1.5.4　计算机病毒的分类

计算机病毒的种类多达数万余种，而且每天都有新的病毒出现，因此计算机病毒的种类会越来越多。计算机病毒的分类方法很多，下面介绍几种最常见的分类方法。

1. 按破坏性分类

(1) 良性病毒。良性病毒一般对计算机中的程序和数据没有破坏作用，只是占用 CPU 和内存资源，降低系统运行速度。这种病毒发作时会干扰系统的正常运行，一旦清除后，系统可恢复正常工作。

(2) 恶性病毒。恶性病毒对计算机系统具有较强的破坏性，病毒发作时会破坏计算机中的程序或数据、删改系统文件、重新格式化硬盘、使用户无法打印，甚至终止系统运行等。由于这种病毒破坏性较强，有时即使清除了病毒，系统也难以恢复。

2. 按寄生方式和传染对象分类

(1) 引导型病毒。引导型病毒主要感染磁盘的引导扇区。计算机中病毒后，病毒程序占据了引导模块的位置并获得控制权，将真正的引导区内容转移或替换，待病毒程序执行后，再将控制权交给真正的引导区内容，执行系统引导程序。此时系统看似正常运转，实际上病毒已隐藏在系统中伺机传染。

(2) 文件型病毒。文件型病毒是一种专门传染扩展名为 COM、EXE 等可执行文件的病毒，该病毒寄生于可执行文件中，当运行可执行文件时，病毒也同步运行。大多数文件型病毒都会把它们的程序代码复制到可执行文件的开头或结尾处，使可执行文件的长度变长，病毒发作时会占用大量 CPU 和内存，使被感染的可执行程序速度变慢，甚者会导致程序无法运行。

(3) 混合型病毒。混合型病毒综合了引导型和文件型病毒的特性，既感染引导区又感染文件，因此扩大了传染途径。不管以哪种方式传染，都会在开机或执行程序时感染其他磁盘或文件，它的危害更大。

(4) 宏病毒。宏病毒是一种寄生于文档或模板宏中的计算机病毒，它的感染对象主要是 Office 组件或类似的应用软件。一旦打开感染宏病毒的文档，宏病毒就会被激活，进入计算机内存并驻留在 Normal 模板上。

3．根据病毒特有的算法

根据病毒特有的算法，可将其分为以下几种。

(1) 伴随型病毒。这一类病毒并不改变文件本身，而是根据算法产生 EXE 文件的伴随体，具有同样的名称和不同的扩展名(COM)。

(2) "蠕虫"型病毒。这一类病毒主要采用"蠕虫"技术，通过计算机网络从一台机器的内存传播到其他机器的内存。虽然不会改变文件和资料信息，但会导致网络拥塞，消耗系统资源。

(3) 寄生型病毒。这一类病毒依附在系统的引导扇区或文件中，通过系统的功能进行传播。

1.5.5　计算机病毒的防范

尽管计算机病毒具有隐藏性，但有时通过观察计算机出现的异常情况，还是可以初步判断计算机是否感染了病毒。

1．计算机病毒的特征

当计算机被病毒感染时，常常会出现一些异常现象，如数据无故丢失、内存变小、显示屏上出现奇怪的文字、运行速度不正常等。平时，如果正常使用的计算机出现了以下症状，可能是感染了病毒，一定要及时采取措施，避免或减少病毒造成的损害。

- ❖ 计算机运行速度明显变慢。
- ❖ 计算机系统中的文件大小发生变化。
- ❖ 计算机屏幕上突然出现一些杂乱无章的内容。
- ❖ 一些运行正常的程序突然出现了异常或不合理的结果。
- ❖ 计算机突然不能正常启动或总是莫名其妙地死机。
- ❖ 原本很大的内存，在运行程序时出现内存不够的信息。
- ❖ 磁盘上仍有可用空间，但是不能存储文件或打印文件时出现问题。
- ❖ 计算机运行时出现尖叫声、报警声甚至是演奏某种音乐等。
- ❖ 文件丢失或无法打开。
- ❖ 自动链接陌生网站。
- ❖ 鼠标光标自动移动。
- ❖ 系统不识别硬盘。
- ❖ 键盘输入异常。
- ❖ 异常要求用户输入密码。
- ❖ 文件无法正确读取、复制或打开。
- ❖ 命令执行出现错误。
- ❖ 文件的日期、时间、属性等发生异常变化。
- ❖ 虚假报警。
- ❖ 时钟倒转。有些病毒会令系统时间倒转，逆向计时。

❖ 系统异常重新启动。

❖ Word 或 Excel 提示执行"宏"。

2．计算机病毒的传播

计算机病毒产生的原因很多，传播的途径也很多，下面几种情况最容易传染病毒。

(1) 多人共用一台计算机。在多人共用的计算机上，由于每个人对病毒的防范意识不同，使用的文件来源各异，这样就容易为病毒的传播造成可乘之机。

(2) 从网络上下载文件或者浏览不良网站。目前，互联网是计算机病毒的主要传播途径。从网络上下载文件、接收电子邮件或使用 QQ 传输文件等都可能传染病毒，另外，一些不良网站也是病毒的滋生地。

(3) 盗版光盘与软件。来路不明的盗版光盘或软件极有可能携带病毒。

(4) U 盘或 MP3 等 USB 设备。现在 USB 外接技术越来越强大，U 盘、移动硬盘、数码相机、MP3 等都可以与计算机直接相连，所以这方面也成了病毒传播的途径之一，在使用外来 USB 设备时，一定要先查杀病毒。

3．计算机病毒的防范

计算机病毒的危害极大，在日常工作中一定要注意防范，及时采取措施，不给病毒以可乘之机。为了防止计算机感染病毒，要注意以下几个方面：

(1) 安装反病毒软件。

(2) 在公用计算机上用过的软盘或 U 盘，要先查毒和杀毒后再在自己的计算机上使用，避免感染病毒。

(3) 使用正版软件，不使用盗版软件。

(4) 在互联网上下载文件时要注意先杀病毒。接收电子邮件时，不随便打开不熟悉或地址奇怪的邮件，要直接删除它。

(5) 计算机中的重要数据要做好备份，一旦计算机染上病毒，也可以及时补救。

(6) 当计算机出现异常时，要及时查毒并杀毒。

(7) 使用 QQ 聊天时，不要接收陌生人发送的图片或单击陌生人发送的网址。

(8) 关闭或删除系统中不需要的服务，如 FTP 客户端、Telnet 和 Web 服务器。

1.5.6 几款主流反病毒软件

虽然计算机病毒的种类越来越多，表现形式也多种多样，但是完全没有必要"谈毒色变"，各种反病毒软件就是计算机病毒的克星，只要在计算机中安装一款专业的杀毒软件，就可以拦截病毒的入侵，使计算机健康地运行。

1．瑞星杀毒软件

瑞星杀毒软件的最新版本是瑞星杀毒软件 V17。其界面如图 1-24 所示。该版本在提升用户操作体验方面进行了调整，重点对查杀与监控功能进行了改善，而且还对"自我保护"功能进行了强化，让用户远离病毒和恶意软件的干扰。

瑞星杀毒软件 V17 采用瑞星最先进的四核杀毒引擎，性能强劲，能针对网络中流行的病毒、木马进行全面查杀。同时加入内核加固、应用入口防护、下载保护、聊天防护、视频防护、注册表监控等功能，可帮助用户实现多层次全方位的信息安全立体保护。

图 1-24　瑞星杀毒软件 V17 的界面

瑞星杀毒软件 V17 注重用户体验和视觉效果。对产品性能和兼容性进行了再次提升。

瑞星杀毒软件 V17 新增了对 ARM 架构的支持，修复开机加速在非中文系统中显示不正常的问题，新增防火墙对 WinXP、Vista 的支持，修复防火墙在某些情况无法上网的问题，修复防火墙导致开启热点蓝屏的问题等。

2. 卡巴斯基

卡巴斯基是一款比较流行的反病毒软件，其总部设在俄罗斯首都莫斯科，它为个人用户、企业网络提供反病毒、防黑客和反垃圾邮件的有效手段。卡巴斯基 18.0 是目前最新的版本，它是强大的反病毒数据库引擎和更快速的扫描速度可以保护用户的计算机免受病毒、蠕虫、木马和其他恶意程序的危害，可以实时监控文件、网页、邮件、QQ/MSN 协议中的恶意对象，其安装界面如图 1-25 所示。

图 1-25　卡巴斯基 18.0 的安装界面

由于卡巴斯基软件具有较高的警惕性，它会提示所有具有危险行为的进程或程序，因此在安装正常程序时，也可能被提醒有危险性，需要用户确认操作。

3．金山毒霸

金山毒霸(Kingsoft Antivirus)融合了启发式搜索、代码分析、虚拟机查毒、云查杀等成熟可靠的反病毒技术，在查杀病毒种类、病毒速度以及未知病毒防治等方面达到了世界先进水平，同时具有病毒防火墙实时监控、压缩文件查毒、查杀电子邮件病毒等多项先进功能，为个人用户和企事业单位提供了完善的反病毒解决方案。

金山毒霸 11(如图 1-26 所示)采用全球首创的 KVM 启发引擎，主界面与病毒查杀功能合二为一，全面支持 Win10 操作系统，支持清理高危隐私、流氓推广软件、捆绑安装软件。

金山毒霸 11 具有五大主功能：加速、网速、清理、杀毒、手机。最新版的金山毒霸具有全面扫描电脑防护检测功能，可修复设置页中存在的布局及功能逻辑相关问题。创立加速球传图功能，通过二维码快速打通 PC 和手机。

图 1-26　金山毒霸 11 的界面

4．360 杀毒软件

360 杀毒软件无缝整合了国际知名的 BitDefender 病毒查杀引擎，并增加了 360 云查杀引擎，双引擎无缝切换，拥有完善的病毒防护体系。它首次使用了 360 安全中心"系统文件智能修复"和"系统金钟罩"技术，对于被感染的操作系统文件能够从 360 安全中心服务器上自动下载干净版本进行智能修复。"系统金钟罩"技术能严密保护系统关键位置，防止活动病毒或木马被阻止自启动后在其中写入信息伺机运行。同时，对于通过 U 盘扩散的病毒或木马有了更好的防御。360 杀毒软件最新版是 360 杀毒 5.0，它通重构系统文件引擎，增加全能扫描功能及专业级安全防护中心，具有全新的监控引擎和防御架构，保证对各种恶意软件的监控更严密、发现更及时、定位更精确和处理更迅速。图 1-27 为 360 杀毒软件 5.0 的主界面。

图 1-27　360 杀毒软件 5.0 的主界面

※ 学习感悟

_____

_____

_____

_____

_____

_____

_____

_____

_____

_____

本 章 习 题

一、填空题

1．按照计算机的体积大小、结构复杂程度、功率消耗、性能指标、数据存储容量、指令系统和设备、软件配置等的不同，可以将计算机分为巨型机、大中型机、小型机、_____及_____等。

2．一个完整的计算机系统包括_____系统和_____系统两大部分。

3．冯·诺依曼计算机具体由五大功能模块组成，即运算器、_____、_____、输入设备和输出设备，这五大部分相互配合，协同工作。

4．目前流行的微型计算机的基本结构从外观上看都是由主机、_____、键盘、鼠标等组成。_____是微型计算机的核心，主要由系统主板、_____、内存、硬盘、光盘驱动器、显示器适配器(显卡)、电源等构成。

5．中央处理器(CPU)的档次直接决定了一个计算机系统的档次。CPU 可以同时处理的二进制数据的_____是最重要的一个品质标志。目前市面上的 CPU 主要有 Intel 和_____两种品牌。

6．数制也称_____，是用一组固定的符号和统一的规则来表示数值的方法。人们通常采用的数制有十进制、_____、_____和十六进制。

7．_____称为"美国信息交换标准代码"，是美国的字符代码标准，并被国际标准化组织(ISO)确定为国际标准，成为一种国际上通用的字符编码。

8．不同进制数据的转换原则是：因为两个有理数相等要求其_____部分与____部分分别相等，所以两部分要分别转换。

9．对下列不同进制数进行转换。

$(10111.11)_2 = ($ ___ $)_{10}$

$(4573.2)_8 = ($ ___ $)_{10}$

$(4BA)_{16} = ($ ___ $)_{10}$

$(186.53)_{10} = ($ ___ $)_2$

$(3902)_{10} = ($ ___ $)_8$

二、简述题

1．按照计算机处理的对象可以将其分为哪几类？

2．衡量 CPU 的主要性能指标有哪几个？选购内存时要注意什么问题？

3．存储容量的主要单位有哪几种？写出它们之间的换算关系。

4．日常工作中如何防范计算机病毒？当计算机出现异常时怎么办？

5．分别写出十进制、二进制、八进制和十六进制的数码、基数和位权。

第 2 章　Windows 7 操作系统及应用

++

　　计算机的工作离不开操作系统。一台刚刚组装起来的计算机，在没有安装任何软件的情况下，是不能运行与工作的，此时的计算机称为"裸机"。要想让计算机正常运行起来，必须安装操作系统与应用软件。

　　操作系统是计算机必须配置的最基本的软件，它统一管理计算机的硬件资源和软件资源，控制计算机的各个部件进行协调工作。同时，操作系统也是人与计算机进行交流的桥梁，用户通过与操作系统"对话"来使用和控制计算机。目前，主流的操作系统是 Windows 7，本章主要学习操作系统的相关知识与 Windows 7 的基本操作。

※ 目标规划

1. 熟悉 Windows 7 的基础知识
2. 掌握 Windows 7 基本操作技能

2.1　操作系统概述

　　计算机系统是由硬件与软件组成的一个相当复杂的系统，有着丰富的软件和硬件资源，为了合理地管理这些资源，并使各种资源得到充分利用，必须有一组专门的系统软件来对各种资源进行管理，这个系统软件就是操作系统(Operating System，OS)。

2.1.1　什么是操作系统

　　操作系统是直接控制和管理计算机系统资源(硬件资源、软件资源和数据资源)，并为用户充分使用这些资源提供交互操作界面的程序集合，是直接运行在"裸机"上的最基本的系统软件，任何其他软件都必须在操作系统的支持下才能运行。

　　操作系统是系统软件的核心，也是计算机系统的"总调度"，计算机各部件之间相互配合、协调一致地工作，都是在操作系统的统一指挥下才得以实现的。

　　计算机硬件、操作系统、应用软件以及用户程序或数据之间的层次关系如图 2-1 所示，核心是计算机硬件，最外层是用户程序或数据，操作系统是桥梁。用户与计算机之间的交流，没有操作系统是无法完成的，用户、软件与计算机硬件之间的关系如图 2-2 所示。

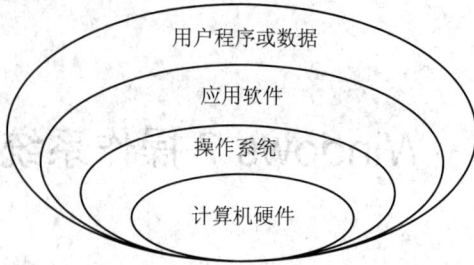

图 2-1 计算机硬件、操作系统、应用软件以及用户程序或数据之间的关系

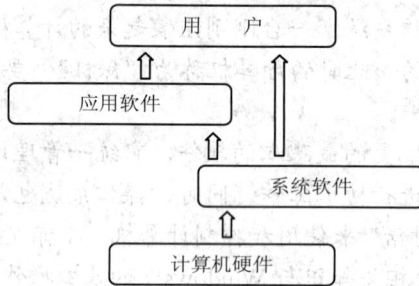

图 2-2 用户、软件与计算机硬件的关系

2.1.2 操作系统的作用与功能

从用户的角度看，操作系统的作用主要有三个：一是提供用户与计算机之间的交互操作界面；二是提高系统资源的利用率，通过对计算机软件、硬件资源进行合理的调度与分配，改善资源的共享和利用状况，最大限度地发挥计算机系统的工作效率；三是为用户提供软件开发和运行的环境。

操作系统主要用于管理硬件资源与软件资源，从资源管理的角度看，操作系统主要有五大功能：处理器管理、设备管理、存储管理、作业管理和文件管理。

1. 处理器管理

处理器(CPU)管理又称进程管理，主要是对 CPU 的控制与管理。CPU 是计算机系统的核心部件，是最宝贵的资源，它的利用率高低将直接影响到计算机的效率。当有一个(或多个)用户提交作业请求时，操作系统将协调各作业之间的运行，使 CPU 资源得到充分利用。

2. 设备管理

计算机系统中有各种各样的外部设备，设备管理是计算机外部设备与用户之间的接口。其功能是对设备资源进行统一管理，自动处理内存和设备间的数据传递，从而减轻用户为这些设备设计输入/输出程序的负担。

3. 存储管理

存储管理是对内存的分配与管理，只有当程序和数据调入内存中，CPU 才能直接访问和执行。计算机内存中有成千上万个存储单元，何处存放哪个程序，何处存放哪个数据，都需要由操作系统来统一管理，以达到合理利用内存空间的目的，并且保证程序的运行和数据的访问相对独立和安全。

4．作业管理

在操作系统中，用户请求计算机完成一项完整的工作任务称为一个作业。作业管理解决的是允许谁来使用计算机和怎样使用计算机的问题。其功能表现为作业控制和作业调度，当有多个用户同时要求使用计算机时，允许哪些作业进入，不允许哪些作业进入，以及如何执行等。

5．文件管理

文件是存储在一定介质上、具有某种逻辑结构的信息集合，它可以是程序或者用户数据。当使用文件时，需要从外存储器中调入内存，计算机才能执行。操作系统的文件管理功能就是对这些文件的组织、存取、删除、保护等，以便用户能方便、安全地访问文件。

2.1.3　操作系统的分类

操作系统是计算机所有软件的核心，是计算机与用户的接口，负责管理所有计算机资源，协调和控制计算机的运行。操作系统种类繁多，很难用单一标准统一分类。下面从不同的角度对操作系统进行分类。

(1) 根据操作系统的使用环境和对作业的处理方式来划分，可分为批处理操作系统(如 DOS)、分时操作系统(如 Linux)、实时操作系统(如 RTOS)。

(2) 根据所支持的用户数目来划分，可分为单用户操作系统(如 MSDOS、Windows)、多用户操作系统(如 UNIX、Linux)。

(3) 根据应用领域来划分，可分为桌面操作系统、服务器操作系统、嵌入式操作系统。

(4) 根据源码开放程度来划分，可分为开源操作系统(如 Linux、FreeBSD)和闭源操作系统(如 Mac OS X、Windows)。

(5) 按同时管理作业的数目来划分，可以分为单任务操作系统和多任务操作系统。

(6) 根据用户界面的形式来划分，可分为字符界面操作系统(如 UNIX、DOS)和图形界面操作系统(如 Windows、Mac OS X)。

2.1.4　主流操作系统简介

随着计算机技术的发展，操作系统的发展也日新月异，由最初的 DOS 操作系统、Windows 3.x、Windows 95、Windows 98、Windows ME、Windows 2000、Windows 2003、Windows XP、Windows Vista、Windows 7、Windows 8、……，一直到今天最新的 Windows 10 操作系统，功能也越来越强大。除此以外，还有 Linux、UNIX、OS/2、Netware 等操作系统。对个人计算机而言，主流操作系统仍然以 Windows 系统为主。下面介绍几种常见的 Windows 版本。

1．Windows XP 操作系统

以前，Windows 操作系统分为两大路线：一是单机操作系统 Windows 9X 系列；二是网络操作系统 Window NT 系列。

Windows XP 是微软公司于 2001 年底推出的新一代视窗操作系统，它既支持 Windows 9X 系列，也支持 Windows NT 系列，是目前为止口碑最好的一款产品，其中 XP 是 Experience

的缩写，即"体验"的意思。Microsoft 公司希望这款操作系统能够在全新技术和功能的引导下，给广大用户带来全新的操作系统体验。Windows XP 的经典桌面是"蓝天白云"，如图 2-3 所示。

图 2-3　Windows XP 的经典桌面

Windows XP 采用的是 Windows NT/2000 的核心技术，具有运行可靠、稳定且速度快的特点，这为计算机的安全、正常、高效地运行提供了保障。它不但使用更加成熟的核心技术，而且外观设计也焕然一新，桌面风格清新明快、优雅大方，给人以良好的视觉享受。

Windows XP 系统大大增强了多媒体性能，对其中的媒体播放器进行了彻底的改造，使之与系统完全融为一体，通过系统提供的诸如数码音乐、数字照片、家庭网络以及 Internet 等众多功能，可以让用户体验到更加良好的数字化生活。

2．Windows Vista 操作系统

Windows Vista 是 Microsoft 公司在 2007 年 1 月发布的一款操作系统，与前一版本相比，它包含了上百种新功能。其中，比较个性化的功能有被称为 Windows Aero 的全新界面风格、加强后的搜寻功能、新的多媒体创作工具，以及重新设计的网络、音频、输出和显示子系统。如图 2-4 所示为 Windows Vista 的桌面。

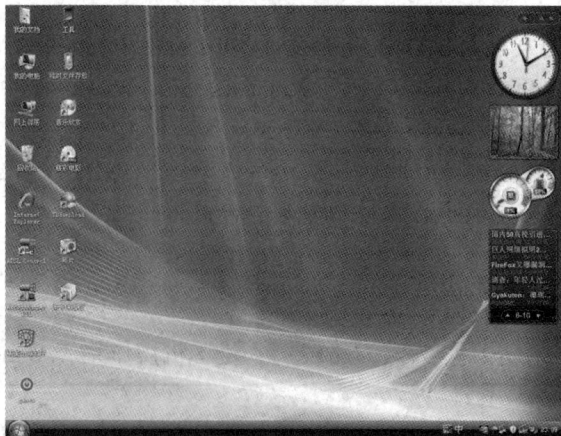

图 2-4　Windows Vista 桌面

　　Windows Vista 实际上就是 Windows NT 6.0，与 Windows XP 相比，它在界面、安全性和软件驱动性上都有了很大的改进。Windows Vista 第一次在操作系统中引入了"Life Immersion"概念，即在操作系统中集成了许多人性化的因素，使操作系统尽最大可能贴近用户，了解用户的感受，从而方便用户的使用。

　　我们可以使用如下三个关键词来形容 Windows Vista：

　　(1) 连接。Windows Vista 更加紧密地将你和你的朋友、你所需要的信息以及你的电子设备无缝连接起来，使所有的计算机和电子设备连为一体。

　　(2) 整洁。这可以从两方面得到体验：一是用户界面更加整洁，看起来有一种水晶的感觉；二是更加有效地管理用户的数据，让用户更加快捷地管理自己的信息。

　　(3) 信任。Windows Vista 为用户带来最好的安全措施，比以往任何操作系统都更加安全地保护用户的计算机不受病毒侵害。

3．Windows 7 操作系统

　　Windows 7 作为 Windows Vista 的继任者，其核心版本号是 Windows NT 6.1，它是由 Microsoft 公司开发的具有革命性变化的操作系统。该系统旨在让人们的日常计算机操作更加简单和快捷，为人们提供高效易行的工作环境。如图 2-5 所示为 Windows 7 的桌面。

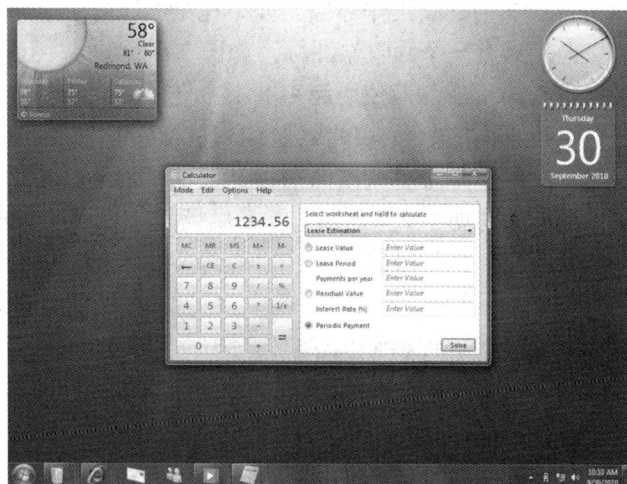

图 2-5　Windows 7 桌面

　　Windows 7 有 20 个甚至更多的优点、优势让用户忘记 Windows Vista 以及 Windows XP，同时 Windows 7 在设计方面更加模块化。总体来说，Windows 7 相对于 Windows 以前的版本来说更加先进。与以前的版本相比，Windows 7 具有以下优点：

❖ **更易用**：Windows 7 做了许多方便用户的设计，如快速最大化、窗口半屏显示、跳转列表、系统故障快速修复等，这些新功能令 Windows 7 成为最易用的操作系统。

❖ **更快速**：Windows 7 大幅缩减了 Windows 的启动时间。根据实际测试，在 2008 年的中低端配置计算机中运行，系统加载时间一般不超过 20 秒，这与 Windows Vista 的 40 余秒相比，是一个很大的进步。

❖ **更简单**：Windows 7 让搜索和使用信息更加简单，包括本地、网络和互联网搜

索功能。

❖ **更安全**: Windows 7 改进了基于角色的计算方案和用户账户管理,改进了安全功能的合法性,并把数据保护和管理扩展到外围设备,同时也会开启企业级的数据保护和权限许可。

❖ **更好的连接**: Windows 7 进一步增强了移动工作能力,无论何时何地、任何设备都能访问数据和应用程序。无线连接、管理和安全功能得到进一步扩展,性能与功能以及新兴的移动硬件得到优化,拓展了多设备同步、管理和数据保护功能。

Windows 7 包括 6 个版本,分别为 Windows 7 Starter(简易版)、Windows 7 Home Basic(家庭普通版)、Windows 7 Home Premium(家庭高级版)、Windows 7 Professional(专业版)、Windows 7 Enterprise(企业版)、Windows 7 Ultimate(旗舰版)。

2.2　Windows 7 基本操作

计算机安装了 Windows 7 操作系统以后,只要接通电源,按下机箱的 Power 按钮,稍等片刻便可以进入 Windows 7 中文版工作环境。如果是第一次登录 Windows 7 系统,看到的是一个非常简洁的桌面,只有一个回收站图标,如图 2-6 所示。

这样的桌面看起来很整洁干净,但使用起来并不方便,因此我们希望把经常使用的图标放到桌面上。这时可以在桌面的空白处单击鼠标右键,从弹出的快捷菜单中选择【个性化】命令,在打开的窗口左侧单击【更改桌面图标】选项,则弹出【桌面图标设置】对话框,选择自己经常使用的图标,如图 2-7 所示,单击 确定 按钮,这样,经常使用的图标就出现在桌面上了,这些图标称为桌面元素。

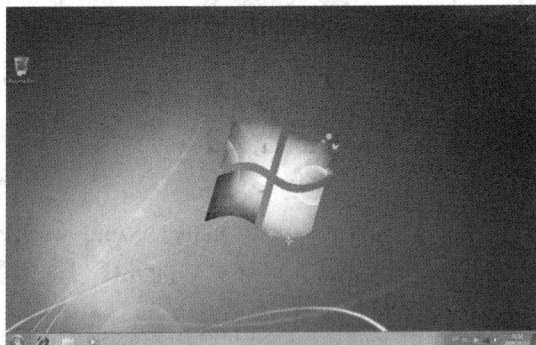

图 2-6　Window7 桌面　　　　　　　　　图 2-7　【桌面图标设置】对话框

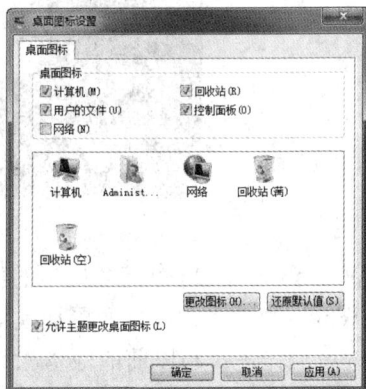

2.2.1　认识桌面图标

当安装了应用程序以后,Windows 桌面上的图标就会多起来,总体上分为系统图标与快捷方式图标。不同的计算机,桌面上的图标可能是不同的,但是系统图标都是相同的,下面以列表的形式对各个图标进行介绍,如表 2-1 所示。

表 2-1　系统图标的作用

图　标	作　用
Administr..	Administrator 类似于以前的"我的文档",但是功能更丰富,它是一个用户的账户,通过它可以查看或管理个人文档,如文档、图片、音乐、视频、下载的文件等
计算机	任何一台计算机上都有"计算机"图标,双击它可以打开资源管理器,从而查看并管理相关的计算机资源,如打印机、驱动器、网络连接、共享文档以及控制面板等
网络	如果计算机已经接入了局域网,双击该图标,在打开的窗口中可以看到网络中的可用资源,包括所能访问的服务器
回收站	回收站用于暂时存放被删除的文件。在真正删除文件之前,可以用于恢复被删除的文件。回收站最大的作用在于:如果用户由于误操作不慎删除了某些文件,可以将它及时地恢复回来
Internet Explorer	安装了 IE 浏览器以后就会出现该图标。双击 Internet Explorer 图标可以启动 IE 浏览器,通过它访问 Internet 资源,并且可以设置浏览器的相关参数

除了上面介绍的系统图标以外,在桌面上还有一些图标,其左下角有一个箭头,这一类图标称为快捷方式图标。不同计算机桌面上的快捷方式图标是不同的。快捷方式图标记录了它所指向的对象路径,可以说它是一个指针,直接指向相应的文件或对象。

2.2.2　【开始】菜单与任务栏

桌面最下方的矩形条称为"任务栏",它是桌面的重要组成部分,用于显示正在运行的应用程序或打开的窗口。任务栏的左侧是一个大圆按钮,称为【开始】按钮,单击它将弹出【开始】菜单。

1.【开始】菜单

【开始】菜单是我们执行任务的一个标准入口,一条重要通道,通过它可以打开文档、启动应用程序、关闭系统、搜索文件等。单击【开始】按钮或者按下键盘中的 ▦ 键,可以打开【开始】菜单,如图 2-8 所示。

【开始】菜单分为四个基本部分:

(1) 左边的大窗格显示计算机上程序的一个短列表,这个短列表中的内容会随着时间的推移有所变化,其中使用比较频繁的程序将出现在这个列表中。

(2) 左边窗格下方的【所有程序】比较特殊,单击它会改变左边窗格的内容,显示计算机中安装的所有程序,同时【所有程序】变成【返回】,如图 2-9 所示。

(3) 左边窗格的最底部是搜索框，通过输入搜索项可以在计算机中查找安装的程序或所需要的文件。

(4) 右边窗格提供了对常用文件夹、文件、设置和功能的访问，还可以注销 Windows 或关闭计算机。

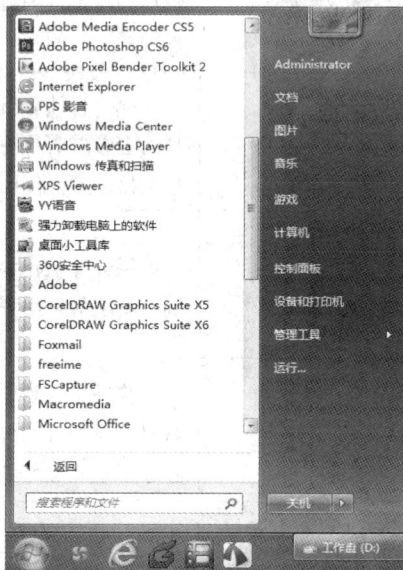

图 2-8 【开始】菜单   图 2-9 单击【所有程序】后的菜单

【开始】菜单的含义在于它通常用于启动或打开某项内容，是打开计算机程序、文件或设置的门户，具体功能描述如下：

❖ **启动程序**：通过【开始】菜单中的【所有程序】命令，可以启动安装在计算机中的所有应用程序。

❖ **打开窗口**：通过【开始】菜单可以打开常用的工作窗口，如"计算机""文档"和"图片"等。

❖ **搜索功能**：通过【开始】菜单中的搜索框，可以对计算机中的文件、文件夹或应用程序进行搜索。

❖ **管理计算机**：通过【开始】菜单中的控制面板、管理工具、实用程序可以对计算机进行设置与维护，如个性化设置、备份、整理碎片等。

❖ **关机功能**：计算机关机必须通过【开始】菜单进行操作，另外，还可以重启、待机、注销用户等。

❖ **帮助信息**：通过【开始】菜单可以获取相关的帮助信息。

2. 任务栏

顾名思义，任务栏就是用于执行或显示任务的"专栏"，它是一个矩形条，左侧是"快速启动栏"，中间是任务栏的主体部分，右侧是"系统区域"，如图 2-10 所示。

图 2-10 任务栏

(1) 最左侧是快速启动栏，其中提供了若干应用程序图标，单击某程序图标，可以快速启动相应的程序。如果要将一个经常使用的应用程序图标添加到快速启动栏中，可以在桌面上拖动快捷方式图标到快速启动栏上，当出现一条"竖直的线"时释放鼠标即可。

(2) 任务栏的中间是主体部分，显示了正在执行的任务。当不打开窗口或程序时，它是一个蓝色条。如果打开了窗口或程序，任务栏的主体部分将出现一个个按钮，分别代表已打开的不同窗口或程序，单击这些按钮，可以在打开的窗口之间切换。

(3) 任务栏的最右侧是"系统区域"，这里显示了系统时间、声音控制图标、网络连接状态图标等，另外一些应用程序最小化以后，其图标也会出现在这个位置上。

2.2.3　桌面图标的管理

桌面上的图标并不是固定不变的，可以进行添加、删除、设置大图标显示等。本节主要介绍桌面图标的基本管理，如图标的排列、任务栏的设置等。

1. 排列桌面图标

当桌面上的图标太多时，往往会产生凌乱的感觉，这时需要对它进行重新排列，但是在 Windows 7 中排列图标的命令被放置在【排序方式】和【查看】两个命令中。首先介绍【排序方式】命令。

(1) 在桌面上的空白位置处单击鼠标右键。

(2) 在弹出的快捷菜单中指向【排序方式】命令，弹出下一级子菜单，如图 2-11 所示。

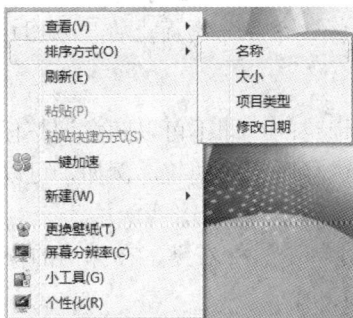

图 2-11　【排序方式】子菜单

(3) 在子菜单中选择相应的命令，可以按照所选的方式重新排列图标。一共有四种排序方式：

❖ 　【名称】：选择该命令，将按桌面图标名称的字母顺序排列图标。

❖ 　【大小】：选择该命令，将按文件的大小顺序排列图标。如果图标是某个程序的快捷方式图标，则文件大小指的是快捷方式文件的大小。

❖ 　【项目类型】：选择该命令，将按桌面图标的类型顺序排列图标。例如，桌面上有几个 Photoshop 图标，它们将排列在一起。

❖ 　【修改日期】：选择该命令，将按快捷方式图标最后的修改时间排列图标。

2. 查看桌面图标

桌面图标的大小是可以改变的，并且可以控制显示与隐藏。在【查看】命令的子菜单中提供了三组命令，最上方的三个命令用于更改桌面图标的大小，中间的两个命令用于控制图标的排列。

(1) 在桌面的空白位置处单击鼠标右键。

(2) 在弹出的快捷菜单中指向【查看】命令，弹出下一级子菜单，如图 2-12 所示。

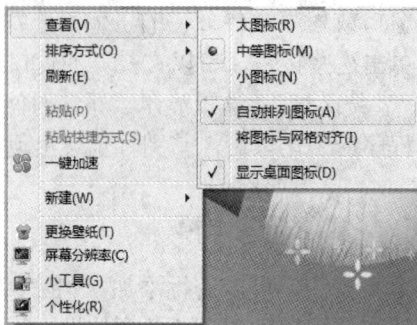

图 2-12　【查看】子菜单

(3) 根据需要选择相应的子菜单命令即可。

❖ 【大图标】、【中等图标】、【小图标】：选择这几个命令，可以更改桌面图标的大小。

❖ 【自动排列图标】：选择该命令，图标将自动从左向右以列的形式排列。

❖ 【将图标与网格对齐】：屏幕上有不可视的网格，选择该命令，可以将图标固定在指定的网格位置上，使图标相互对齐。

❖ 【显示桌面图标】：选择该命令，桌面上将显示图标；否则看不到桌面图标。

3．调整任务栏的大小

默认情况下，任务栏是被锁定的，即不可以随意调整任务栏。但是，取消任务栏的锁定之后，用户便可以对任务栏进行适当的调整，例如，可以改变任务栏的高度，具体操作步骤如下：

(1) 在任务栏的空白位置处单击鼠标右键，在弹出的快捷菜单中选择【锁定任务栏】命令，取消锁定状态，如图 2-13 所示。

(2) 将光标指向任务栏的上方，当光标变为"↕"形状时向上拖动鼠标，可以拉高任务栏，如图 2-14 所示。

(3) 如果任务栏过高，可以再次将光标指向任务栏的上方，当光标变为"↕"形状时向下拖动鼠标，将任务栏压低，如图 2-15 所示。

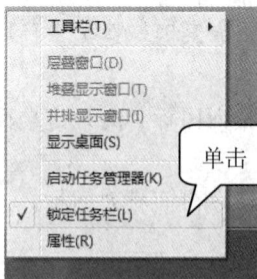

图 2-13　取消锁定状态　　　图 2-14　拉高任务栏　　　图 2-15　压低任务栏

2.2.4　窗口的操作

Windows 即"窗口"的意思，而 Windows 操作系统就是以窗口的形式来管理计算机资源的，窗口作为 Windows 的重要组成部分，构成了用户与 Windows 之间的桥梁。因此，认识并掌握窗口的基本操作是使用 Windows 操作系统的基础。

1. 窗口的组成

不同程序的窗口有不同的布局和功能，下面以最常见的【计算机】窗口为例，介绍其各组成部分。【计算机】窗口主要由地址栏、搜索框、菜单栏、列表区、工作区、信息栏、滚动条及窗口边框等部分组成。

在桌面上双击"计算机"图标，可以打开【计算机】窗口，这是一个典型的 Windows 7 窗口，构成窗口的各部分如图 2-16 所示。

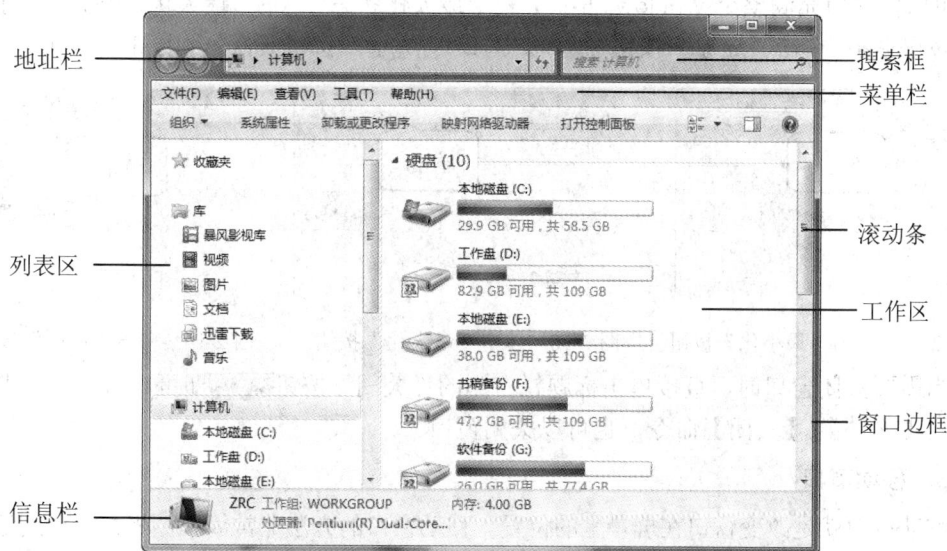

图 2-16　【计算机】窗口

❖ 地址栏：用于显示当前所处的路径，采用了叫做"面包屑"的导航功能，如果要复制当前地址，只要在地址栏空白处单击鼠标，即可让地址栏以传统的方式显示。地址栏左侧为"前进"按钮和"后退"按钮，右侧为"刷新"按钮。

❖ 搜索框：用于搜索计算机和网络中的信息，并不是所有的窗口都有搜索框。搜索框的上方为控制按钮，分别是最小化按钮、最大化/还原按钮、关闭按钮。

❖ 菜单栏：位于地址栏的下方，通常由【文件】、【编辑】、【查看】、【工具】和【帮助】等菜单项组成。每一个菜单项均包含了一系列的菜单命令，单击菜单命令可以执行相应的操作或任务。

❖ 列表区：左侧的列表区将整个计算机资源划分为四大类：收藏夹、库、计算机和网络，可以更好地组织、管理及应用资源，使操作更高效。比如在收藏夹下"最近访问的位置"中可以查看到最近打开过的文件和系统功能，方便我们再次使用。

❖ 工作区：这是窗口最主要的部分，用来显示窗口的内容，用户就是通过这里操作计算机的，如查找、移动、复制文件等。

❖ 信息栏：位于窗口的底部，用来显示该窗口的状态。例如，选择了部分文件时，信息栏中将显示选择的文件个数、修改日期等。

❖ 滚动条：分为垂直滚动条和水平滚动条，当窗口太小以至于不能完全显示所有内容时才会出现滚动条。拖动滚动条上的滑块可以浏览工作区内不能显示的其他区域。

❖ 窗口边框：即窗口的边界，它是用于改变窗口大小的主要工具。

2. 最小化、最大化/还原与关闭窗口

在每个窗口的右上角都有三个窗口控制按钮，其中，单击"最小化"按钮 ▬ ，如图 2-17 所示，窗口将化为一个按钮停放在任务栏上；单击"最大化"按钮 ▢ ，如图 2-18 所示，可以使窗口充满整个 Windows 桌面，处于最大化状态，这时"最大化"按钮变成了"还原"按钮 ▣ ；单击"还原"按钮 ▣ ，如图 2-19 所示，窗口又恢复到原来的大小。

图 2-17　单击"最小化"按钮　　图 2-18　单击"最大化"按钮　　图 2-19　单击"还原"按钮

当需要关闭窗口时，直接单击标题栏右侧的"关闭"按钮 ✕ 即可。另外，单击菜单栏中的【文件】/【关闭】命令，也可以关闭窗口。

3. 移动窗口

移动窗口就是改变窗口在屏幕上的位置。移动窗口的方法非常简单，将光标移到地址栏上方的空白处，按住鼠标左键并拖动鼠标到目标位置处，释放鼠标左键，即完成窗口的移动。

另外，还可以使用键盘移动窗口，方法是按住 Alt 键的同时敲击空格键，这时将打开控制菜单，再按下 M 键(即 Move 的第一个字母)，然后按下键盘上的方向键移动窗口，当到达目标位置后，按下回车键即可。

小贴士

当窗口处于最大化或最小化状态时，既不能移动它的位置，也不能改变它的大小，这是要特别注意的问题。

4. 调整窗口大小

当窗口处于非最大化状态时，可以改变窗口的大小。将光标移到窗口边框上或者右下角，当光标变成双向箭头时按住鼠标左键拖动鼠标，就可以改变窗口的大小，如图 2-20 所示。

图 2-20　改变窗口大小时的三种状态

2.2.5　认识对话框

在 Windows 操作系统中，对话框是一个非常重要的概念，它是用户更改参数设置与提交信息的特殊窗口，在进行程序操作、系统设置、文件编辑时都会用到对话框。

1．对话框与窗口的区别

一般情况下，对话框中包括以下组件：标题栏、要求用户输入信息或设置的选项、命令按钮，如图 2-21 所示。

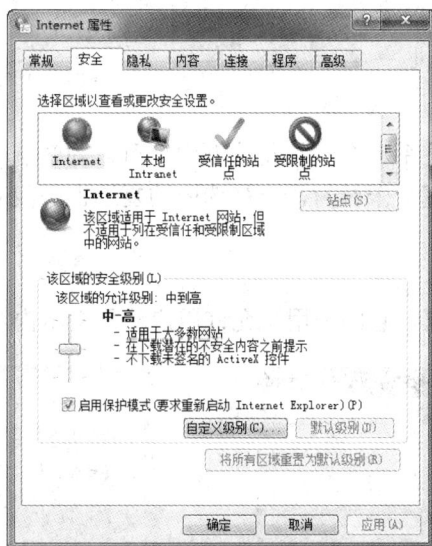

图 2-21　对话框的组成

初学者一定要将对话框与窗口区分开，这是两个完全不同的概念，它们虽然有很多相同之处，但是区别也是明显的。

(1) 作用不同。窗口用于操作文件，而对话框用于设置参数。

(2) 概念的外延不同。从某种意义上来说，窗口包含对话框，也就是说，在窗口环境下通过执行某些命令，可以打开对话框；反之则不可以。

(3) 外观不同。窗口没有【确定】或【取消】按钮，而对话框都有这两个按钮。

(4) 操作不同。窗口可以最小化、最大化/还原操作，也可以调整大小，而对话框一般是固定大小，不能改变的。

2．对话框的组成

构成对话框的组件比较多，但是，并不是每一个对话框中必须都包含这些组件，一个对话框可能只用到几个组件。常见的组件有选项卡、单选按钮、复选框、文本框、下拉列表、列表、数值框与滑块等，下面逐一介绍各个组件。

(1) 选项卡。

选项卡也叫标签，当一个对话框中的内容比较多时，往往会以选项卡的形式进行分类，在不同的选项卡中提供相应的选项。一般地，选项卡都位于标题栏的下方，单击就可以进行切换，如图 2-22 所示。

(2) 单选按钮。

单选按钮是一组相互排斥的选项，在一组单选按钮中，任何时刻只能选择其中的一个，被选中的单选按钮内有一个圆点，未被选中的单选按钮内无圆点，它的特点是"多选一"，如图 2-23 所示。

图 2-22　选项卡

图 2-23　单选按钮

(3) 复选框。

复选框之间没有约束关系，在一组复选框中，可以同时选中一个或多个。它是一个小方框，被选中的复选框中有一个对勾，未被选中的复选框中没有对勾，它的特点是"多选多"，如图 2-24 所示。

(4) 文本框。

文本框是一个矩形方框，它的作用是允许用户输入文本内容，如图 2-25 所示。

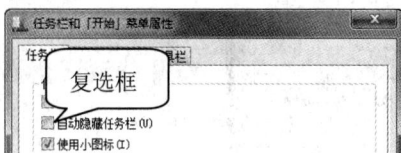

图 2-24　复选框

图 2-25　文本框

(5) 下拉列表。

下拉列表是一个矩形框，显示当前的选定项，但是其右侧有一个小三角形按钮，单击它可以打开一个下拉列表，其中有很多可供选择的选项。如果选项太多，不能一次显示出来，将出现滚动条，如图 2-26 所示。

(6) 列表。

与下拉列表不同，列表直接列出所有选项供用户选择，如果选项较多，列表的右侧会出现滚动条。通常情况下，一个列表中只能选择一个选项，选中的选项以深色显示，如图 2-27 所示。

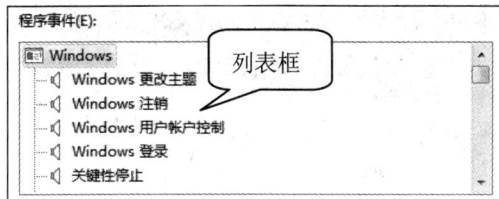

图 2-26　下拉列表　　　　　　　　　　　图 2-27　列表

（7）数值框。

数值框实际上是由一个文本框加上一个增减按钮构成的，所以可以直接输入数值，也可以通过单击增减按钮的上下箭头改变数值，如图 2-28 所示。

（8）滑块。

滑块在对话框中出现的几率不多，它由一个标尺与一个滑块共同组成，拖动它可以改变数值或等级，如图 2-29 所示。

图 2-28　数值框　　　　　　　　　　　图 2-29　滑块

2.2.6　关于菜单

Windows 操作系统中的"菜单"是指一组操作命令的集合，它是用来实现人机交互的主要形式，通过菜单命令，用户可以向计算机下达各种命令。在前面介绍过【开始】菜单，实际上 Windows 7 中有四种类型的菜单，分别是【开始】菜单、标准菜单、快捷菜单与控制菜单。

1．【开始】菜单

前面已经对【开始】菜单进行了详细介绍，它是 Windows 操作系统特有的菜单，主要用于启动应用程序、获取帮助和支持、关闭计算机等操作。

2．标准菜单

标准菜单是指菜单栏上的下拉菜单，它往往位于窗口标题栏的下方，集合了当前程序的特定命令。程序不同，其对应的菜单也不同。单击菜单栏的菜单名称，可以打开一个下拉式菜单，其中包括了许多菜单命令，用于相关操作。如图 2-30 所示是【计算机】窗口的标准菜单。

3．快捷菜单

在 Windows 操作环境下，任何情况下单击鼠标右键，都会弹出一个菜单，这个菜单称为"快捷菜单"。实际上，在学习前面的内容时已经接触到了"快捷菜单"。

快捷菜单是智能化的，它包含了一些用来操作该对象的快捷命令。在不同的对象上单击鼠标右键，弹出的快捷菜单中的命令是不同的，如图 2-31 所示是在桌面上单击鼠标右键时出现的快捷菜单。

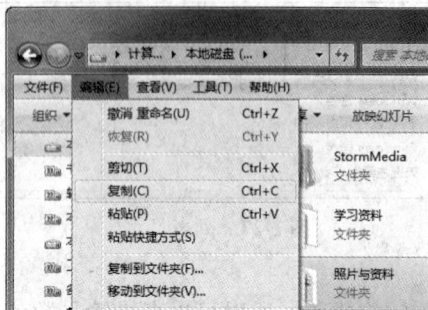

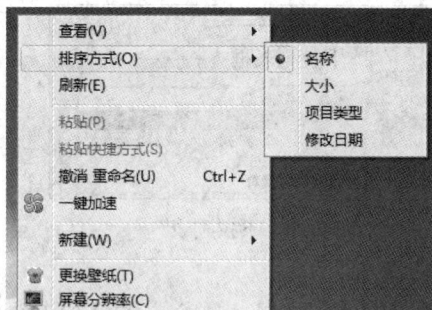

图 2-30　标准菜单　　　　　　　　　图 2-31　在桌面上单击右键时的快捷菜单

4．控制菜单

在任何一个窗口地址栏的上方单击鼠标右键，都可以弹出一个菜单，这个菜单称为"控制菜单"，其中包括移动、大小、最大化、最小化、还原和关闭等命令，如图 2-32 所示。在使用键盘操作 Windows 7 时，控制菜单非常有用。

另外，在窗口的地址栏上单击鼠标右键，也可以弹出一个菜单。该菜单中的命令是对地址的相关操作，如图 2-33 所示。

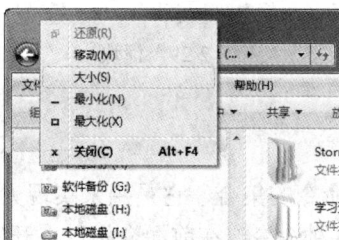

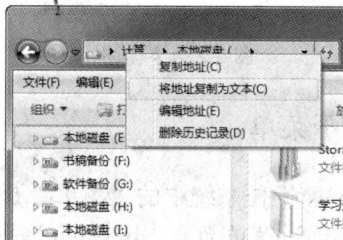

图 2-32　控制菜单　　　　　　　　　图 2-33　在窗口的地址栏上单击右键

2.3　文件管理与磁盘维护

如果把一台计算机比作一个房间，那么文件就相当于房间中的物品。随着时间的推移，物品会越来越多，如果不善于管理，房间就会凌乱不堪。同样，计算机也是如此，当文件越来越多时，如果管理不善，就会造成工作效率降低，甚至影响计算机的运行速度。所以，一定要会管理自己的计算机。

2.3.1　认识文件与文件夹

文件与文件夹是 Windows 操作系统中的两个概念，首先要理解它们，这样才有利于管理计算机。

1．什么是文件

文件是指存储在计算机中的一组相关数据的集合。这里可以这样理解：计算机中出现的所有数据都可以称为文件，例如程序、文档、图片、动画、电影等。

文件分为系统文件和用户文件，一般情况下，操作者不能修改系统文件的内容，但可以根据需要创建或修改用户文件。

为了区别不同的文件，每一个文件都有唯一的标识，称为文件名。文件名由名称和扩展名两部分组成，两者之间用分隔符"."分开，即"名称.扩展名"。例如"课程表.doc"，其中"课程表"为名称，由用户定义，代表了一个文件的实体；而".doc"为扩展名，由计算机系统自动创建，代表了一种文件类型。

一般情况下，一个文件(用户文件)名称可以任意修改，但扩展名不可修改。在命名文件时，文件名要尽可能精炼达意。在 Windows 操作系统下命名文件时，要注意以下几项：

❖ Windows 7 支持长文件名，最长可达 256 个有效字符，不区分大小写。

❖ 文件名称中可以有多个分隔符"."，以最后一个作为扩展名的分隔符。

❖ 文件名称中除开头以外的任何位置都可以有空格。

❖ 文件名称的有效字符包括汉字、数字、英文字母及各种特殊符号等，但文件名中不允许有 /、?、\、*、"、<、> 等。

❖ 在同一位置的文件不允许重名。

2．什么是文件夹

文件夹是用来组织和管理磁盘文件的一种数据结构，一个文件夹中可以包含若干个文件和子文件夹，也可以包含打印机、字体以及回收站中的内容等资源。

文件夹的命名与文件的命名规则相同，但是文件夹通常没有扩展名，其名字最好是易于记忆、便于组织管理的名称，这样有利于查找文件。

对文件夹进行操作时，如果没有指明文件夹，则所操作的文件夹称为当前文件夹。当前文件夹是系统默认的操作对象。

3．文件的路径

由于文件夹与文件、文件夹与文件夹之间是包含与被包含的关系，这样一层一层地包含下去，就形成了一个树状的结构。我们把这种结构称为"文件夹树"，这是一种非常形象的叫法，其中"树根"是计算机中的磁盘，"树枝"是各级子文件夹，而"树叶"就是文件，如图 2-34 所示。

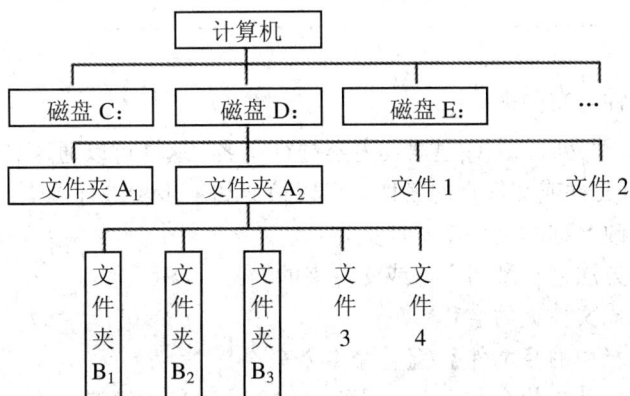

图 2-34　文件夹树结构

从树根出发到任何一个树叶有且仅有一条通道，这条通道就是路径。路径用于指定文件在文件夹树中的位置。例如，对于计算机中的"文件 3"，我们应该指出它位于哪一个磁盘驱动器下，哪一个文件夹下，甚至哪一个子文件夹下……，以此类推，一直到指向最终包含该文件的文件夹，这一系列的驱动器号和文件夹名就构成了文件的路径。

计算机中的路径以反斜杠"\"表示，例如，有一个名称为"photo.jpg"的文件，位于 C 盘的"图像"文件夹下的"照片"子文件夹中，那么它的路径就可以写为"C：\图像\照片\ photo.jpg"。

2.3.2 文件与文件夹的管理

随着计算机使用时间的推移，文件会越来越多，有系统自动产生的，也有用户创建的，所以必须有效地管理好这些文件，主要包括新建、删除、移动、复制、重命名等操作。通过这些操作，对文件进行有选择地取舍，有秩序地存放。

1. 新建文件夹

文件夹的作用就是存放文件，可以对文件进行分类管理。在 Windows 操作系统下，用户可以根据需要自由创建文件夹，具体操作方法如下：

(1) 打开【计算机】窗口。

(2) 在列表区窗格中选择要在其中创建新文件夹的磁盘或文件夹。

(3) 单击菜单栏中的【文件】/【新建】/【文件夹】命令，即可在指定位置创建一个新的文件夹。

(4) 创建了新的文件夹后，可以直接输入文件夹名称，按下回车键或在名称以外的位置处单击鼠标，即可确认文件夹的名称。

小贴士

还有另外两种创建文件夹的方法：一是打开【计算机】窗口，在工作区窗格中的空白位置处单击鼠标右键，从弹出的快捷菜单中选择【新建】/【文件夹】命令；二是在菜单栏的下方单击 新建文件夹 按钮，可以快速创建一个文件夹。

2. 重命名文件与文件夹

管理文件与文件夹时，应该根据其内容进行命名，这样可以通过名称判断文件的内容。如果需要更改已有文件或文件夹的名称，可以按照如下步骤进行操作：

(1) 选择要更改名称的文件或文件夹。

(2) 使用下列方法之一激活文件或文件夹的名称。

❖ 单击文件或文件夹的名称。

❖ 单击菜单栏中的【文件】/【重命名】命令。

❖ 在文件或文件夹的名称上单击鼠标右键，从弹出的快捷菜单中选择【重命名】命令。

❖ 按下 F2 键。

(3) 输入新的名称，然后按下回车键确认。输入新名称时，扩展名不要随意更改，否则会影响文件的类型，导致打不开文件。

小贴士

　　用户可以对文件或文件夹进行批量重命名：选择多个要重命名的文件或文件夹，在所选对象上单击鼠标右键，从弹出的快捷菜单中选择【重命名】命令，输入新名称后按下回车键，则使用输入的新名称按顺序命名。

3. 选择文件与文件夹

对文件与文件夹进行操作前必须先选择操作对象。如果要选择某个文件或文件夹，只需用鼠标在【计算机】窗口中单击该对象即可将其选择。

(1) 选择多个相邻的文件或文件夹。

要选择多个相邻的文件或文件夹，有两种方法可以实现。最简单的方法是直接使用鼠标进行框选，这时被鼠标框选的文件或文件夹将同时被选择，如图 2-35 所示。

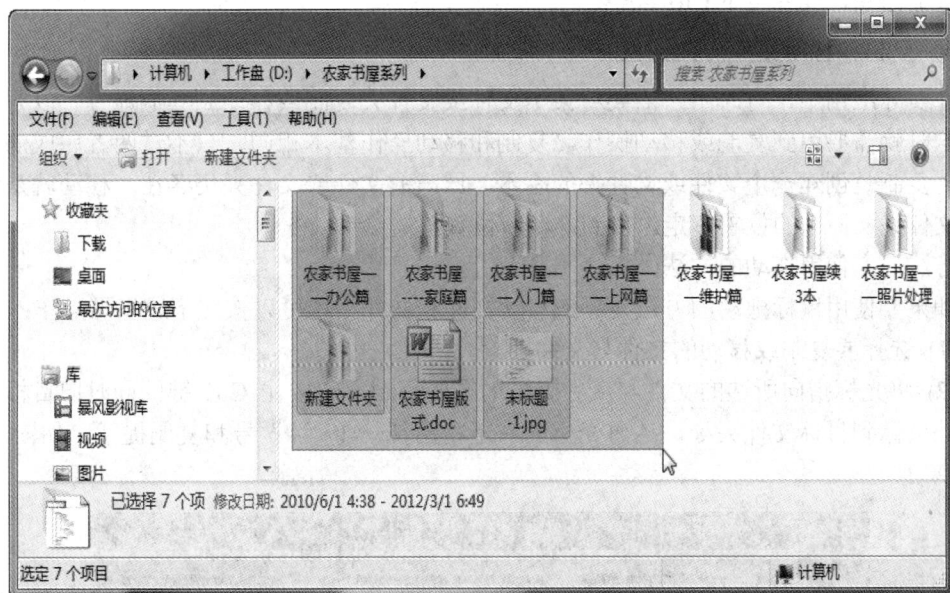

图 2-35　框选文件或文件夹

另外，单击要选择的第一个文件或文件夹，然后再按住 Shift 键单击要选择的最后一个文件或文件夹，这时两者之间的所有文件或文件夹均被选择。

(2) 选择多个不相邻的文件或文件夹。

如果要选择多个不相邻的文件或文件夹，首先单击要选择的第一个文件或文件夹，然后按住 Ctrl 键分别单击其他要选择的文件或文件夹即可，如图 2-36 所示。

如果不小心多选择了某个文件，可以按住 Ctrl 键的同时继续单击该文件，则可以取消选择。

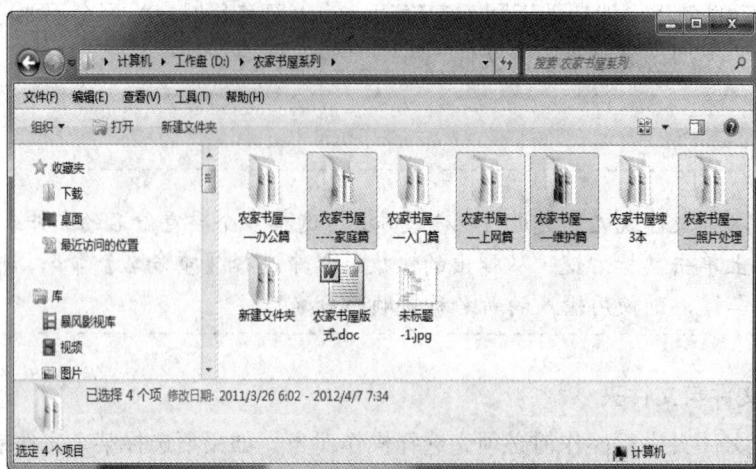

图 2-36　选择多个不相邻的文件或文件夹

(3) 选择全部文件与文件夹。

如果要在某个文件夹下选择全部的文件与子文件夹，可以单击菜单栏中的【编辑】/【全选】命令，或者按下 Ctrl + A 键。

4．复制和移动文件与文件夹

在实际应用中，有时用户需要将某个文件或文件夹复制或移动到其他地方，以方便使用，这时就需要用到复制或移动操作。复制和移动操作基本相同，只不过两者完成的任务不同。复制是创建一个文件或文件夹的副本，原来的文件或文件夹仍存在；移动就是将文件或文件夹从原来的位置移走，放到一个新位置。

方法一：使用拖动的方法。

如果要使用鼠标拖动的方法复制或移动文件和文件夹，可以按照下述步骤操作：

(1) 选择要复制或移动的文件与文件夹。

(2) 将光标指向所选的文件与文件夹，如果要复制，则按住 Ctrl 键的同时向目标文件夹拖动鼠标到目标文件夹处，这时光标的右下角出现一个"+"号和复制提示，如图 2-37 所示。

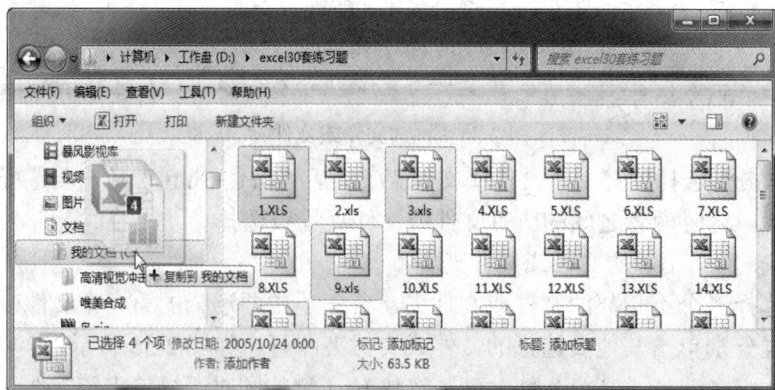

图 2-37　复制提示

(3) 如果要移动，则直接按住鼠标左键向目标文件夹拖动鼠标，当光标移动到目标文件夹右侧时，则光标右下角出现移动提示，如图 2-38 所示。如果目标文件夹与移动的文件或文件夹不在同一个磁盘上，需要按住 Shift 键后再拖动鼠标。

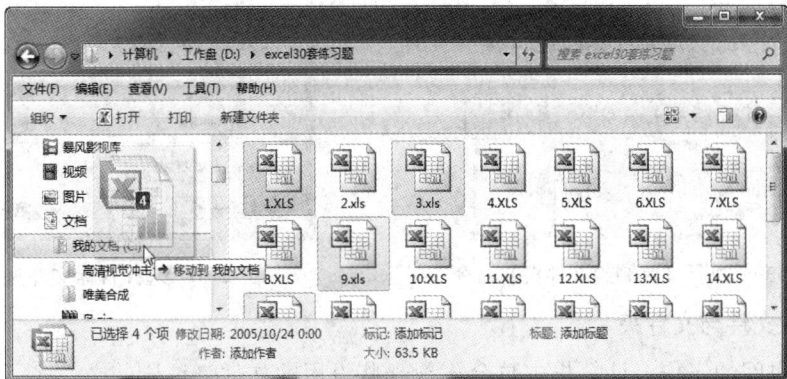

图 2-38　移动提示

(4) 释放鼠标即可完成文件或文件夹的复制或移动操作。

方法二：使用【复制(剪切)】与【粘贴】命令。

如果要使用菜单命令复制或移动文件和文件夹，可以按照下述步骤操作：

(1) 选择要复制或移动的文件和文件夹。

(2) 单击菜单栏中的【编辑】/【复制(剪切)】命令，将所选的内容送至 Windows 剪贴板中。

(3) 选择目标文件夹。

(4) 单击菜单栏中的【编辑】/【粘贴】命令，则所选的内容将被复制或移动到目标文件夹中。

小贴士

　　使用菜单命令复制（或移动）文件和文件夹是最容易理解的操作。除此之外，也可以在快捷菜单中执行【复制】、【剪切】与【粘贴】命令，当然，还可以按下 Ctrl+C（X）键和 Ctrl+V 键。

方法三：使用【复制(移动)到文件夹】命令。

除了前面介绍的两种方法之外，用户还可以利用【编辑】/【复制(移动)到文件夹】命令复制或移动文件和文件夹，具体操作步骤如下：

(1) 选择要复制或移动的文件和文件夹。

(2) 单击菜单栏中的【编辑】/【复制(移动)到文件夹】命令，如图 2-39 所示。

(3) 在弹出的【复制(移动)项目】对话框中选择目标文件夹，如图 2-40 所示。如果没有目标文件夹，可以单击 新建文件夹(M) 按钮，创建一个新目标文件夹。

(4) 单击 复制(C) 按钮或 移动(M) 按钮，在弹出的【正在复制(移动)】消息框中显示了复制(移动)的进程与剩余时间，该消息框消失后即完成复制或移动操作。

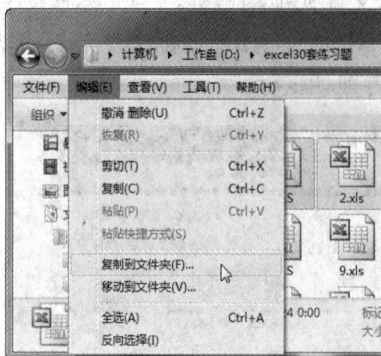

图 2-39　执行【复制到文件夹】命令　　　　图 2-40　选择目标文件夹

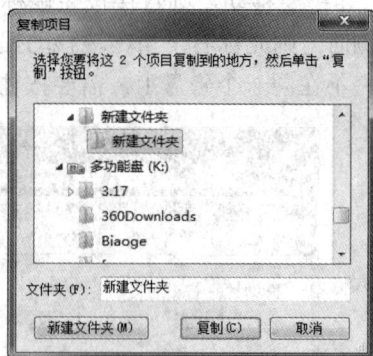

5. 删除文件与文件夹

经过长时间的工作，计算机中总会出现一些没用的文件。这样的文件多了，就会占据大量的磁盘空间，影响计算机的运行速度。因此，对于一些不再需要的文件或文件夹，应该将它们从磁盘中删除，以节省磁盘空间，提高计算机的运行速度。

删除文件或文件夹的操作步骤如下：

(1) 选择要删除的文件或文件夹。

(2) 按下 Delete 键，或者单击菜单栏中的【文件】/【删除】命令，则弹出【删除文件】对话框，如图 2-41 所示。

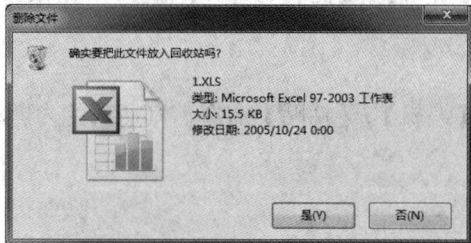

图 2-41　【删除文件】对话框

(3) 单击 ![是(Y)] 按钮，则将文件删除到回收站中。如果删除的是文件夹，则它所包含的子文件夹和文件将一并被删除。

小贴士

　　值得注意的是，从 U 盘、可移动硬盘、网络服务器中删除的内容将直接被删除，回收站不接收这些文件。另外，当删除的内容超过回收站的容量或者回收站已满时，这些文件将直接被永久性删除。

6. 文件与文件夹的视图方式

文件和文件夹的视图方式是指在【计算机】窗口中显示文件和文件夹图标的方式。Windows 7 操作系统提供了"超大图标""大图标""列表"和"平铺"等多种视图方式。更改默认视图方式的操作步骤如下：

（1）打开【计算机】窗口。

（2）单击【查看】菜单，在打开的菜单中有一组操作视图方式的命令，选择相应的命令可以在各视图之间切换，如图 2-42 所示。

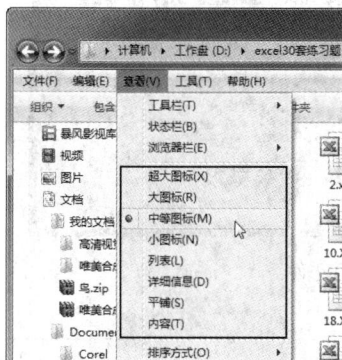

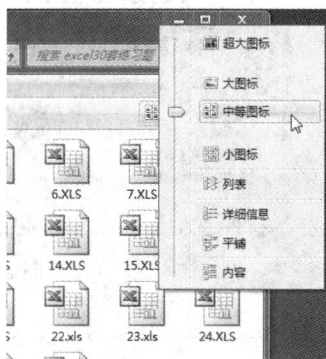

图 2-42　【查看】菜单　　　　　　　图 2-43　选择不同的视图方式

除了上面介绍的基本方法以外，还可以通过以下两种方法更改文件和文件夹的视图方式。

❖　在【计算机】窗口有一个【更改您的视图】按钮，单击该按钮，在打开的列表中可以选择不同的视图方式，如图 2-43 所示。

❖　在窗口的工作区中单击鼠标右键，在弹出的快捷菜单中选择【查看】命令，在其子菜单中也可以选择需要的视图方式。

2.3.3　使用回收站

回收站可以看做是办公桌旁边的废纸篓，只不过它回收的是硬盘驱动器上的文件。只要没有清空回收站，就可以查看回收站中的内容，并且可以还原。但是一旦清空了回收站，其中的内容将永久性消失，不可以还原了。

1. 还原被删除的文件

如果要将已删除的文件或文件夹还原，可以按如下步骤操作：

（1）双击桌面上的回收站图标，打开【回收站】窗口，该窗口中显示了回收站中的所有内容。

（2）如果要全部还原，则不需要做任何选择，直接单击菜单栏下方的 还原所有项目 按钮即可，如图 2-44 所示。

图 2-44　还原所有项目

（3）如果只需要还原一个或几个文件，则在【回收站】窗口中选择要还原的文件，然后单击菜单栏下方的 `还原选定的项目` 按钮，如图 2-45 所示。

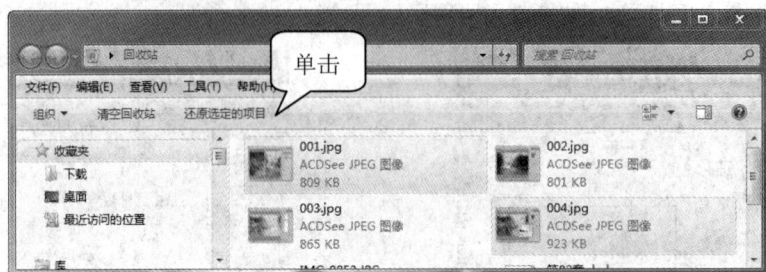

图 2-45　还原选定的文件

小贴士

在回收站中，文件与文件夹的还原遵循"哪儿来哪儿去"的原则，即文件或文件夹原来是从哪个位置删除的，还原的时候还回到哪个位置去。除了上面介绍的方法，也可以选择【文件】菜单中的【还原】命令进行还原。

2．清空回收站

当用户确信回收站中的某些或全部信息已经无用，可以将这些信息彻底删除。如果要清空整个回收站，可以按如下步骤操作：

（1）双击桌面上的回收站图标，打开【回收站】窗口。

（2）单击菜单栏中的【文件】/【清空回收站】命令，或者单击菜单栏下方的 `清空回收站` 按钮，如图 2-46 所示。

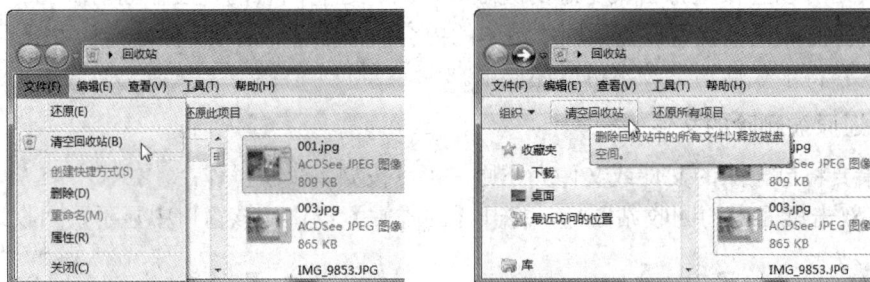

图 2-46　清空回收站的操作

（3）这时弹出一个提示信息框，要求用户进行确认，确认后即可清空回收站，将文件或文件夹彻底从硬盘中删除。

还有一种更快速的清空回收站的方法：直接在桌面上的回收站图标上单击鼠标右键，从弹出的快捷菜单中选择【清空回收站】命令。

2.3.4　磁盘维护

Windows 提供了很多简单易用的系统工具，这使得管理磁盘不再是一件困难的事。用户可以随时对磁盘进行相关的操作，使磁盘驱动器保持在最佳的工作状态。

1. 格式化磁盘

使用新磁盘之前都要先对磁盘进行格式化。格式化操作将为磁盘创建一个新的文件系统，包括引导记录、分区表以及文件分配表等，使得磁盘的空间能够被重新利用。格式化磁盘的步骤如下：

(1) 打开【计算机】窗口。

(2) 在要格式化的磁盘上单击鼠标右键，从弹出的快捷菜单中选择【格式化】命令(或者单击菜单栏中的【文件】/【格式化】命令)，将弹出【格式化】对话框，如图 2-47 所示。

(3) 在对话框中设置格式化磁盘的相关选项。

❖ 容量：用于选择要格式化磁盘的容量，Windows 将自动判断容量。

❖ 文件系统：用于选择文件系统的类型，一般应为 NTFS 格式。

❖ 分配单元大小：用于指定磁盘分配单元的大小或簇的大小，推荐使用默认设置。

❖ 卷标：用于输入卷的名称，以便今后识别。卷标最多可以包含 11 个字符(包含空格)。

❖ 格式化选项：用于选择格式化磁盘的方式。

(4) 单击 开始(S) 按钮，则开始格式化磁盘。当下方的进度条达到 100%时，表示完成格式化操作，如图 2-48 所示。

图 2-47 　【格式化】对话框　　　　图 2-48 　完成格式化操作

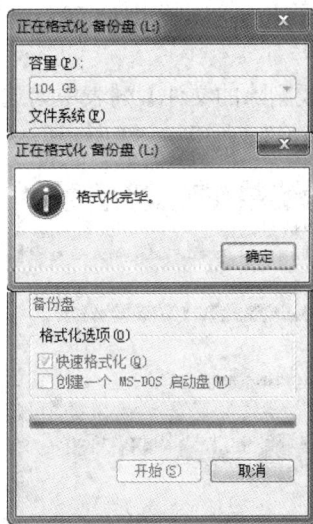

(5) 单击 确定 按钮，然后关闭【格式化】对话框即可。

小贴士

格式化操作是破坏性的，所以格式化磁盘之前，一定要对重要资料进行备份，没有十足的把握不要轻易格式化磁盘，特别是电脑中的硬盘。

2. 磁盘清理

Windows 在使用特定的文件时，会将这些文件保留在临时文件夹中；浏览网页的时候会下载很多临时文件；有些程序非法退出时也会产生临时文件……，时间久了，磁盘空间就会被过度消耗。如果要释放磁盘空间，逐一去删除这些文件显然是不现实的，而磁盘清理程序可以有效地解决这一问题。

磁盘清理程序可以帮助用户释放磁盘上的空间，该程序首先搜索驱动器，然后列出临时文件、Internet 缓存文件和可以完全删除的不需要的文件。具体操作步骤如下：

(1) 打开【开始】菜单，执行其中的【所有程序】/【附件】/【系统工具】/【磁盘清理】命令，打开【磁盘清理：驱动器选择】对话框，如图 2-49 所示。

(2) 在【驱动器】下拉列表中选择要清理的驱动器，然后单击 确定 按钮，这时弹出【磁盘清理】提示框，提示正在计算所选磁盘上能够释放多少空间，如图 2-50 所示。

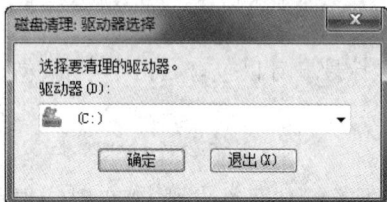

图 2-49 【驱动器选择】对话框   图 2-50 【磁盘清理】提示框

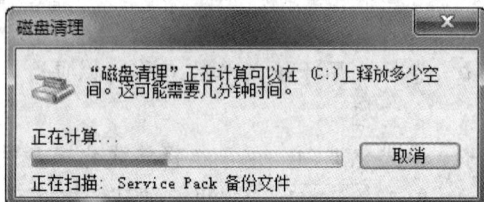

(3) 计算完成后，则弹出【***的磁盘清理】对话框，告诉用户所选磁盘的计算结果，如图 2-51 所示。

(4) 在【要删除的文件】列表中勾选要删除的文件，然后单击 确定 按钮，即可对所选驱动器进行清理，如图 2-52 所示。

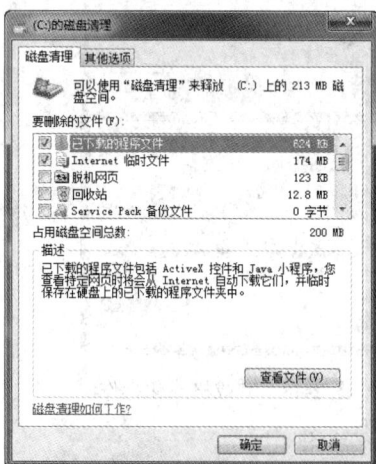

图 2-51 【***的磁盘清理】对话框   图 2-52 磁盘清理过程

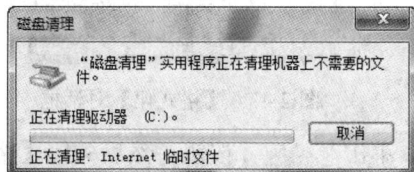

3. 查看磁盘属性

有时我们需要查看磁盘的容量与剩余空间，甚至需要改变磁盘驱动器的名称。这时可以通过磁盘的【属性】对话框完成。具体操作步骤如下：

（1）打开【计算机】窗口。

（2）在要查看磁盘属性的驱动器图标上单击鼠标右键，从弹出的快捷菜单中选择【属性】命令，则弹出【属性】对话框，如图 2-53 所示。

（3）通过该对话框可以了解磁盘的总容量、空间的使用情况、采用的文件系统等基本属性，也可以重新命名磁盘驱动器，或者单击 磁盘清理(D) 按钮对磁盘进行清理。

（4）切换到【工具】选项卡，还可以对该磁盘进行查错、碎片整理、备份等操作，如图 2-54 所示。

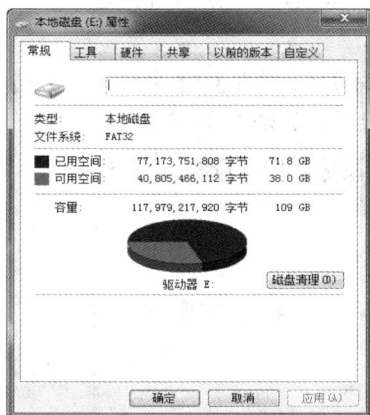

图 2-53　【属性】对话框

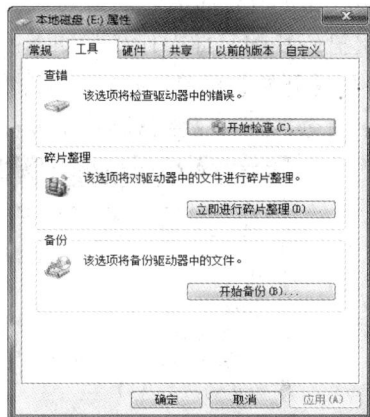

图 2-54　【工具】选项卡

4．磁盘查错

当使用计算机一段时间以后，由于频繁地在硬盘上安装程序、删除程序、存入文件、删除文件等，可能会产生一些逻辑错误，这些逻辑错误会影响用户的正常使用，如报告磁盘空间不正确、数据无法正常读取等，利用 Windows 7 的磁盘查错功能可以有效地解决上述问题。具体操作方法如下：

（1）打开【计算机】窗口，在需要查错的磁盘上单击鼠标右键，从弹出的快捷菜单中选择【属性】命令。

（2）在打开的【属性】对话框中切换到【工具】选项卡，单击 开始检查(C)… 按钮。

（3）在弹出的【检查磁盘】对话框中有两个选项，其中，【自动修复文件系统错误】选项主要是针对系统文件进行保护性修复，可以不用管它，只选中下方的选项即可，然后单击 开始(S) 按钮，如图 2-55 所示。

（4）磁盘管理程序开始检查磁盘，这个过程不需要操作，等待一会儿将出现磁盘检查结果，如果有错误则加以修复；如果没有错误，单击 关闭(C) 按钮即可，如图 2-56 所示。

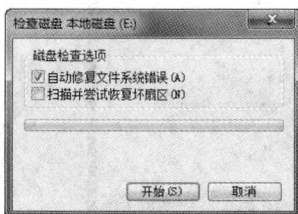

图 2-55　设置检查选项

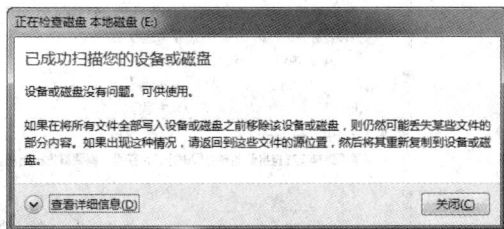

图 2-56　检查结果

磁盘检查程序事实上是磁盘的初级维护工具，建议用户定期(如每一个月或两个月)检查磁盘。另外，如果觉得磁盘有问题，也要先运行磁盘检查程序进行检查。

5．磁盘碎片整理

在使用计算机的过程中，由于经常对文件或文件夹进行移动、复制和删除等操作，在磁盘上会形成一些物理位置不连续的磁盘空间，即磁盘碎片。这样，由于文件不连续，所以会影响文件的存取速度。使用 Windows 7 系统提供的"磁盘碎片整理程序"，可以重新安排文件在磁盘中的存储位置，合并可用空间，从而提高程序的运行速度。

整理磁盘碎片的具体操作步骤如下：

(1) 打开【开始】菜单，执行其中的【所有程序】/【附件】/【系统工具】/【磁盘碎片整理程序】命令，打开【磁盘碎片整理程序】对话框，如图 2-57 所示。

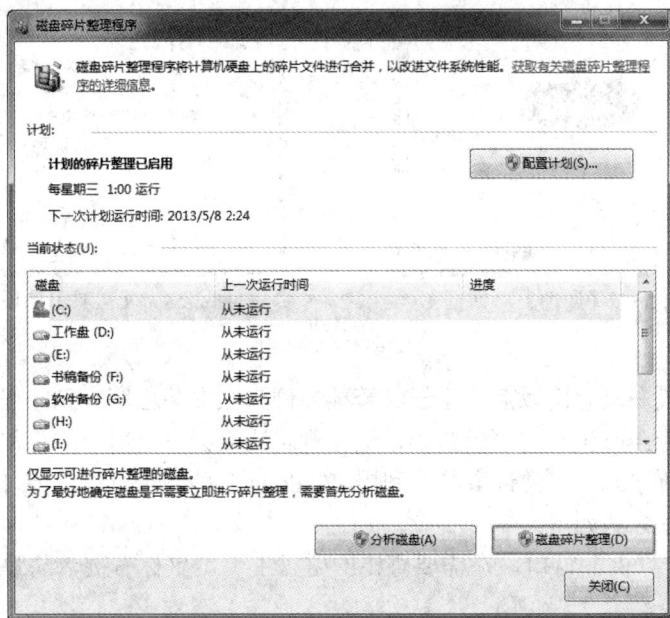

图 2-57 【磁盘碎片整理程序】对话框

(2) 在对话框下方的列表中选择要整理碎片的磁盘，单击 [分析磁盘(A)] 按钮，这时系统将对所选磁盘进行分析，并给出碎片的百分比，如图 2-58 所示。

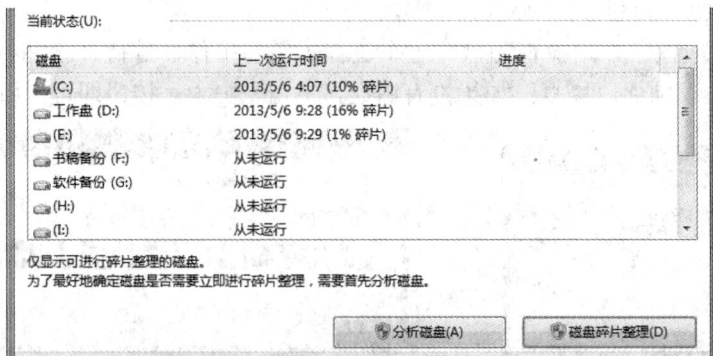

图 2-58 碎片整理程序的分析建议

(3) 用户可以根据分析结果决定是否进行碎片整理，例如要对 D 盘进行碎片整理，则选择 D 盘后单击 [磁盘碎片整理(D)] 按钮，系统开始整理碎片，如图 2-59 所示。

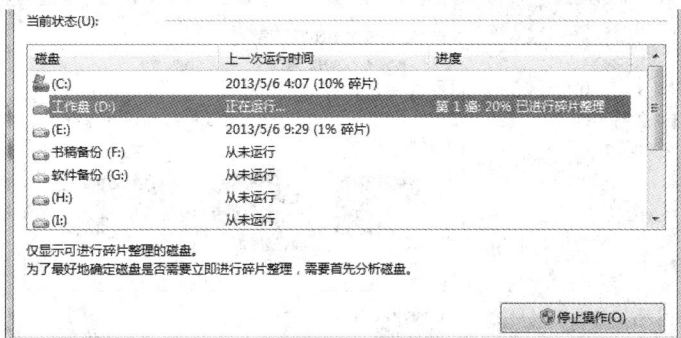

图 2-59　磁盘碎片整理的过程

(4) 根据磁盘碎片的严重程序不同，不同分区碎片整理的时间不尽相同，与其他 Windows 系统相比，Windows 7 系统的碎片检查和整理速度都快很多。

小贴士

需要注意的是，在整理磁盘碎片时应耐心等待，不要中途停止。最好关闭所有的应用程序，不要进行读、写操作，如果对整理的磁盘进行了读、写操作，磁盘碎片整理程序将重新开始整理。

2.4　Windows 7 系统环境设置

每次打开计算机都是相同的桌面，时间长了就会产生"审美疲劳"。为了让每个人的计算机都"有所不同"，Windows 7 操作系统允许用户设置系统环境，例如，设置桌面主题、外观、屏幕保护、系统时间与日期等，通过更改这些选项，可以让计算机更好地为自己服务，更加突出计算机的个性化。

2.4.1　更改桌面主题或背景

计算机桌面背景实际上是一张图片，是可以更改的。用户可以把系统自带的图片设置为桌面背景，也可以选择自己制作的图片或照片作为桌面背景。

更改桌面背景的操作步骤如下：

(1) 在桌面的空白处单击鼠标右键，从弹出的快捷菜单中选择【个性化】命令，打开【个性化】窗口。

(2) 在【个性化】窗口中可以直接单击系统预置的主题，例如"建筑""人物"等，如图 2-60 所示。主题是通过预先定义的一组图标、字体、颜色、鼠标指针、声音、背景图片、屏幕保护程序等窗口元素的集合，它是一种预设的桌面外观方案。

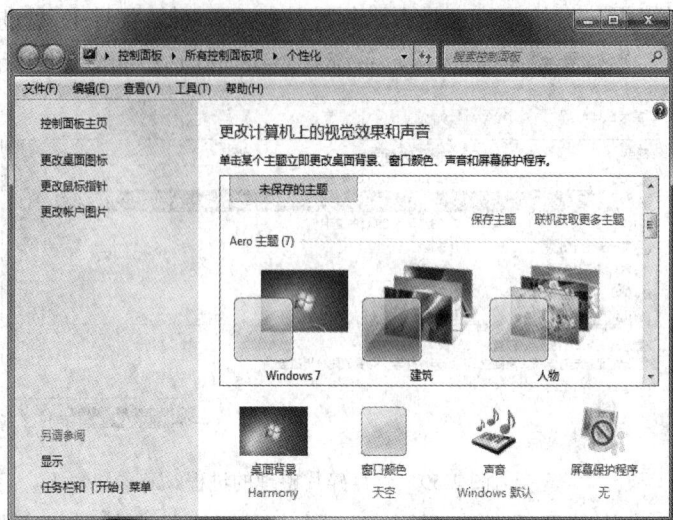

图 2-60 【个性化】窗口

(3) 如果要更改桌面背景，则在【个性化】窗口的下方单击"桌面背景"文字链接，在弹出的【桌面背景】对话框中可以直接选择系统中的图片，也可以单击【图片位置】右侧的 浏览(B)... 按钮，选择所需的图片(如照片、绘画作品等)，如图 2-61 所示。

图 2-61 【桌面背景】对话框

(4) 当选择了图片作为桌面背景时，在对话框下方的【图片位置】下拉列表中可以设置图片的显示方式，分别为"填充""适应""拉伸""平铺"和"居中"。用户可以根据需要进行选择。

(5) 如果不想使用图片，希望桌面背景是纯色，可以在【图片位置】下拉列表中选择"纯色"，然后在下方的列表中选择一种预置的颜色即可，如图 2-62 所示。

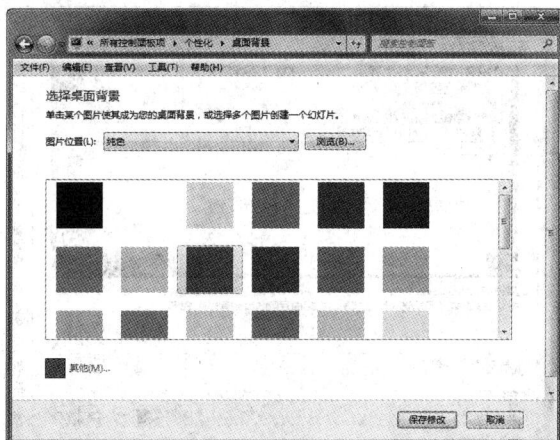

图 2-62　选择纯色为桌面背景

(6) 单击 保存修改 按钮，则更改了桌面主题或背景。

2.4.2　设置 Windows 颜色和外观

Windows 7 操作系统在窗口外观和效果样式的设置上有了很多改进，视觉效果更美观，而且允许用户对窗口的颜色、透明度等进行更改，具体操作步骤如下：

(1) 在桌面的空白处单击鼠标右键，从弹出的快捷菜单中选择【个性化】命令，打开【个性化】窗口。

(2) 在【个性化】窗口的下方单击"窗口颜色"文字链接，在弹出的【窗口颜色和外观】对话框中可以直接选择系统预置的颜色，这些颜色影响窗口边框、【开始】菜单和任务栏的颜色，并且可以设置颜色浓度、色调、饱和度和亮度，如图 2-63 所示。

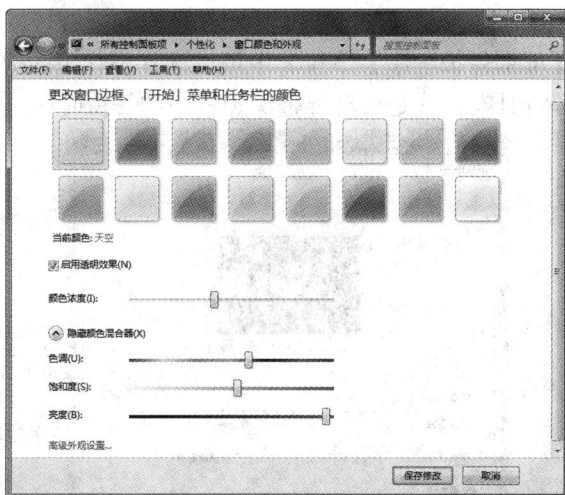

图 2-63　【窗口颜色和外观】对话框

(3) 如果要进行更加详细的设置，可以单击窗口左下角的"高级外观设置"文字链接，在弹出的【窗口颜色和外观】对话框的【项目】下拉列表中选择要修改颜色的项目，这里选择"活动窗口标题栏"，如图 2-64 所示。

图 2-64 【窗口颜色和外观】对话框

(4) 选择了要修改的项目以后，修改相应的参数即可，例如颜色、字体、大小等，不同的项目其参数也不相同。修改完成后，依次进行确认即可。

2.4.3 设置屏幕保护程序

Windows 7 提供了屏幕保护程序功能，当电脑在指定的时间内没有任何操作时，屏幕保护程序就会运行。要重新工作时，只需按任意键或者移动鼠标即可。设置屏幕保护程序的操作步骤如下：

(1) 在桌面的空白处单击鼠标右键，从弹出的快捷菜单中选择【个性化】命令，打开【个性化】窗口。

(2) 在【个性化】窗口的下方单击"屏幕保护程序"文字链接，则弹出【屏幕保护程序设置】对话框，在【屏幕保护程序】下拉表中可以选择要使用的屏幕保护程序，在【等待】选项中可以设置等待时间，就是启动屏幕保护程序的等待时间，如图 2-65 所示。

图 2-65 【屏幕保护程序设置】对话框

小贴士

显示器工作时，电子枪不停地逐行发射电子束，荧光屏上有图像的地方就显示一个亮点，如果长时间让屏幕显示一个静止的画面，那些亮点的地方容易老化。为了不让电脑屏幕长时间地显示一个画面，所以要设置屏幕保护。

(3) 如果要设置更丰富的参数，可以单击 设置(T)... 按钮。例如选择"三维文字"屏幕保护，单击 设置(T)... 按钮将打开【三维文字设置】对话框，在该对话框中可以对屏幕保护程序进行更多选项的设置，如图 2-66 所示。

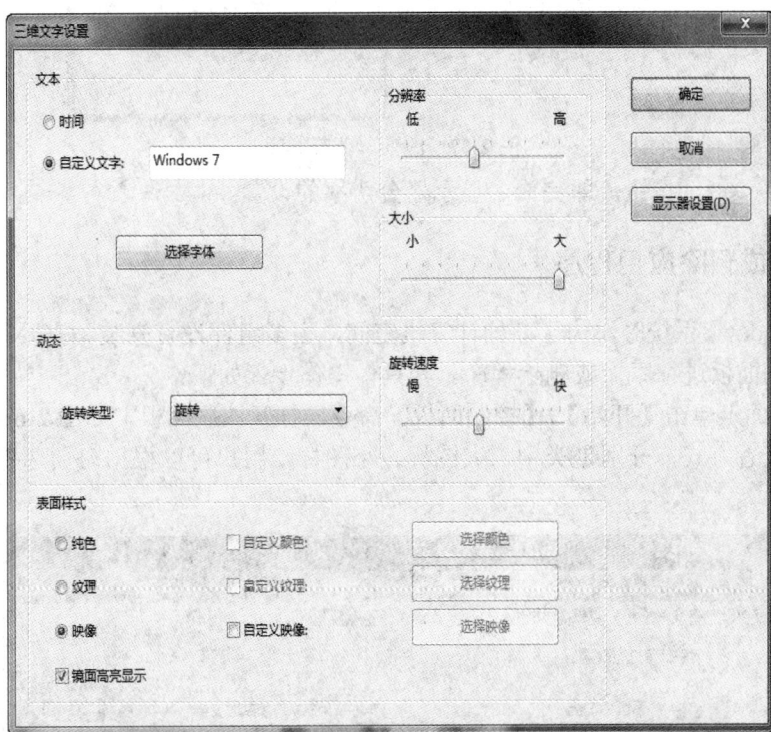

图 2-66　【三维文字设置】对话框

(4) 依次单击 确定 按钮，完成屏幕保护程序的设置。当计算机空闲达到指定的时间时就会启动屏幕保护程序。

2.4.4　更改显示器的分辨率

显示器的分辨率影响着屏幕的可利用空间。分辨率越大，工作空间越大，显示的内容越多。更改显示器分辨率的操作步骤如下：

(1) 在桌面上的空白处单击鼠标右键，从弹出的快捷菜单中选择【屏幕分辨率】命令，打开【屏幕分辨率】对话框。

(2) 打开【分辨率】下拉列表，拖动滑块即可改变屏幕分辨率，如图 2-67 所示。

图 2-67   改变屏幕分辨率

(3) 单击 [确定] 按钮，即完成了显示器分辨率的设置。

2.4.5   添加或删除应用程序

安装 Windows 系统时，为了节约计算机空间，很多组件没有安装。需要使用的时候，可以通过控制面板进行添加或删除程序。其具体操作步骤如下：

(1) 在桌面上单击【开始】/【控制面板】命令，打开控制面板，如图 2-68 所示。控制面板有三种查看方式，分别是类别、大图标、小图标，用户可以根据习惯选择不同的显示方式。

图 2-68   控制面板

（2）在"类别"查看方式下单击"程序"下方的"卸载程序"文字链接，打开【程序和功能】窗口，如图 2-69 所示。

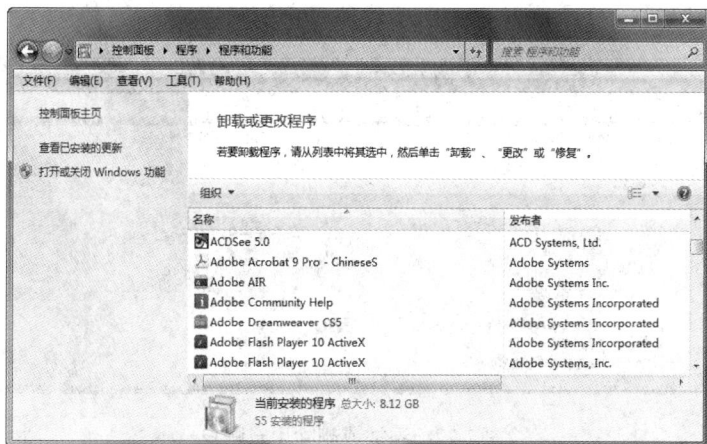

图 2-69　【程序和功能】窗口

（3）在窗口左侧单击"打开或关闭 Windows 功能"文字链接，弹出【Windows 功能】对话框。如果要删除程序则取消该项的选择；如果要添加程序，则勾选该项，如图 2-70 所示。

（4）单击 确定 按钮，则程序开始更新，更新完毕后自动关闭【Windows 功能】对话框，如图 2-71 所示。

图 2-70　【Windows 功能】对话框

图 2-71　更新程序的进程

2.4.6　用户管理

Windows 7 支持多个用户使用计算机，每个用户都可以设置自己的账户和密码，并在系统中保持自己的桌面外观、图标及其他个性化设置，不同的账户互不干扰。

1．创建新账户

创建新账户的操作方法如下：

（1）在桌面上双击"控制面板"图标，打开控制面板。

（2）在"类别"查看方式下单击"用户账户和家庭安全"下方的"添加或删除用户账户"文字链接，如图 2-72 所示，则弹出【管理账户】窗口。

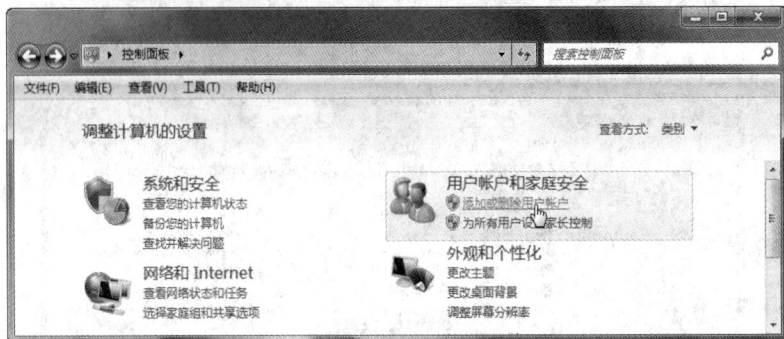

图 2-72　添加或删除用户账户

（3）在【管理账户】窗口的下方单击"创建一个新账户"文字链接，如图 2-73 所示。

图 2-73　创建一个新账户

（4）在弹出的【创建新账户】窗口中输入一个新的账户名称，并选择【标准用户】类型，如图 2-74 所示。

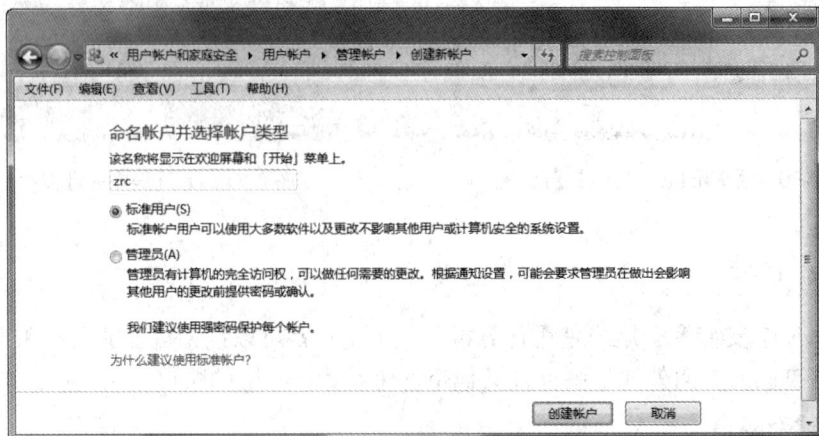

图 2-74　命名账户并选择账户类型

(5) 然后单击 [创建帐户] 按钮，则可以创建一个新账户，如图 2-75 所示。

图 2-75　创建的新账户

2．更改用户账户

创建了新账户后，可以更改该账户的相关信息，如账户密码、图片、名称等。例如，要为"zrc"账户设置密码，可以按如下步骤操作：

(1) 在桌面上双击"控制面板"图标，打开控制面板。

(2) 在"类别"查看方式下单击"用户帐户和家庭安全"下方的"添加或删除用户账户"文字链接。

(3) 在弹出的【管理账户】窗口中单击"zrc"用户图标，则弹出【更改账户】窗口，如图 2-76 所示。

图 2-76　选择要更改的项目

(4) 单击"创建密码"文字链接，进入"为 zrc 的账户创建一个密码"页面，输入密码时需要确认一次，每次输入时必须以相同的大小写方式输入，如图 2-77 所示。

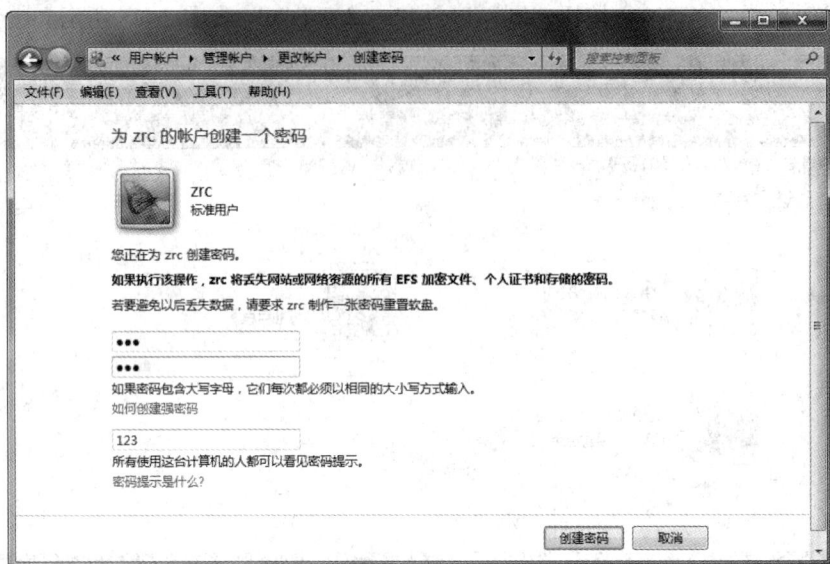

图 2-77 创建密码

(5) 单击 创建密码 按钮，则为该账户创建了密码，并重新返回上一窗口，如图 2-78 所示，这时可以继续设置其他选项，如果想结束操作，关闭窗口即可。

图 2-78 更改后的账户

❖ 单击"更改账户名称"文字链接，可以对账户进行重新命名。

❖ 单击"创建密码"文字链接，可以为账户创建登录密码。创建密码以后，该选项将变为"更改密码"，同时出现"删除密码"。

❖ 单击"更改图片"文字链接，可以重新为账户选择一幅图片。

❖ 单击"设置家长控制"文字链接，可以帮助家长限制孩子使用计算机的时间、使用的程序和游戏等。

❖ 单击"更改账户类型"文字链接，可以重新指定账户类型，改为管理员或标准用户。

❖ 单击"删除账户"文字链接，可以删除该账户。

2.5　Windows 7 实用应用软件

Windows 7 操作系统有一个强大的附件功能，其中包括许多实用的小程序，可以帮助用户解决一些工作、学习与生活中遇到的问题。例如，可以处理简单的文本文件、可以利用计算器处理工作中的数据，还可以播放电影、录制声音等。下面介绍几个有代表性的小程序，希望读者掌握它们的基本使用。

2.5.1　计算器

Windows 7 中的计算器提供了四种类型：标准型、科学型、程序员和统计信息。使用标准型计算器可以做一些简单的加减运算；使用科学型计算器可以做一些高级的函数计算；使用程序员类型的计算器可以在不同的进制之间转换；使用统计信息型的计算器可以做一些统计计算。

在桌面上单击【开始】/【所有程序】/【附件】/【计算器】命令，可以打开计算器，默认情况下打开的是标准型计算器，它与我们生活中的计算器具有相同的外观，如图 2-79 所示。

如果要进行其他专业运算，则需要更多的功能，这时可以打开【查看】菜单，如图 2-80 所示，从中选择相应的命令即可切换计算器的类型。例如选择【统计信息】命令，则切换为统计信息计算器，如图 2-81 所示。

图 2-79　标准型计算器　　　　图 2-80　【查看】菜单　　　　图 2-81　统计信息计算器

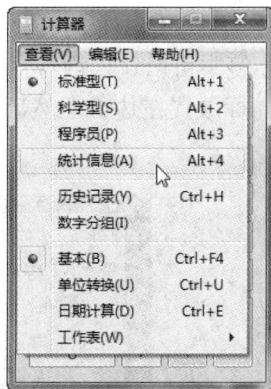

Windows 7 中计算器的功能大大增强，绝不仅限于简单的计算，除了四种基本的计算器类型以外，在标准型模式下，还可以选择【单位转换】命令，其中，功率、角度、面积、能量、时间、速率、体积等常用物理量的单位换算一应俱全，如图 2-82 所示。

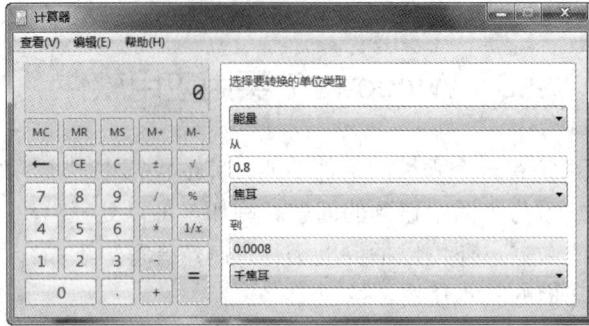

图 2-82　单位转换功能

除此之外，计算器还提供了四种工作表功能，比如"抵押""汽车租赁""油耗"等，功能非常强大，如图 2-83 所示。

图 2-83　抵押还款的计算

2.5.2　便笺

利用 Windows 7 系统附件中自带的便笺功能，可以方便用户在使用电脑的过程中随时记录备忘信息。

在桌面上单击【开始】/【所有程序】/【附件】/【便笺】命令，此时在桌面的右上角位置将出现一个黄色的便笺纸，在便笺中可以输入内容，如图 2-84 所示。

如果觉得便笺纸太小，可以将光标放置在边缘上然后拖动鼠标，就可以改变其大小，如图 2-85 所示。

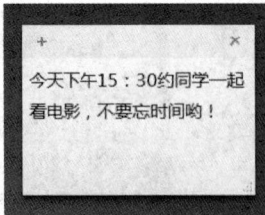

图 2-84　在便笺中输入内容

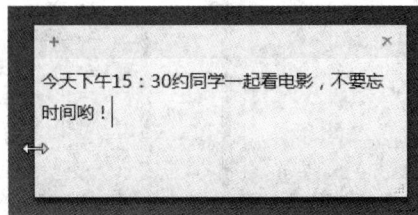

图 2-85　改变便笺纸大小

默认情况下，便笺纸的颜色是黄色的，如果要改为其他颜色，可以在便笺纸的编辑区上单击鼠标右键，在弹出的快捷菜单中选择相应的颜色，如图 2-86 所示；如果要删除便笺，可以单击便笺纸右上角的"×"按钮，在弹出的提示框中确认操作即可，如图 2-87 所示。

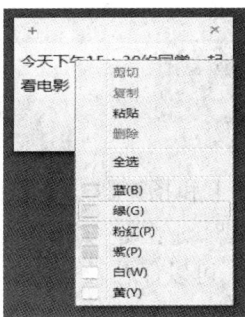

图 2-86　选择便笺纸的颜色

图 2-87　删除便笺提示框

2.5.3　截图工具

截图工具是 Windows 7 中自带的一款用于截取屏幕图像的工具，使用它能够将屏幕中显示的内容截取为图片，并保存为文件或复制到其他程序中。

在桌面上单击【开始】/【所有程序】/【附件】/【截图工具】命令，启动截图工具以后，整个屏幕变成半透明的状态，它提供了四种截图方式，单击【新建】按钮右侧的三角箭头，在打开的下拉列表中可以看到这四种方式，如图 2-88 所示。

- ❖ 【任意格式截图】：选择该方式，在屏幕中按下鼠标左键并拖动，可以将屏幕上任意形状和大小的区域截取为图片。
- ❖ 【矩形截图】：这是程序默认的截图方式。选择该方式，在屏幕中按下鼠标左键并拖动，可以将屏幕中的任意矩形区域截取为图片。
- ❖ 【窗口截图】：选择该方式，在屏幕中单击某个窗口，可将该窗口截取为完整的图片。
- ❖ 【全屏幕截图】：选择该方式，可以将整个屏幕中的图像截取为一张图片。

使用任何一种方式截图以后，会弹出【截图工具】窗口，如图 2-89 所示，在工具栏中有一些简单的图像编辑按钮，用于对截图进行编辑，如复制、保存、绘制标记等。

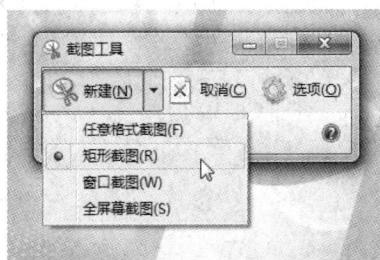

图 2-88　四种截图方式

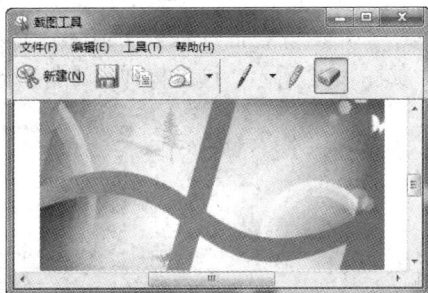

图 2-89　【截图工具】窗口

2.5.4　录音机

Windows 7 自带了录音机应用程序，使用它可以录制自己的声音或者喜欢的音乐，还可以混合、编辑和播放声音，也可以将声音链接或插入到另一个文档中。

在桌面上单击【开始】/【所有程序】/【附件】/【录音机】命令，打开【录音机】窗口，如图 2-90 所示。

图 2-90　【录音机】窗口

要使用录音机程序录制声音，应确保计算机上装有声卡和扬声器，还要有麦克风或其他音频输入设备。单击 <kbd>● 开始录制(S)</kbd> 按钮即可开始录制声音，这时对着麦克录音即可，录音完毕后，单击 <kbd>■ 停止录制(S)</kbd> 按钮，这时弹出【另存为】对话框，在此可以保存录制的声音。

2.5.5　媒体播放器

Windows Media Player 是系统自带的一款多功能媒体播放器，可以播放 CD、MP3、WAV 和 MIDI 等格式的音频文件，也可以播放 AVI、WMV、VCD/DVD 光盘和 MPEG 等格式的视频文件。

在桌面上单击【开始】/【所有程序】/【Windows Media Player】命令，可以打开 Windows Media Player 的工作界面，如图 2-91 所示。

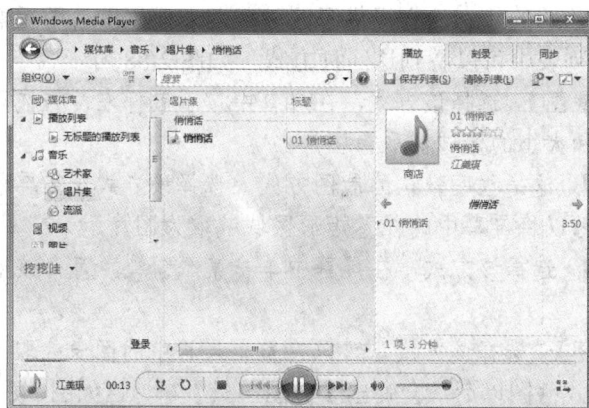

图 2-91　Windows Media Player 的工作界面

按下 Alt 键或者在标题栏下方单击鼠标右键，从打开的菜单中选择【文件】/【打开】命令，如图 2-92 所示，这时将弹出【打开】对话框，从中选择要播放的音频或视频文件即可。

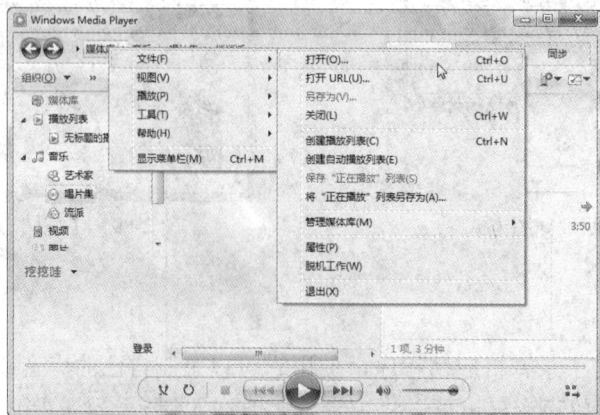

图 2-92　执行【打开】命令

当播放音频或视频时，Windows Media Player 播放器窗口的下方有一排播放控制按钮，如图 2-93 所示，用于控制视频或音频文件的播放，当光标指向这些按钮时，就会出现相应的提示信息。这些按钮的功能如下：

图 2-93　播放控制按钮

- ❖ 进度条：位于控制按钮的上方，进度滑块代表了播放进程，可以拖动它控制播放进度。
- ❖ 打开无序播放 ⚲：单击该按钮可以控制播放列表中的文件无序播放。
- ❖ 打开重复 ⟳：单击该按钮，则播放列表中的文件将重复播放。
- ❖ 停止 ■：单击该按钮，停止播放视频或音频文件。
- ❖ 播放/暂停 ⏸：单击该按钮可以播放声音文件。当播放文件时，该按钮变为暂停按钮，单击它时暂停播放。
- ❖ 后退 ⏮：单击该按钮可以后退到播放列表中的上一个文件。
- ❖ 前进 ⏭：单击该按钮可以前进到播放列表中的下一个文件。
- ❖ 静音 ◀）：单击该按钮，可以在关闭声音和打开声音两种状态间切换。
- ❖ 音量 ————●—：通过拖动音量滑块，可以调节正在播放的视频或音频文件的音量。

2.5.6　写字板

写字板是 Windows 系统自带的一个文档处理程序，利用它可以在文档中输入和编辑文本，插入图片、声音和视频等，还可以对文档进行编辑、设置格式和打印等操作。写字板其实就是一个小型的 Word 软件，虽然功能比 Word 软件弱一些，但是应对一些普通的文字工作绰绰有余。

在桌面上单击【开始】/【所有程序】/【附件】/【写字板】命令，打开【写字板】窗口，如图 2-94 所示。【写字板】窗口由写字板按钮、标题栏、功能区、标尺、文档编辑区和状态栏组成。

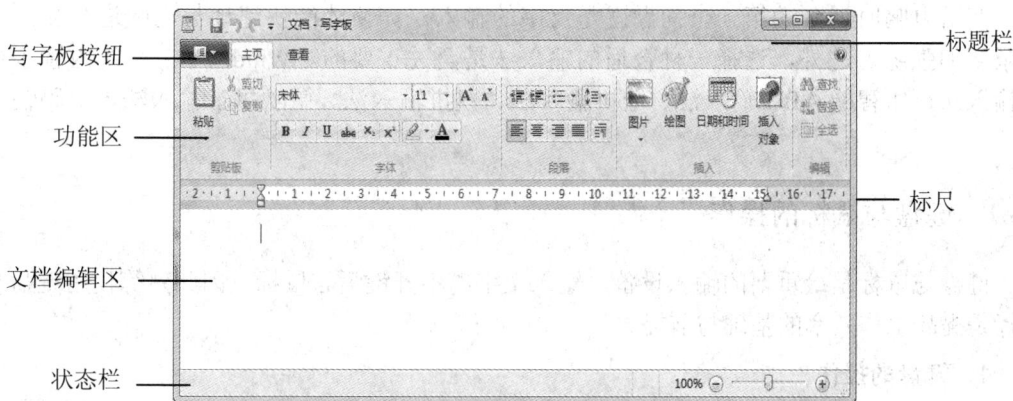

图 2-94　【写字板】窗口

❖ 写字板按钮：通过【写字板按钮】可以新建、打开、保存、打印文档或者退出写字板。

❖ 标题栏：位于窗口的最顶端，左侧是快速访问工具，中间是标题，右侧是控制按钮。

❖ 功能区：全新的功能区使写字板更加简单易用，其选项均已展开显示，而不是隐藏在菜单中。它集中了最常用的工具，以便用户更加直观地访问它们，从而减少菜单查找操作。

❖ 标尺：用于控制段落的缩进。

❖ 文档编辑区：用于输入文字或插入图片，完成编辑与排版工作。

❖ 状态栏：显示当前文档的状态参数。

启动写字板程序以后，系统会自动创建一个文档，这时直接输入文字即可。写字板的操作与后面要介绍的 Word 2010 基本一样，只是功能弱一些，这里不再详述。

默认情况下，写字板处理的文档是 RTF 文档，另外还有纯文本文档、Office Open XML 文档、Open Document 文档、Unicode 文本文档等。

❖ RTF 文档：这种类型的文档可以包含格式信息(如不同的字体、字符格式、制表符格式等)。

❖ 文本文档：是指不含任何格式信息的文档，在这种类型的文档中，不能设置字符格式和段落格式，只能简单地输入文字。

❖ Office Open XML 文档：从 Office 2007 开始，Office Open XML 文件格式已经成为 Office 默认的文件格式，它改善了文件和数据管理、数据恢复以及与行业系统的互操作性。

❖ Open Document 文档：这是一种基于 XML 规范的开放文档格式。

❖ Unicode 文本文档：包含世界所有撰写系统的文本，如罗马文、希腊文、中文、平假文和片假文等。

2.6　使用中文输入法

使用电脑时遇到的第一个问题就是汉字的输入。如何才能快速地与电脑进行交流，除了要加强练习之外，选择一种合适的输入法是至关重要的。Windows 7 系统内置了很多输入法，如智能 ABC 输入法、全拼输入法、双拼输入法、微软拼音输入法、郑码输入法等。

2.6.1　键盘与鼠标的操作

键盘与鼠标是最重要的输入设备，输入文字离不开键盘与鼠标，因此熟练使用键盘与鼠标是提高工作效率的基础与前提。

1. 键盘的操作

常见的电脑键盘有 101 键、102 键和 104 键之分，但是各种键盘的键位分布大同小异。

按照键的排列可以将键盘分为三个区域：字符键区、功能键区、数字键区(也称数字小键盘)，如图 2-95 所示为键盘结构示意图。

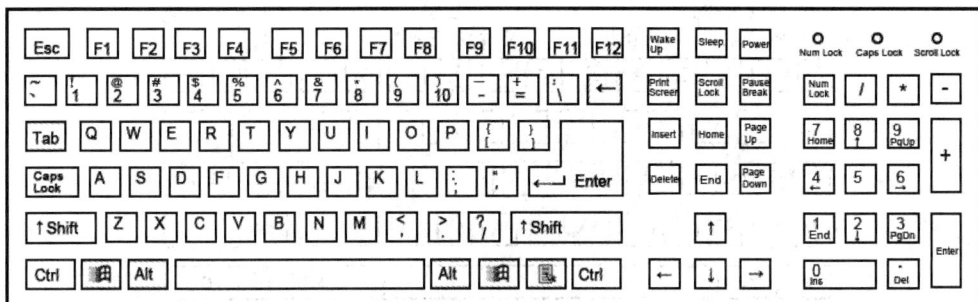

图 2-95　键盘结构示意图

(1) 字符键区：由于键盘的前身是英文打字机，键盘排列方式已经标准化。因此，电脑的键盘最初就全盘采用了英文打字机的键位排列方式。该功能区主要用于输入字符或数据信息。

(2) 功能键区：在键盘的最上一排，主要包括 F1～F12 这 12 个功能键，用户可以根据自己的需要来定义它们的功能，以减少重复击键的次数。

(3) 数字键区：又称小键盘区，安排在整个键盘的右部，它原来是为专门从事数字录入的工作人员提供方便用的。

电脑键盘中几种常用键位的功能如下：

❖ Enter 键：回车键。将数据或命令送入电脑时即按此键。

❖ Space 键：空格键。用于输入空格、向右移动光标。它是在键盘中最长的键，由于使用频繁，所以它的形状和位置使得左右手都很容易控制它。

❖ BackSpace 键：退格键。有的键盘也用"←"表示。按下它可使光标后退一格，删除当前光标左侧的一个字符。

❖ Shift 键：上档键。由于整个键盘上有 30 个双字符键(即每个键面上标有两个字符)，并且英文字母还分大小写，因此可以通过该键转换。

❖ Ctrl 键：控制键。该键一般不单独使用，通常和其他键组合使用，例如 Ctrl + S 表示保存。

❖ Esc 键：退出键。用于退出当前操作。

❖ Alt 键：换档键。与其他键组合成特殊功能键。

❖ Tab 键：制表定位键。一般按下此键可使光标移动 8 个字符的距离。

❖ 光标移动键：用箭头↑、↓、←、→分别表示上、下、左、右移动光标。

❖ 屏幕翻页键：PgUP(PageUp)向上翻一页；PgDn(PageDown)向下翻一页。

❖ Print Screen 键：打印屏幕键。把当前屏幕显示的内容复制到剪贴板中或打印出来。

了解了键盘的基本结构与功能以后，接下来应该掌握如何使用键盘。使用键盘的关键是正确的指法，掌握了正确的指法，养成了良好的习惯，才能真正提高键盘输入速度，体会到电脑的高效率。

(1) 十指要分工明确，各负其责。双手各指严格按照明确的分工轻放在键盘上，大拇指自然弯曲放于空格键处，用大拇指击空格键。双手十指的分工情况如图 2-96 所示。

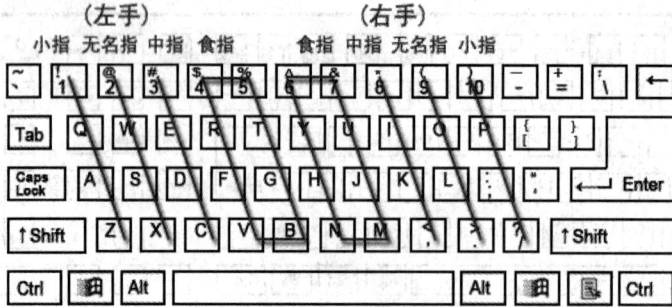

图 2-96 十指的分工

(2) 平时手指稍弯曲拱起，手指稍斜垂直放在键盘上。指尖后的第一关节微成弧形，轻放键位中央。

(3) 要轻击键而不是按键。击键要短促、轻快、有弹性、节奏均匀。任一手指击键后，只要时间允许都应返回基本键位，不可停留在已击键位上。

(4) 用拇指侧面击空格键，右手小指击回车键。

2．鼠标的操作

鼠标作为电脑的必备输入设备，主要用于 Windows 环境中，取代键盘的光标移动键，使移动光标更加方便、更加准确。正确握鼠标的方法是：用右手自然地握住鼠标，掌跟轻抚于桌面，拇指放在鼠标的左侧，无名指和小指放在鼠标的右侧，轻轻夹持住鼠标，食指和中指分别放在鼠标左、右两个按键上。操作时食指控制左键与滚轮，中指控制右键；移动鼠标时，手掌跟不动，靠腕力轻移鼠标，如图 2-97 所示。

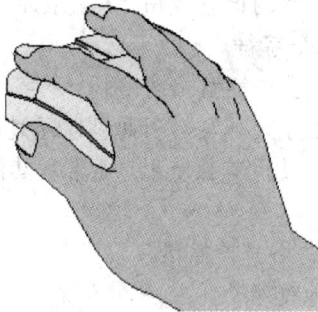

图 2-97 正确握鼠标的姿势

鼠标的操作方式主要有以下几种。

(1) 单击。单击是指快速地按下并释放鼠标左键。如果不作特殊说明，单击就是指按下鼠标的左键。单击是最为常用的操作方法，主要用于选择一个文件、执行一个命令、按下一个工具按钮等。

(2) 双击。双击是指连续两次快速地按下并释放鼠标左键。注意，双击的间隔不要过长，如果双击鼠标的间隔过长，则系统会认为是两次单击，这是两种截然不同的操作。双击主要用于打开一个窗口、启动一个软件，或者打开一个文件。

(3) 右击。右击(也叫单击右键或右单击)是指快速地按下并释放鼠标右键。在 Windows 操作系统中，右击的主要作用是打开快捷菜单，执行其中的相关命令。

在任何时候单击鼠标都将弹出一个快捷菜单，该菜单中的命令随着工作环境、右击位置的不同而发生变化。

(4) 拖动。拖动是指将光标指向某个对象以后，按下鼠标左键不放，然后移动鼠标，将该对象移动另一个位置，然后再释放鼠标左键。拖动主要用于移动对象的位置、选择多个对象等操作。

(5) 指向。指向是指不对鼠标的左、右键作任何操作，移动鼠标的位置，这时可以看到光标在屏幕上移动。指向主要用于寻找或接近操作对象。

2.6.2　安装与删除输入法

安装了 Windows 7 以后，系统会自动安装微软拼音、智能 ABC、全拼和郑码等中文输入法。用户可以根据需要添加与删除输入法。

1．内置输入法的添加与删除

内置输入法是指 Windows 7 系统自带的输入法。对于这类输入法，可以按照如下方法添加与删除：

(1) 在任务栏右侧的输入法指示器上单击鼠标右键，从弹出的快捷菜单中选择【设置】命令，则弹出【文本服务和输入语言】对话框，如图 2-98 所示。

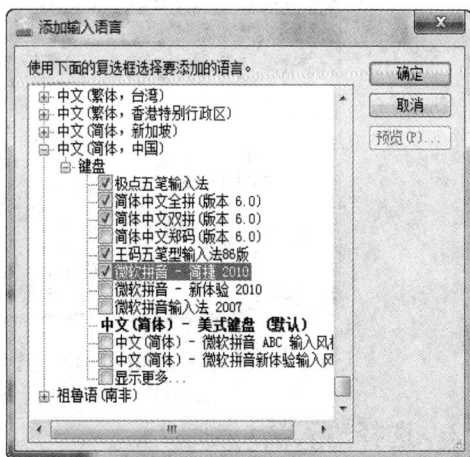

(2) 单击 添加(D)... 按钮，则弹出【添加输入语言】对话框，选择要添加的输入法，如图 2-99 所示。

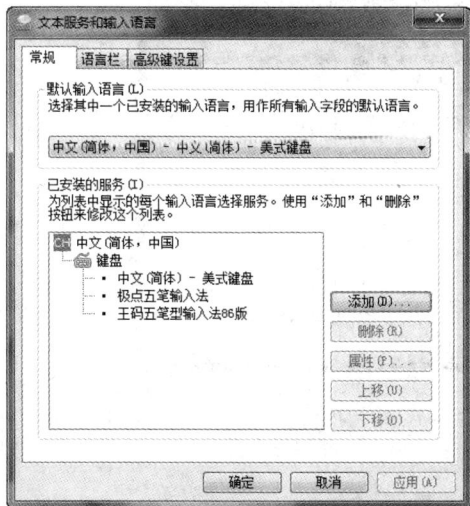

图 2-98　【文本服务和输入语言】对话框　　　　图 2-99　【添加输入语言】对话框

(3) 单击 确定 按钮，则添加了新的输入法，如图 2-100 所示。

(4) 如果要删除输入法，则在【已安装的服务】列表中选择要删除的输入法，单击 删除(R) 按钮即可。

(5) 单击 [确定] 按钮，确认添加或删除操作。

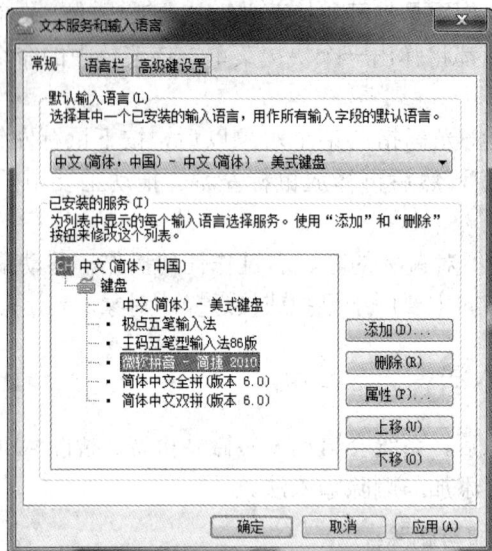

图 2-100　添加新的输入法

2．外部输入法的安装

外部输入法是指非 Windows 系统自带的输入法，例如"极点五笔字型"输入法。这类输入法的安装方法与应用程序类似。找到输入法的安装程序，双击它进行安装即可，如图 2-101 所示。

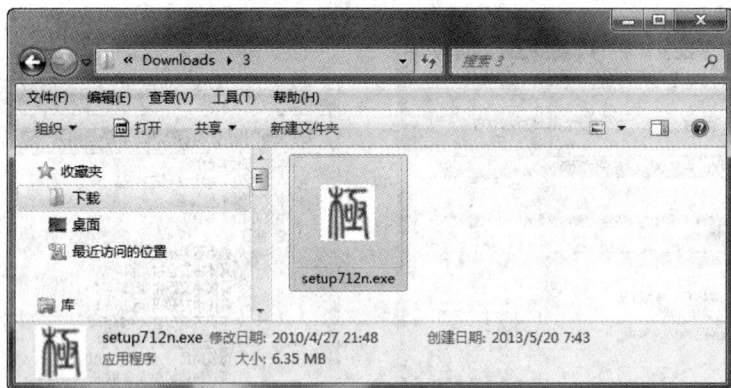

图 2-101　极点五笔字型安装程序

2.6.3　选择输入法

输入中文时首先要选择自己会使用的中文输入法。Windows 系统内置了很多中文输入法，要在各中文输入法之间进行切换，可以按 Shift + Ctrl 键进行切换。操作方法是，先按住 Ctrl 键不放，再按 Shift 键，每按一次 Shift 键，会在已经安装的输入法之间按顺序循环切换。

另外，选择输入法的常规方法是：单击任务栏右侧的输入法指示器，可以打开一个输入法列表，如图 2-102 所示，在输入法列表中单击要使用的输入法即可。

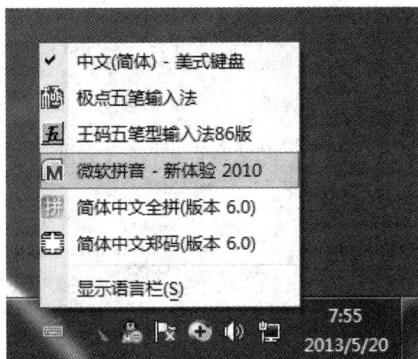

图 2-102　输入法列表

2.6.4　中文输入法使用通则

通常情况下，中文输入法有三个重要组成部分，分别是输入法状态条、外码输入窗口、候选窗口。下面以"王码五笔型输入法 86 版"为例介绍各部分的作用。

1. 输入法状态条

当选择了一种中文输入法时，例如，选择了"王码五笔型输入法"，这时就会显示一个输入法状态条，如图 2-103 所示。

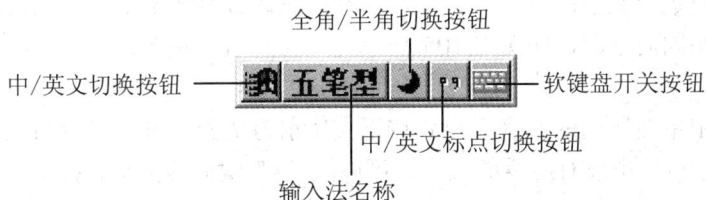

图 2-103　输入法状态条

(1) 中/英文切换按钮。单击该按钮，可以在当前的汉字输入法与英文输入法之间进行切换。除此之外，还有一种快速切换中、英文输入法的方法，即按 Ctrl + Space 键。

(2) 输入法名称。这里显示了输入法的名称。

(3) 全角/半角切换按钮。单击该按钮，可以在全角/半角方式之间进行切换。全角方式时，输入的数字、英文等均占两个字节，即一个汉字的宽度；半角方式时，输入的数字、英文等均占一个字节，即半个汉字的宽度。

除此之外，按 Shift + Space 键，可以快速地在全角、半角之间进行切换。

(4) 中/英文标点切换按钮。单击该按钮，可以在中文标点与英文标点之间进行切换。如果该按钮显示空心标点，表示对应中文标点；如果该按钮显示实心标点，表示对应英文标点。

除此之外，还有一种快速切换中/英文标点的方法，即按 Ctrl + .(句点)键。

(5) 软键盘开关按钮。单击该按钮，可以打开或关闭软键盘。默认情况下打开的是标准 PC 键盘。当需要输入一些特殊字符时，可以在软键盘开关按钮上单击鼠标右键，这时会出现一个快捷菜单，如图 2-104 所示，选择其中的命令可以打开相应的软键盘，用于输入一些特殊字符。

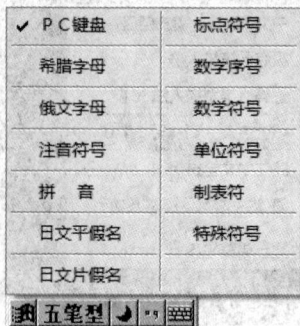

✓ PC键盘	标点符号
希腊字母	数字序号
俄文字母	数学符号
注音符号	单位符号
拼　音	制表符
日文平假名	特殊符号
日文片假名	

图 2-104　快捷菜单

小贴士

> 需要注意的是，中文输入法不同，其输入法状态条的外观也不同；即使相同的中文输入法，其版本也影响着输入法状态条的外观，但是基本功能部分是类似的。

2．外码输入窗口与候选窗口

外码输入窗口用于接收键盘的输入信息，只有输入过程中才出现外码输入窗口。而候选窗口是指供用户选择文字的窗口，该窗口只在有重码或联想情况下才出现，而且其外观形式因输入法的不同而不同，如图 2-105 所示是"王码五笔型输入法"的外码输入与候选窗口。

在候选窗口中单击所需的文字，或者按下文字前方的数字键，可以将文字输入到当前文档中。如果候选窗口中没有所需的文字，可以按"+"键向后翻页，按"－"键向前翻页，直到找到所需的文字为止。

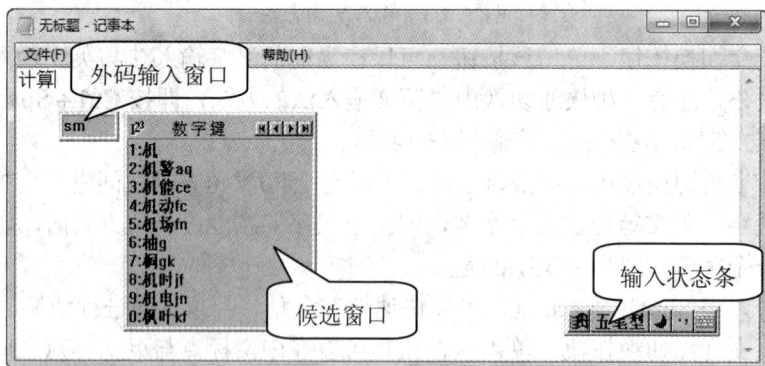

图 2-105　外码输入窗口与候选窗口

2.6.5　几个特殊的标点符号

在中文输入法状态下，有几个特殊的标点符号需要初学者掌握，避免在输入文字时找不到这些标点。下面以表格的形式列出，如表 2-2 所示。

表 2-2　几个特殊的标点符号

标 点	名 称	对应的键
、	顿号	\
——	破折号	_
……	省略号	^
·	间隔号	@
《 》	书名号	< >

※ 学习感悟

_____

_____

_____

_____

_____

_____

_____

_____

_____

_____

本 章 习 题

一、填空题

1. _____是计算机所有软件的核心，是计算机与用户的接口，负责管理所有计算机资源，协调和控制计算机的运行

2. Windows 7 中有四种类型的菜单，分别是_____、标准菜单、_____与控制菜单。

3. 为了区别不同的文件，每一个文件都有唯一的标识，称为文件名。文件名由名称和_____两部分组成，两者之间用分隔符"."分开。

4．显示器的分辨率影响着屏幕的可利用空间。分辨率_____，工作空间越大，显示的内容越多。

5．回收站可以看做是办公桌旁边的废纸篓，只不过它回收的是_____上的文件。只要没有清空回收站，我们就可以查看回收站中的内容，并且可以_____。

6．通常情况下，中文输入法有三个重要组成部分，分别是_____、_____和_____。

7．Windows 系统内置了很多中文输入法，按_____键可以在输入法间循环切换。如果要快速切换中、英文输入法，可以按下_____键。

二、简述题

1．如何按"项目类型"排列桌面图标？

2．怎样复制和移动文件与文件夹？

3．简述鼠标五种操作方式的操作要点。

4．如何更改桌面主题或背景？

5．Windows 7 中的计算器提供了哪几种类型？可以进行物理量的单位换算吗？

6．文件与文件夹有哪几种视图方式？

三、操作题

1．对桌面上的图标分别按"名称""中等图标"和"自动排列图标"进行重新排列，并适当调整任务栏的高度。

2．打开写字板，利用软键盘输入如下特殊字符。

   × ≥ ≌ √ ‰ ℃ ￡ ※ § ● ◇

3．对计算机上的 C 驱动器进行清理，然后检查是否需要对计算机上的驱动器进行碎片整理。

4．创建一个新账户"xiaoli"，并为该账户创建密码。

5．在 C 盘上新建一个"声音"文件夹，然后使用录音机程序录制一段声音，并保存到"声音"文件夹下，名称为"我的录音"。

第 3 章　Word 2010 文字处理

❖❖❖❖❖❖❖❖❖❖❖❖❖❖❖❖❖❖❖❖❖❖❖❖❖❖❖❖❖❖❖❖❖❖❖❖❖❖❖

　　Word 是 Office 中最常用的应用程序之一，Office 2010 中的 Word 是一款文字处理程序，提供了实现智能化工作的强大工具，包括文字编辑、表格制作、图文混排、Web 文档等一整套功能齐全、操作灵活的"所见即所得"运行环境，可以很方便地制作出文稿、信函、公文、书稿、表格、网页等各种类型的文档。

※ 目标规划

1. 熟悉文档知识
2. 掌握 Word 2010 基础操作技能

3.1　概　　述

　　Office 是一套由微软公司开发的办公软件，是微软公司最有影响力的产品之一，它与微软的 Windows 操作系统一起被称为微软双雄。Office 2010 是微软推出的新一代办公软件，而 Word 2010 是 Office 2010 办公组件中最常用的软件之一，主要用于文字处理工作，Word 2010 的最大变化是改进了用于创建专业品质文档的功能。Word 的基本发展过程如下：

❖ 1979 年，MicroPro 公司推出字处理软件 WordStar，以强大的文字编辑功能征服了广人用户。

❖ 1982 年，微软从 WordStar 身上看到了字处理软件的广阔市场，微软开始研发字处理软件，并命名为 MS Word。

❖ 1990 年，微软公司完成了 Word 1.0 版本开发，成为文字处理软件市场的主导产品。

❖ 1993 年，微软又把 Word 6.0 和 Excel 5.0 集成在 Office 4.0 套件中，使其能相互共享数据，极大地方便了用户的使用。此后，Word 的升级都整合在 Office 之中。

❖ 1995 年，微软推出 Word 7.0，因为是包含于 Microsoft Office 95 中的，所以习惯称做 Word 95。

❖ 1999 年，Office 2000 正式发布，这个版本全面面向 Internet 设计，强化了 Web 工作方式，是第三代办公处理软件的代表产品。

❖ 2001 年，推出 Office XP，这个版本新增了 Sharepoint 功能，能让人们建立自己的私人网站来分享信息。

❖ 2003 年，Office 2003 正式发布，这次更新除了 Office 核心内容之外，还包括 Visio、Frontpage、Publisher 和 Project 等，是一次大的产品整合。

❖ 2006 年底，Office 2007 发布，采用了全新用户界面元素，与上一版本相比，Office 2007 最明显的变化就是取消了传统的菜单操作方式，而代之以各种功能区。

❖ 2010 年，微软推出 Office 2010，Word 也自然升级到 Word 2010。它提供了世界上最出色的功能，其增强后的功能可创建专业水准的文档，用户可以更加轻松地与他人协同工作并可在任何地点访问自己的文件。

3.2 认识 Word 2010 界面

无论是办公领域还是一般的文字处理，Word 软件一直都担当着重要的角色。它可以方便地制作出文稿、信函、公文、书稿、表格、网页等各种类型的文档。

启动 Word 2010 以后，打开的窗口便是 Word 2010 的工作界面，与早期的版本相比，Word 2010 的界面更加清新，其界面主要由标题栏、快速访问栏、功能区、编辑区和状态栏等部分组成，如图 3-1 所示。

图 3-1　Word 2010 工作界面

1. 标题栏

标题栏位于工作界面的最顶端，中间部分用于显示文档名称及软件名称，右侧的按钮分别用于控制窗口的最小化、最大化/还原和关闭。

2. 快速访问栏

快速访问栏位于界面左上角，用于显示常用的工具按钮，默认状态下只显示"保存""撤消"等按钮，单击这些按钮可以执行相应的操作。为了提高编辑文档的速度，可以将一些常用的按钮添加到快速访问栏中，单击访问栏右侧的小箭头，在打开的下拉菜单中选择相应的命令，即可将命令按钮添加到快速访问栏中，如图 3-2 所示。

如果要添加其他的命令按钮，则选择菜单中的【其他命令】命令，这时将弹出【Word
选项】对话框，并自动切换到【快速访问工具栏】选项，在命令列表中选择需要添加的命
令，然后单击 添加(A) >> 按钮，最后单击 确定 按钮即可，如图 3-3 所示。

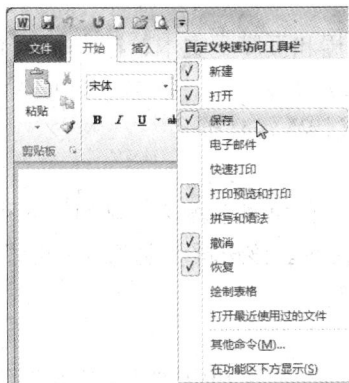

図 3-2　向快速访问栏中添加按钮　　　　　图 3-3　添加其他命令按钮

3．功能区

Microsoft Word 从 Word 2007 升级到 Word 2010，其最显著的变化就是用【文件】选项
卡代替了 Word 2007 中的"Office"按钮。另外，Word 2010 同样取消了传统的菜单操作方
式，取而代之的是功能区。

功能区位于标题栏的下方，由多个选项卡组成，如【文件】、【开始】、【插入】、【页面
布局】、【引用】等。每个选项卡中的按钮按照功能划分为不同的"组"，每个组中有若干个
命令按钮，组的名称位于组的下方，有的组右下角有一个小按钮 ，称为对话框启动器
按钮，单击它可以打开对话框或窗格，如图 3-4 所示。

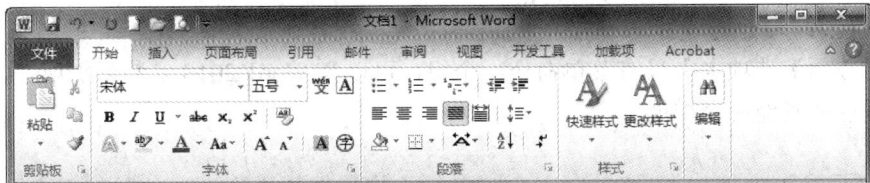

图 3-4　功能选项卡与组

在 Word 2010 中，功能区中的各个组会自动适应窗口的大小，并且有时会根据当前操
作的对象自动出现相应的功能按钮。

在编辑文档的过程中，为了扩大文档编辑区的显示范围，可以双击任意选项卡，将功
能区最小化，最小化功能区以后，再双击任意选项卡可以复原。下面对各选项卡的基本功
能进行介绍。

(1)【文件】选项卡。

【文件】选项卡是由 Word 2007 中的"Office"按钮演变而来的。单击该选项卡可以打
开一个菜单，其中包含了一些常用的命令，如新建、打开、保存、另存为、打印、帮助和
退出等。

(2) 【开始】选项卡。

【开始】选项卡中包括剪贴板、字体、段落、样式和编辑等 5 个组，在功能上与 Word 2003 中的【编辑】和【格式】菜单中的部分命令相同。该选项卡主要用于对 Word 文档进行文字编辑与格式设置，是使用最频繁的一个选项卡。

(3) 【插入】选项卡。

【插入】选项卡中包括页、表格、插图、链接、页眉和页脚、文本、符号等 7 个组，在功能上与 Word 2003 的【插入】和【表格】菜单的部分命令相同。该选项卡主要用于向 Word 文档中插入各种元素，如图像、艺术字、文本框或特殊符号等。

(4) 【页面布局】选项卡。

【页面布局】选项卡包括主题、页面设置、稿纸、页面背景、段落、排列等 6 个组，对应于 Word 2003 中的【文件】和【格式】菜单的部分命令。该选项卡主要用于设置 Word 文档的页面样式，如稿纸格式、水印、配色主题、页面边框等。

(5) 【引用】选项卡。

【引用】选项卡包括目录、脚注、引文与书目、题注、索引和引文目录等 6 个组，用于实现在 Word 2010 文档中插入目录、脚注等比较高级的编辑功能。

(6) 【邮件】选项卡。

【邮件】选项卡包括创建、开始邮件合并、编写和插入域、预览结果和完成等 5 个组，该选项卡的作用比较专一，主要用于在 Word 2010 文档中进行邮件合并的操作。

(7) 【审阅】选项卡。

【审阅】选项卡包括校对、语言、中文简繁转换、批注、修订、更改、比较和保护等 8 个组，主要用于对 Word 2010 文档进行校对和修订等操作，适用于多人协作处理 Word 长文档。

(8) 【视图】选项卡。

【视图】选项卡包括文档视图、显示、显示比例、窗口和宏等 5 个组，主要用于切换文档视图、预览视图、排列窗口等。

(9) 【加载项】选项卡。

【加载项】选项卡中只有菜单命令一个组，可以为 Word 2010 安装附加属性，如自定义的工具栏或其他命令扩展。

小贴士

> Word 2010 允许用户自定义功能区，既可以创建新的选项卡，也可以在选项卡中创建新组，还可以控制既有选项卡的显示与否。打开【Word 选项】对话框，切换到【自定义功能区】选项，可以完成功能区的自定义，使之符合个人习惯。

4．编辑区

编辑区位于 Word 工作界面的正中央，是输入文本、编辑文本和文档排版的工作区域。当文档内容超出窗口范围时，通过拖动滚动条上的滚动块，可以使文档窗口上下或左右滚动，以显示窗口外被挡住的文档内容。

另外，在垂直滚动条的上方单击"标尺"按钮，可以显示或隐藏标尺。当显示标尺时，可以利用它调整页边距、文本的段落缩进、改变表格的宽度等。Word 有水平和垂直两种标尺，水平标尺中包括左缩进、右缩进、首行缩进、制表符等标记。

5. 状态栏

状态栏位于工作界面的最下方，显示当前文档的状态参数和 Word 的各种信息，如文档的总页数、字数、当前页码等，还有插入/改写状态转换按钮、拼写和语法状态检查按钮等。

6. 视图栏

在 Word 2010 中提供了多种视图模式供用户选择，这些视图模式包括"页面视图""阅读版式视图""Web 版式视图""大纲视图"和"草稿视图"等 5 种。用户可以在【视图】选项卡中选择需要的文档视图，也可以在视图栏中单击视图按钮进行切换。

3.3　文档的基本操作

在编辑文档内容之前，必须熟练掌握文档的基本操作，如新建文档、保存文档、打开文档等。

3.3.1　创建文档

要编辑新文档时需要先创建新文档。一般地，启动 Word 2010 会自动创建一个空白的新文档，名称为"文档 1"。再启动该程序，则又创建了一个空白的新文档，名称为"文档 2"，以此类推，可以创建"文档 3""文档 4"……。

另外，启动了 Word 2010 以后，单击快速访问工具栏中的【新建】按钮 或者按下 Ctrl + N 键，也可以快速地创建一个空白的新文档，如图 3-5 所示。

Word 2010 还为用户提供了许多模板，如传真、信函、博客文章、书法字帖等，可以帮助用

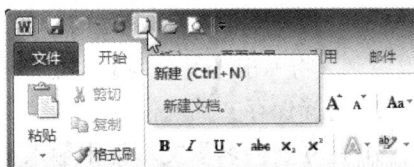

图 3-5　创建空白的新文档

户快速创建含有格式的文档。下面介绍如何基于模板创建新文档，具体操作步骤如下：

(1) 打开【文件】选项卡，单击【新建】命令。

(2) 这时窗口的中间部分将显示可用模板，用户可以选择需要创建的文档类型，例如可以选择"空白文档""博客文章""书法字帖"等。

小贴士

　　Word 2010 中的模板分为内置模板与在线模板两大类。在内置模板中，除了可以直接使用"空白文档""博客文章""书法字帖"之外，单击"模板样本"可以显示本地计算机上所有的可用模板；单击"我的模板"可以打开【新建】对话框，显示自定义的模板。另外，Word 2010 也允许使用在线模板，如证书、奖状、名片、日历等，但前提是计算机接入互联网，否则不可用。

(3) 选择了模板以后，在右侧单击【创建】按钮，即可基于模板创建新文档，如图 3-6 所示。

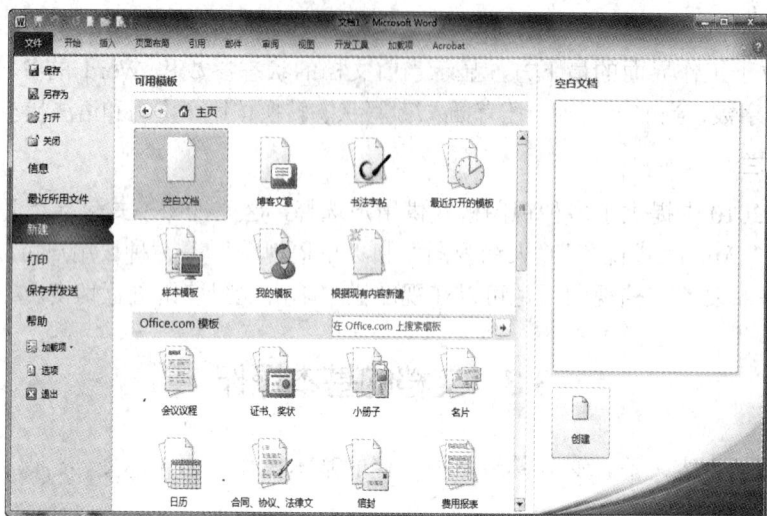

图 3-6　基于模板创建新文档

3.3.2　保存文档

编辑完文档之后，一定要保存文档，因为在编辑文档的过程中，文档保存在计算机内存中，一旦断电或非法操作就会前功尽弃。保存文档的操作步骤如下：

(1) 打开【文件】选项卡，执行其中的【保存】命令(或者按下 Ctrl + S 键)。如果是第一次保存，将弹出【另存为】对话框。

(2) 选择保存文档的位置。

(3) 在【文件名】文本框中输入文件名称，如"公式"，然后单击 保存(S) 按钮即可保存文档，如图 3-7 所示。

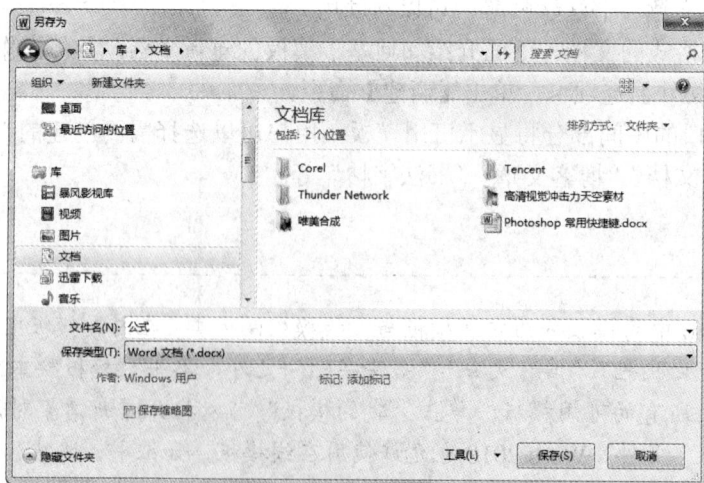

图 3-7　保存文档

使用 Word 编辑文档时，为了避免出现意外事故，要养成及时保存文档的好习惯，工作一段时间后就要保存一次文件，此时只需按下 Ctrl + S 键即可，不会再弹出【另存为】对话框，而是直接保存对文档的修改。

如果要将一个文档重新命名保存，可以在【文件】选项卡中选择【另存为】命令，然后在弹出的【另存为】对话框中完成保存操作。

Word 2010 提供了自动保存功能，开启该功能以后，Word 2010 每隔一定时间就会将所做的修改保存在一个独立的临时恢复文件中，即使突然发生断电或其他故障，只要重新启动 Word，就会自动恢复文件。设置自动保存文档的操作步骤如下：

(1) 打开【文件】选项卡，单击【选项】命令。

(2) 在打开的【Word 选项】对话框中切换到【保存】选项，如图 3-8 所示。

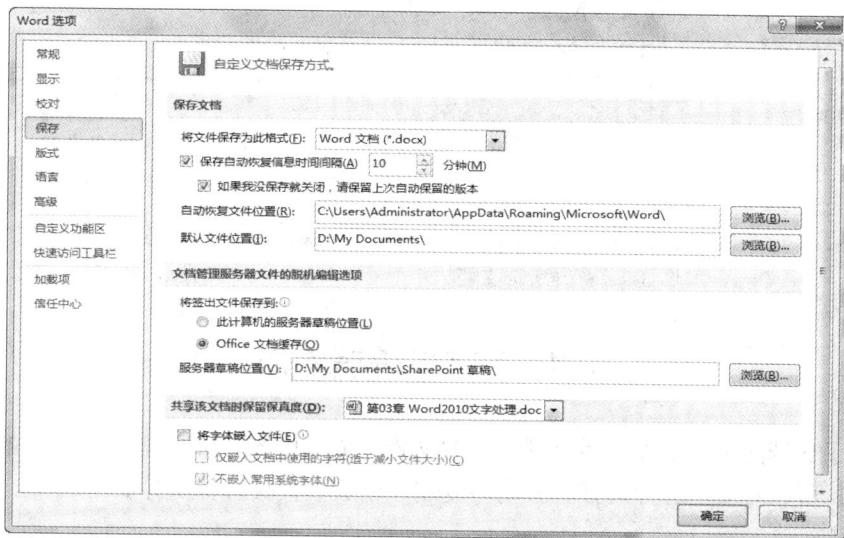

图 3-8　【Word 选项】对话框

(3) 设置自动保存选项。

❖ 选择【保存自动恢复信息时间间隔】复选框，可以在其右侧设置自动保存文档的时间间隔，例如 10 分钟，表示每隔 10 分钟自动保存一次文档。

❖ 选择【如果我没保存就关闭，请保留上次自动保留的版本】复选框，如果非法退出 Word，则重新打开 Word 时将恢复到上次自动保存的位置。

(4) 单击　确定　按钮，完成自动保存功能的设置。

3.3.3　打开文档

一般来说，我们很难一次将文档处理得十全十美，特别是一篇较长的文档，常常需要打开以前保存过的文档，继续输入或修改。打开文档的具体操作步骤如下：

(1) 打开【文件】选项卡，执行【打开】命令(或者按下 Ctrl + O 键)。

(2) 在弹出的【打开】对话框中选择文档的保存路径，在文件列表中选择要打开的文档，单击　打开(O)　按钮，即可打开所选文档，如图 3-9 所示。

打开 Word 文档时，如果单击　打开(O)　按钮右侧的三角箭头，这时将打开一个下拉列表，在这里提供了几种打开 Word 文档的方式。如果要以某种方式打开，直接选择相应的选项即可，如图 3-10 所示。下面重点介绍只读和副本两种打开方式。

❖ 选择【以只读方式打开】选项，将以只读方式打开文档，该文档不允许用户修改，即使修改也不能保存。

❖ 选择【以副本方式打开】命令，将创建当前文档的副本并打开副本。

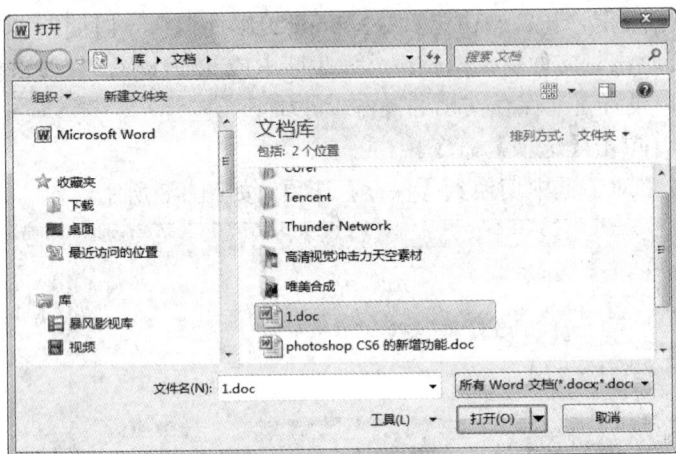

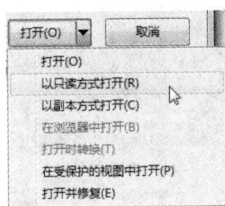

图 3-9　打开所选文档　　　　　　　　　　　　图 3-10　打开文档的几种方式

3.4　文本的编辑操作

掌握了文档的基本操作以后，就可以向文档中输入内容并进行编辑。当向文档中输入文字以后，可以对文字进行选择、移动与复制、删除、查找与替换等操作。

3.4.1　输入文档内容

创建了 Word 文档之后，在编辑区中会出现一个闪烁的垂直光标"丨"，称为插入点光标，这时就可以向编辑区中输入内容了。输入的内容总是位于插入点光标的位置。

1．输入文本

在 Word 2010 中既可以输入汉字，也可以输入英文字母。一般情况下，刚进入 Word 时输入法为英文输入法，要输入汉字必须先切换到中文输入法状态。在输入文本的过程中，按下 Ctrl + 空格键可以在中、英文输入法之间切换。

输入文本的基本操作步骤如下：

(1) 选择一种中文输入法，即可在编辑区中输入所需内容。在输入过程中，当文本到达右边界时会自动换行；如果完成了一个自然段的输入，则需要按回车键换行。

(2) 如果要输入英文，则切换到英文输入法。输入英文时，英文单词之间用空格分开；另外，Word 会自动进行拼写检查，错误的单词下面会显示红色的波浪线。

2．插入符号

使用 Word 输入文本时，经常会用到各种各样的符号，例如人民币符号、温度符号、数学符号等，这些符号无法通过键盘直接输入，但可以利用 Word 提供的插入符号功能将所需符号插入到文本中。

插入符号的基本操作步骤如下：

(1) 将光标定位在要插入符号的位置处。

(2) 在【插入】选项卡的"符号"组中单击 Ω 按钮，在打开的下拉列表中可以选择所需的符号，如图 3-11 所示。

(3) 如果列表中没有所需的符号，可以选择【其他符号】选项，则弹出【符号】对话框，在【符号】选项卡中选择所需的符号，单击 插入(I) 按钮，即可将其插入到光标位置处，如图 3-12 所示。

图 3-11　在列表中选择符号

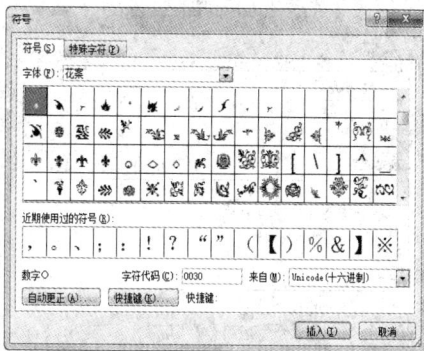

图 3-12　选择其他符号

3．插入日期和时间

在录入文字的过程中，如果需要录入日期和时间，除了可以直接输入以外，也可以通过对话框快速插入到文档中，具体操作步骤如下：

(1) 在需要插入日期和时间的位置处单击鼠标，定位光标。

(2) 在功能区中切换到【插入】选项卡，在"文本"组中单击 日期和时间 按钮，弹出【日期和时间】对话框。

(3) 在【可用格式】列表中选择所需的日期或时间格式，然后单击 确定 按钮，即可在光标位置处插入日期和时间，如图 3-13 所示。

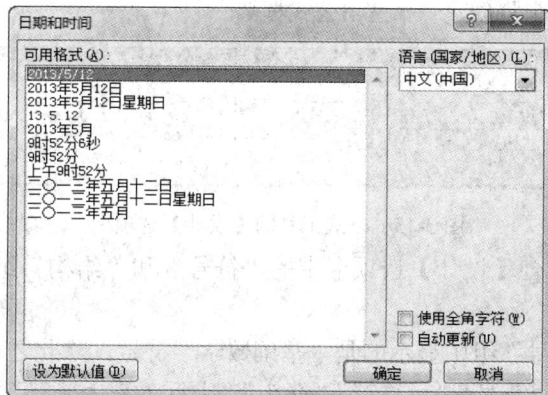

图 3-13　选择日期或时间格式

4．插入公式

Word 2010 提供了多种常用的公式供用户直接插入到文档中，用户可以根据需要直接插入这些内置公式，以提高工作效率。

插入公式的基本操作步骤如下：

(1) 将光标定位在要插入公式的位置处。

(2) 在【插入】选项卡的"符号"组中单击 π 按钮下方的三角按钮，在打开的内置公式列表中选择需要的公式即可，如图 3-14 所示。

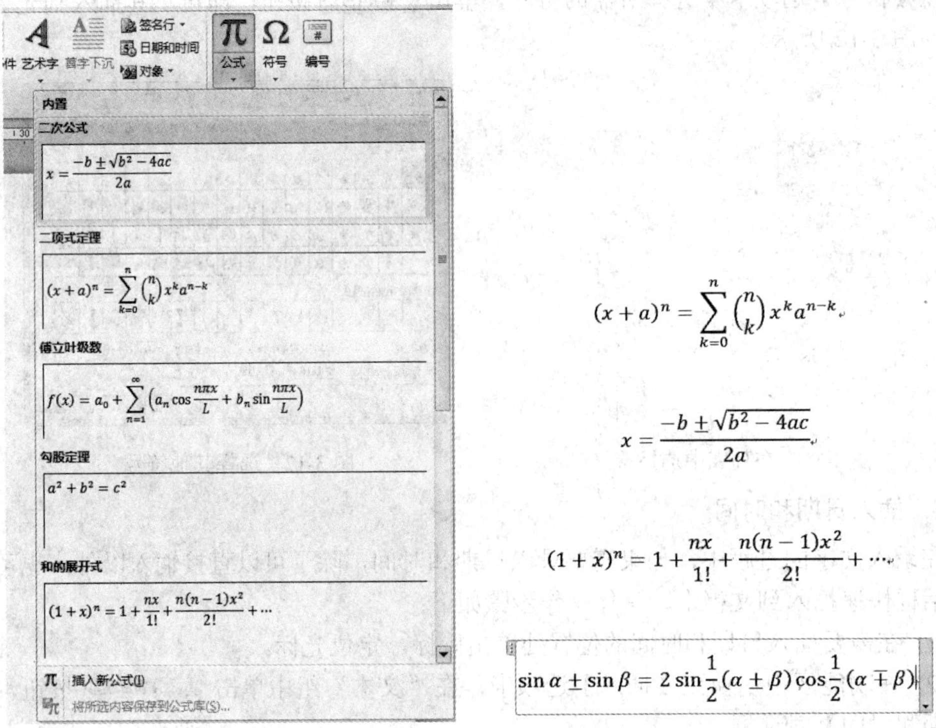

$$(x + a)^n = \sum_{k=0}^{n} \binom{n}{k} x^k a^{n-k}$$

$$x = \frac{-b \pm \sqrt{b^2 - 4ac}}{2a}$$

$$(1 + x)^n = 1 + \frac{nx}{1!} + \frac{n(n-1)x^2}{2!} + \cdots$$

$$\sin\alpha \pm \sin\beta = 2\sin\frac{1}{2}(\alpha \pm \beta)\cos\frac{1}{2}(\alpha \mp \beta)$$

图 3-14　内置公式列表与插入到文档中的效果

(3) 如果选择【插入新公式】选项，这时将出现公式工具的【设计】选项卡，如图 3-15 所示，同时 Word 文档中将创建一个空白公式框架。

图 3-15　公式工具的【设计】选项卡

(4) 通过键盘并结合【设计】选项卡中的"符号"和"结构"组中的功能按钮，可以完成任意公式的输入。

默认情况下，"符号"组中显示的是"基础数学"符号。除此之外，Word 2010 还提供了"希腊字母""字母类符号""运算符""箭头""求反关系运算符""手写体"等多种符号供用户使用。在"符号"组中单击"其他"按钮，如图 3-16 所示，则打开【符号】面板，单击顶部名称右侧的三角形按钮，在打开的菜单中可以看到 Word 2010 提供的其他符号类别，选择需要的类别即可将其显示在"符号"组中。

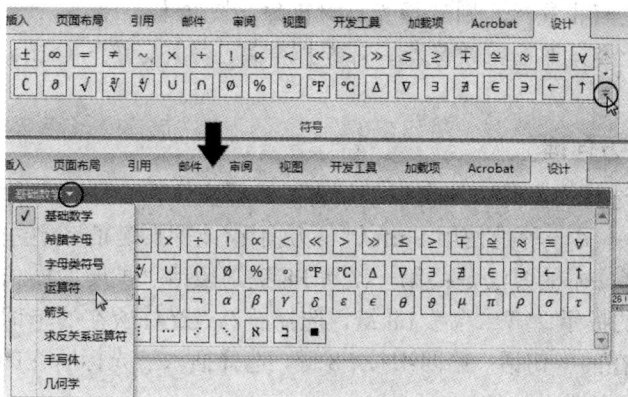

图 3-16　其他公式符号

3.4.2　选择文本

在 Word 中编辑文本时，要遵循"先选择，后操作"的原则。选择的文本在屏幕上以蓝底显示。Word 2010 提供了多种选择文本的方法。

1. 基本选择法

在要选择文本的开始位置处单击鼠标，定位插入点光标，然后按住鼠标左键向右拖动到要选择文本的结束位置处释放鼠标，即可选择中间的文本，如图 3-17 所示。

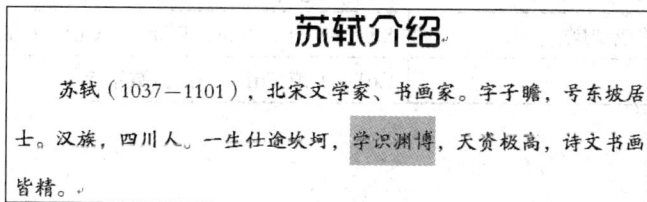

图 3-17　拖动鼠标选择文本

❖ 如果要选择大范围的文本，可以先将插入点光标定位在要选择文本的开始位置，然后按住 Shift 键在要选择文本的结束位置单击鼠标。

❖ 如果要选择一个文字或词语，可以直接双击该文字或单词。

❖ 如果要选择一个句子，可以按住 Ctrl 键的同时单击该句中的任意位置(注意，一个句号代表一句)。

❖ 如果要选择分散的文本，先拖动鼠标选中第一个文本块，然后按住 Ctrl 键，再通过拖动鼠标选择其他位置的文本。

❖ 如果要选择一个垂直的文本块，可以先按住 Alt 键，再通过拖动鼠标进行选择。

2. 利用选定栏

在 Word 文本区的左侧有一个垂直的空白区域，称为选定栏，当将光标移动到选定栏上时，光标将变为向右倾斜的箭头↗，选定栏的作用就是选择文本。

❖ 在选定栏上单击鼠标，则选择光标对应的一行文本。在选定栏上拖动鼠标，
可以选择连续的多行。

❖ 在选定栏上双击鼠标，则选择光标对应的一段文本。

❖ 在选定栏上连续单击三次鼠标，可选择全篇。另外，按下 Ctrl + A 键也可以选
择全篇。

3．利用 Shift+方向键

除了使用鼠标选择文本外，还可以使用键盘选择文本，主要有两种方式：一种是使用
F8 键进行扩展选择；另一种是使用 Shift 键与方向键(或翻页键)配合选择文本。

使用 F8 键选择文本的方法是：第一次按 F8 键，激活"扩展"模式，这时状态栏中出
现"扩展式选定"的提示；第二次按 F8 键，选择插入点光标所在的单词；第三次按 F8 键，
选择插入点光标所在的一句话；第四次按 F8 键，选择插入点光标所在的一个段落；第五次
按 F8 键，选择整篇文档。

使用 Shift 键与方向键(或翻页键)选择文本的方法比较复杂一些，下面以列表的形式进
行介绍，如表 3-1 所示。

表 3-1　用键盘选择文本

选 择 文 本	键 盘 操 作
选择一个或多个字符、一行或多行	Shift + ←、→、↑、↓方向键
选择到首行或末行	Shift + Home 或 Shift + End
选择到段首或段末	Shift + Ctrl + ↑ 或 Shift + Ctrl + ↓
选择到上一屏或下一屏	Shift + PgUp 或 Shift + PgDn
选择到文档开始或结尾	Shift + Ctrl + Home 或 Shift + Ctrl + End
全选	Ctrl + A 或 Ctrl + 小键盘数字 5

3.4.3　删除文本

当文档中出现一些不需要的内容时要及时删除。在 Word 2010 中删除文本的方法比较
多，操作也比较简单。

❖ 如果要删除当前光标之后的一个字符，按下 Delete 键即可。

❖ 如果要删除当前光标之前的一个字符，按下 Backspace 键即可。

❖ 如果要删除大段的内容，需要先选择要删除的文本，然后按下 Delete 键或
Backspace 键即可。

3.4.4　移动与复制文本

在 Word 2010 中编辑文本时，如果对文档中某些句子或段落的位置不满意，可以移动
其位置，另外还可以对其进行复制操作。

1．移动文本

移动文本的操作步骤如下：

(1) 选择要移动的文本，将光标指向选择的文本，按住鼠标左键拖动至目标位置，如图 3-18 所示。

(2) 拖动至目标位置后释放鼠标左键，即可将所选文本移动到目标位置，如图 3-19 所示。

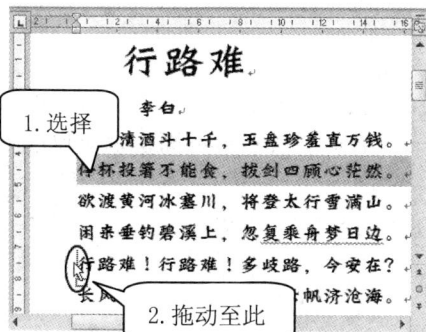

图 3-18　移动文本的过程　　　　　　　　　　　图 3-19　移动后的结果

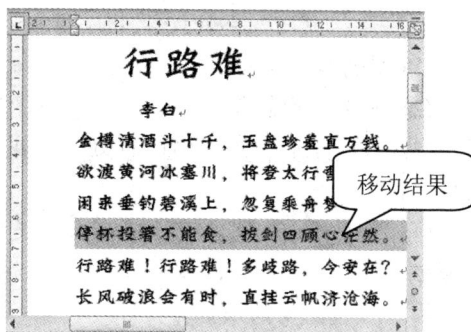

使用鼠标拖动的方法移动文本的优点是方便快捷，但有时候定位不太准确，而且对于远距离(如从一页移动到另一页)的移动也不方便。因此，通常情况下，可以利用剪切与粘贴的方法移动文本，具体操作步骤如下：

(1) 选择要移动的文本。

(2) 在【开始】选项卡中单击 ✂ 剪切 按钮(或按下 Ctrl + X 键)，将所选文本剪切至剪贴板中。

(3) 将光标定位在目标位置处，目标位置既可以是同一个文档中的不同页面，也可以是不同的文档之间。

(4) 在【开始】选项卡中单击 📋 按钮(或按下 Ctrl + V 键)粘贴文本，则完成文本的移动。

在 Word 2010 中，将剪贴板中的文本粘贴至目标位置时，文本的旁边会出现一个粘贴选项按钮，单击该按钮可以打开如图 3-20 所示的下拉菜单，选择菜单中的命令可以确定被粘贴文本的格式。

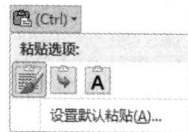

图 3-20　贴粘选项按钮

❖ 选择【保留源格式】📋 选项时，可以保留被粘贴文本的原有格式，而不管 Word 2010 的当前设置。

❖ 选择【合并格式】📋 选项时，可以将被粘贴文本的格式设置为目标位置文本的格式。

❖ 选择【只保留文本】Ａ 选项时，可以删除被粘贴文本的原有格式，将要粘贴的内容转换为纯文本格式。

❖ 选择【设置默认粘贴】选项时，可以打开【Word 选项】对话框，设置复制、剪切与粘贴的参数选项。

2．复制文本

编辑文档时，对于重复的文本内容可以通过复制来完成。与移动文本类似，在 Word 2010 中也有两种不同的文本复制方法，即利用鼠标和按钮进行文本复制。

通过拖动鼠标复制文本的操作步骤如下：

(1) 选择要复制的文本。

(2) 将光标指向选择的文本，按住 Ctrl 键的同时拖动鼠标至目标位置处释放鼠标，即可将所选文本复制到目标位置处。

利用按钮复制文本的操作步骤如下：

(1) 选择要复制的文本。

(2) 在【开始】选项卡中单击 复制 按钮(或按下 Ctrl + C 键)，复制所选的文本内容。

(3) 将光标定位在目标位置处，既可以是同一个文档中的不同页面，也可以是不同的文档之间。

(4) 在【开始】选项卡中单击 按钮(或按下 Ctrl + V 键)粘贴文本，则可以完成文本的复制。

3.4.5 查找与替换文本

编辑文本时经常需要查找和替换某些文本，如果逐字逐句地查找与替换文本，不但费时费力而且效率极低，而利用 Word 提供的查找与替换功能，可以快速、准确地解决这个问题。

1．查找文本

Word 2010 增加了快速查找功能，在【视图】选项卡的"显示"组中勾选【导航窗格】选项，可以打开【导航】窗格，如图 3-21 所示。

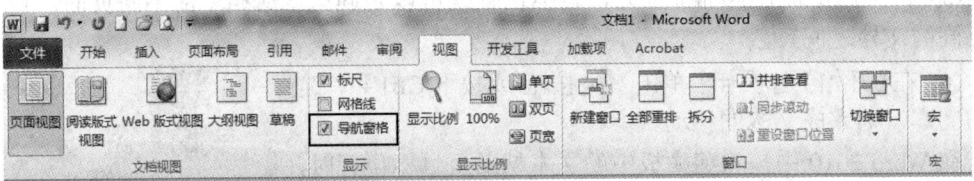

图 3-21 勾选【导航窗格】选项

另外，也可以在【开始】选项卡的"编辑"组中单击 查找 按钮(或者按下 Ctrl + F 键)，打开【导航】窗格。在【导航】窗格的搜索栏中输入需要查找的内容，按下回车键，Word 2010 会在文档中用黄色背景(阴影)将查找到的内容标记出来，如图 3-22 所示。

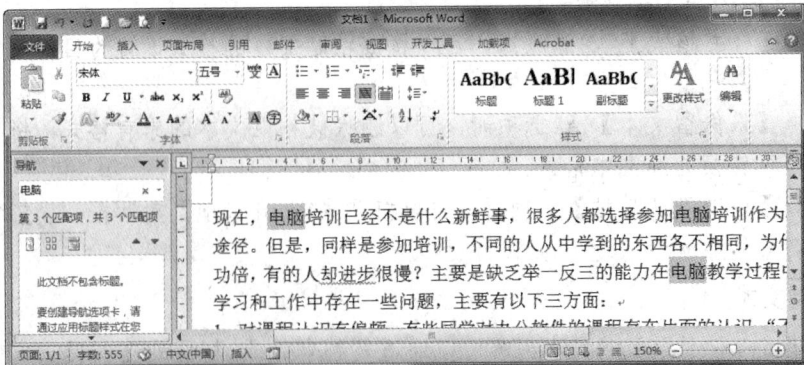

图 3-22 利用【导航】窗格查找文本

如果要使用传统的【查找与替换】对话框进行查找，需要在【开始】选项卡的"编辑"组中单击 查找 按钮右侧的三角箭头，或者在【导航】窗格搜索栏的右侧单击三角箭头，在打开的列表中选择【高级查找】选项，这时会弹出【查找和替换】对话框。

在【查找内容】文本框中输入要查找的文本，如"电脑"，单击 查找下一处(F) 按钮，如图 3-23 所示，这时 Word 将自动从光标处向后开始查找指定的文本，如果找到，则找到的文本将以蓝底显示。如果要继续查找，再单击 查找下一处(F) 按钮，当搜索到文档结尾时，则弹出提示信息，如图 3-24 所示。

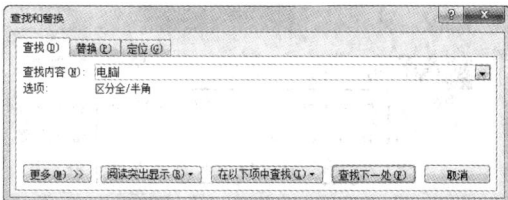

图 3-23　输入要查找的文本　　　　　　图 3-24　提示信息

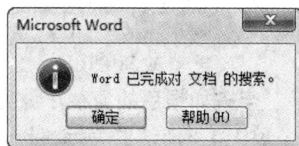

2．替换文本

编辑文档时，如果要将某些文本替换成另外的文本，如要将"电脑"替换为"计算机"，而文章中不止一处出现"电脑"这一词汇，这时使用替换功能则非常方便。替换文本的具体操作步骤如下：

(1) 在【开始】选项卡的"编辑"组中单击 替换 命令，弹出【查找和替换】对话框，在【查找内容】文本框中输入要被替换的文本，如"电脑"；在【替换为】文本框中输入要替换的文本，如"计算机"，如图 3-25 所示。

(2) 单击 替换(R) 按钮，可以查找一处替换一处；单击 全部替换(A) 按钮，则直接全部替换。

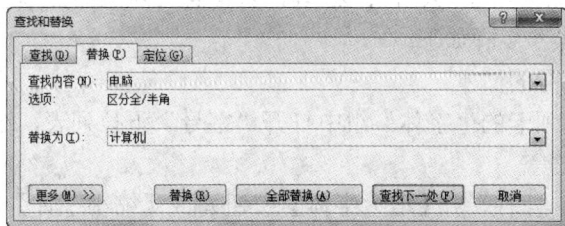

图 3-25　【查找和替换】对话框

3.5　文档的基本编排

如果一篇文章从头到尾都是一样的文字与格式，不加修饰，就会显得很呆板，没有灵气，所以在 Word 中输入文本以后，还需要对它们进行适当的编排，以期得到更加规范与美观的文档。

3.5.1　设置文本格式

文本是构成文档的基本要素，良好的文本格式可以使文档显得生动活泼，富有美感。

在 Word 2010 中设置文本格式时可以采用两种方法：一是使用浮动工具栏；二是使用【开始】选项卡的"字体"组。

在 Word 2010 中，当选择文本时，文本的右上角将显示一个浮动工具栏，如果需要使用它，可以将光标指向它，这时浮动工具栏由半透明状态变为不透明状态；如果不想使用它，可以不必理会，它会自动消失，如图 3-26 所示。

通过浮动工具栏可以快速地设置基本的文本格式与段落格式。另外，在【开始】选项卡的"字体"组中可以更全面地设置文本格式，如图 3-27 所示。为了便于描述，统一使用"字体"组来设置文本格式。

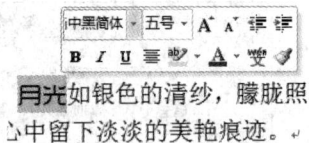

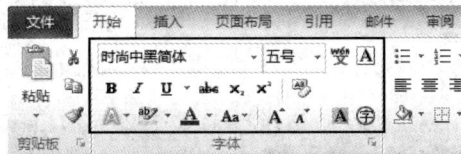

图 3-26 浮动工具栏 图 3-27 【开始】选项卡的"字体"组

1. 设置文本字体

字体是指文本的形体，Windows 系统提供了多种字体，如果用户要使用更多的字体，则需要另行安装。设置文本字体的操作步骤如下：

(1) 选择要改变字体的文本。

(2) 在【开始】选项卡的"字体"组中打开"字体"下拉列表，选择所需字体的名称，如"方正大黑简体""方正大标体宋简体"等。

2. 设置文本字号

字号有两种表示方法：一种是中文表示，如二号、五号等，字号越大对应的文本越小；另一种是数字表示(即磅值)，如9、11、20等，数值越大对应的文本越大。

设置文本字号的操作步骤如下：

(1) 选择要改变字号的文本。

(2) 在【开始】选项卡的"字体"组中打开"字号"下拉列表，选择所需字体的字号，如"一号""三号"等。

另外，在"字体"组中单击【增大字体】按钮 A 或【缩小字体】按钮 A，可以在当前字号的基础上增大或减小字号。

如果"字体"下拉列表中没有所需的字号，用户可以直接在文本框中输入表示磅值的数字，自行设置文本字号，如输入 100，按下回车键确认。

3. 设置文本颜色

编辑文档时，尤其是报刊、杂志，对于特殊的内容可以设置为不同的颜色，这样不但可以使文档给人以赏心悦目的感觉，整个版面也会重点突出。设置文本颜色的具体操作步骤如下：

(1) 选择要改变颜色的文本。

(2) 在【开始】选项卡的"字体"组中单击 A 按钮右侧的小箭头，在打开的下拉列表中可以设置文本的颜色。

4．设置文本字形与效果

字形是指对文本进行加粗、倾斜、下划线等修饰，这些设置可以联合使用。另外，Word 2010 还提供了一些特殊、复杂的文本格式，如上下标、删除线、边框和底纹等格式。设置文本字形与效果的操作步骤如下：

(1) 选择要改变字形的文本。

(2) 在【开始】选项卡的"字体"组中单击相应的按钮即可设置字形与效果。

❖ 单击 **B** 按钮，可以将文本加粗(快捷键 Ctrl + B)。

❖ 单击 *I* 按钮，可以将文本倾斜(快捷键 Ctrl + I)。

❖ 单击 **U** 按钮，可以为文本添加下划线(快捷键 Ctrl + U)。单击 **U** 按钮右侧的小箭头，在打开的下拉列表中可以选择不同的线型，并且可以设置下划线的颜色。

❖ 单击 **abc** 按钮，可以在文本的中间位置添加一条删除线。

❖ 单击 **x₂** 按钮，可以将所选文字设置为下标，使其位于基线下方。

❖ 单击 **x²** 按钮，可以将所选文字设置为上标，使其位于基线上方。

❖ 单击 **A** 按钮，可以将所选文字应用外观效果，如阴影、发光、映像等。

❖ 单击 **aby** 按钮，可以用不同颜色突出显示文本，就像用荧光笔标记文本。

5．使用【字体】对话框

【开始】选项卡的"字体"组中提供的文本效果比较少，如果要设置更多的文本格式，可以在【字体】对话框中设置，具体操作步骤如下：

(1) 选择要设置格式的文本。

(2) 在【开始】选项卡中单击"字体"组右下角的 按钮，打开【字体】对话框，如图 3-28 所示。在【字体】选项卡中可以设置更丰富的文本格式，如字体、字号、颜色、下划线、着重号、效果等。

(3) 设置好参数以后，单击 确定 按钮即可得到相应的文本效果。如图 3-29 所示是几种特殊文本格式的效果。

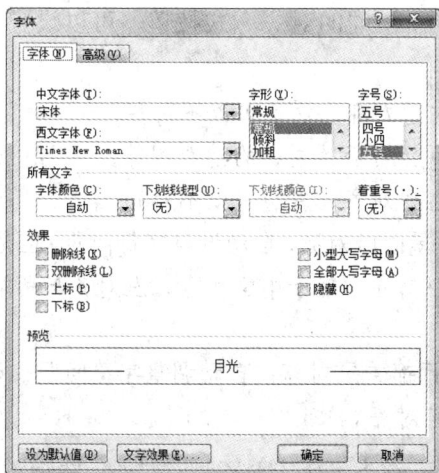

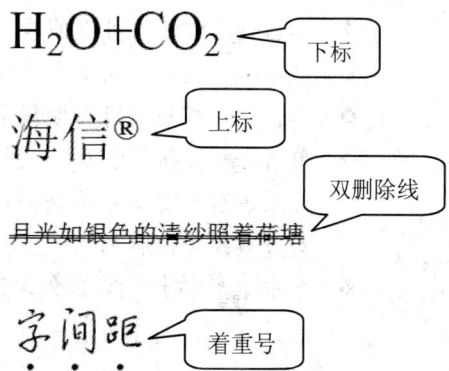

图 3-28　【字体】对话框　　　　　　　　　　图 3-29　几种特殊文本格式的效果

在【字体】对话框的【高级】选项卡中还可以设置字符间距与位置。字符间距就是相邻字符之间的距离。处理各种格式的文本时，如果需要将文本排列得紧密或稀松一些，可以通过设置字符间距来实现。位置是指字符在垂直方向上的排列，即距离基线的距离。设置字符间距与位置的操作步骤如下：

(1) 选择要设置字符间距与位置的文字。

(2) 在【开始】选项卡中单击"字体"组右下角的 按钮，打开【字体】对话框，切换到【高级】选项卡，如图 3-30 所示。在【间距】下拉列表中选择"加宽"或"紧缩"，在其右侧的【磅值】文本框中输入数值，可以设置字符间距。

(3) 用同样的方法，在【位置】下拉列表中选择"提升"或"降低"，然后在右侧的【磅值】文本框中输入数值，可以调整字符的位置。

(4) 设置参数以后单击 确定 按钮，即可得到相应的效果。

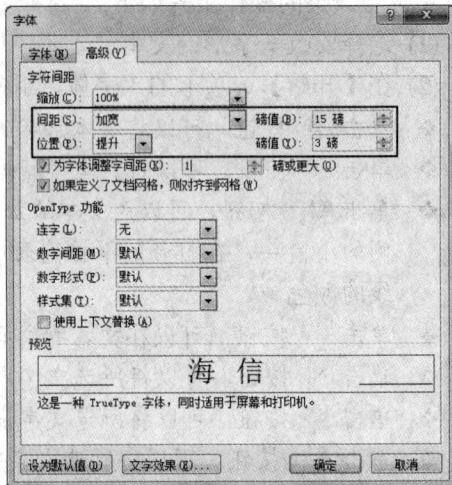

图 3-30　【高级】选项卡

3.5.2　设置段落格式

在 Word 2010 中，段落是指以回车符为标志的一段文字。用户可以设置段落的对齐方式、段落缩进、段间距与行间距等。

1. 设置对齐方式

段落的对齐方式是指页面中的段落在水平方向上的对齐方式，包含左对齐、右对齐、居中、两端对齐和分散对齐等方式。设置段落对齐方式的操作步骤如下：

(1) 将光标定位在要设置对齐方式的段落中。

(2) 在【开始】选项卡的"段落"组中单击不同的对齐方式按钮，可以设置段落的对齐方式。

❖ 单击 按钮，可以使段落中的各行左边对齐，右边可以不对齐。

❖ 单击 按钮，可以使段落居中排列，距页面的左、右边距相等。

❖ 单击 按钮，可以使段落中的各行右边对齐，左边可以不对齐。

❖ 单击 按钮，可以使段落中的每行首尾同时对齐，自动调整字符间距。但是，如果最后一行文字不满一行，则保持左对齐。对于中文而言，左对齐与两端对齐效果是一样的。

❖ 单击 按钮，可以使段落中的所有行都首尾对齐，自动调整字符间距，即使最后一行文字不满一行，也保持首尾对齐。

图 3-31 所示分别为段落的 5 种对齐效果：左对齐、居中对齐、右对齐、两端对齐和分散对齐。

妈妈，我去小明家写作业了，如果有不会的题，我们可以一起研究，晚饭前我会准时回来！ **左对齐**

妈妈，我去小明家写作业了，如果有不会的题，我们可以一起研究，晚饭前我会准时回来！ **居中对齐**

妈妈，我去小明家写作业了，如果有不会的题，我们可以一起研究，晚饭前我会准时回来！ **右对齐**

妈妈，我去小明家写作业了，如果有不会的题，我们可以一起研究，晚饭前我会准时回来！ **两端对齐**

妈妈，我去小明家写作业了，如果有不会的题，我们可以一起研究，晚饭前我会准时　回　　来　　！ **分散对齐**

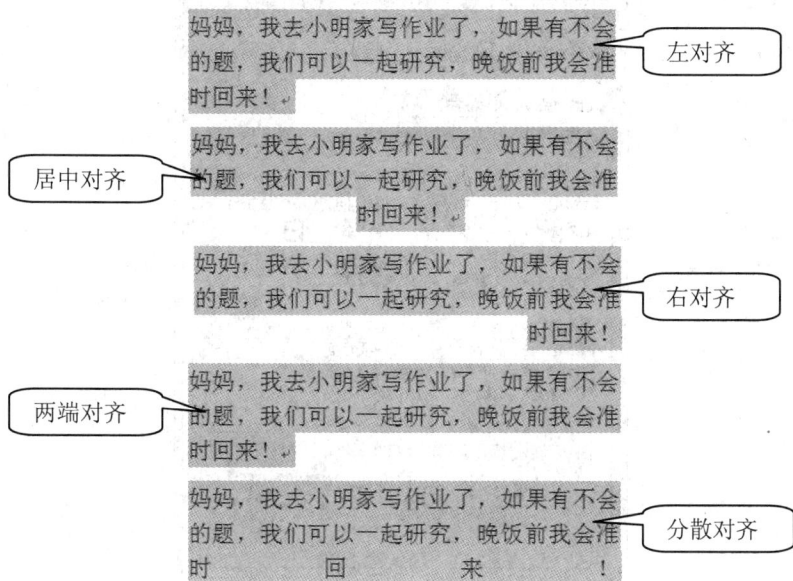

图 3-31　段落的 5 种对齐效果

2．设置段落缩进

一般情况下，段落文字都具有不同的缩进方式，这可以使文本显得整齐有序，方便阅读。设置段落缩进是指更改段落相对于左、右页边距的距离。Word 中的段落缩进有首行缩进、悬挂缩进、左缩进和右缩进等 4 种缩进方式。

在 Word 2010 中，可以使用标尺设置段落的缩进，具体操作步骤如下：

(1) 单击垂直滚动条上方的 按钮，显示标尺。

(2) 将光标定位于要设置缩进的段落中。

(3) 拖动水平标尺上的缩进标记，如图 3-32 所示，即可完成段落的缩进设置。

悬挂缩进　　　首行缩进

左缩进　　　　　　　　　　　　　　右缩进

图 3-32　水平标尺上的缩进标记

除了使用标尺设置段落的缩进外，也可以在【开始】选项卡的"段落"组中单击 按钮，减小段落的缩进量；单击 按钮，增加段落的缩进量。

使用标尺设置段落缩进比较方便，但是并不十分精确，例如，设置每一段文字的首行缩进 2 个字符，使用【段落】对话框比较理想，其具体操作步骤如下：

(1) 选择要缩进的一个或多个段落。

(2) 在【开始】选项卡中单击"段落"组右下角的 按钮。

(3) 打开【段落】对话框，在【缩进】选项组中可以设置段落的缩进，例如在【特殊格式】下拉列表中选择"首行缩进"，缩进量为"2 字符"，如图 3-33 所示。

(4) 单击 确定 按钮，则所选的段落将首行缩进 2 个字符。

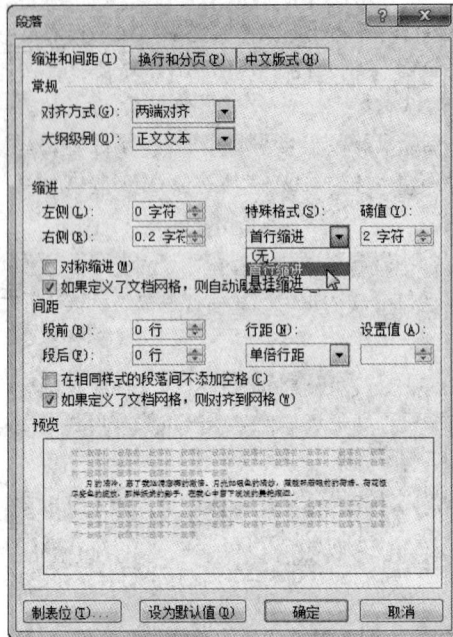

图 3-33　设置缩进参数

3．设置行间距和段间距

行间距是指段落内行与行之间的距离，段间距是指上一段落的最后一行和下一段落的第一行之间的距离。适当地调整段间距和行间距，可以使文档清晰、美观。

在【开始】选项卡的"段落"组中单击 ≡· 按钮，在打开的下拉列表中选择间距值，可以快速地设置行间距，也可以增加段前和段后的间距量，如图 3-34 所示。

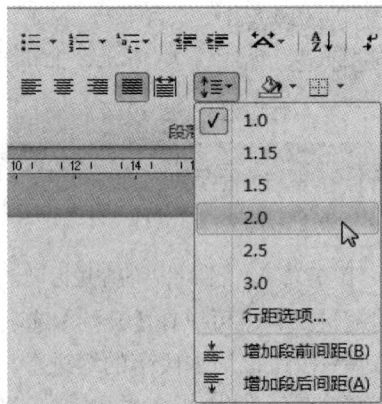

图 3-34　选择间距值

如果要对行间距或段间距进行更多的控制，需要在【段落】对话框中进行设置，操作步骤如下：

(1) 选择要调整间距的行或段落内容。

(2) 在【开始】选项卡中单击"段落"组右下角的 ▣ 按钮，打开【段落】对话框。

(3) 在【间距】选项组中设置行或段落的间距值，其中【段前】、【段后】选项用于设置段间距；【行距】选项用于设置行距，在其下拉列表中有"单倍行距""1.5 倍行距""2 倍行距""最小值""固定值"或"多倍行距"等，如图 3-35 所示。

(4) 单击　确定　按钮，完成间距设置。

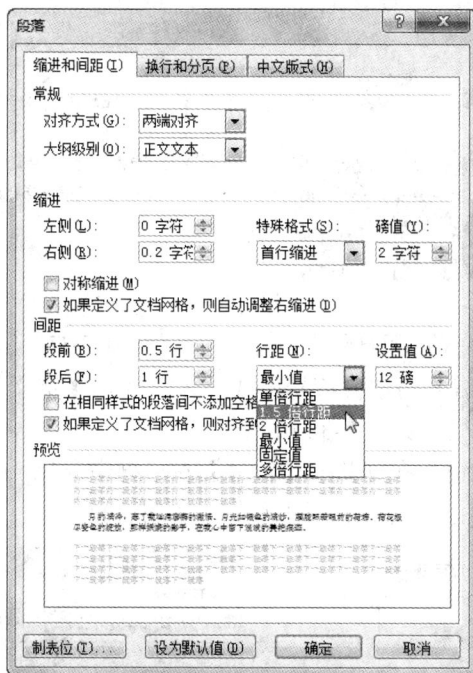

图 3-35　选择行间距

　　　　缩进和间距的控制都属于页面布局的范畴，所以在【页面布局】选项卡中也提供了"段落"组，可以设置左缩进、右缩进、段前和段后距离。

3.5.3　项目符号和编号列表

一般情况下，项目符号用于没有层次结构的段落内容，而编号则用于层次结构明显的段落内容。

1．添加项目符号

通常情况下，要创建和使用项目符号的段落都是一些无序文本，即段落之间是并列的关系，不存在前后顺序问题。添加项目符号的基本操作步骤如下：

(1) 选择要添加项目符号的段落。

(2) 在【开始】选项卡的"段落"组中单击 ≣▾ 按钮，则直接添加默认的项目符号，如图 3-36 所示。

(3) 如果需要使用不同的项目符号，则单击 ≣▾ 按钮右侧的三角箭头，在打开的下拉列表中选择其他项目符号，如图 3-37 所示。

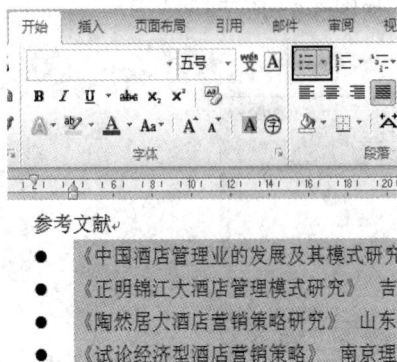

图 3-36　添加默认的项目符号

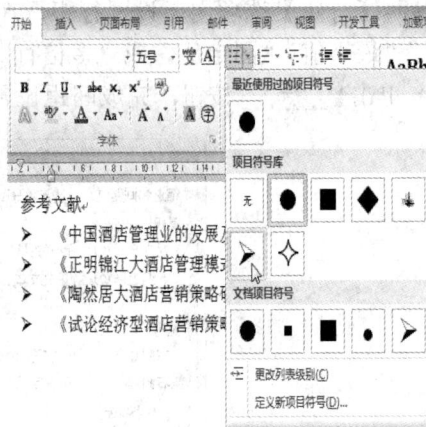

图 3-37　选择其他项目符号

(4) 如果列表中没有需要的项目符号样式，可以选择【定义新项目符号】选项，打开【定义新项目符号】对话框，如图 3-38 所示。

(5) 单击 符号(S)... 按钮，在打开的【符号】对话框中选择一个符号，如图 3-39 所示，然后单击 确定 按钮，返回【定义新项目符号】对话框。

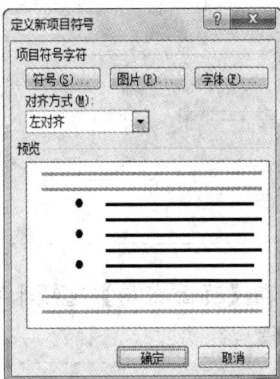

图 3-38　【定义新项目符号】对话框

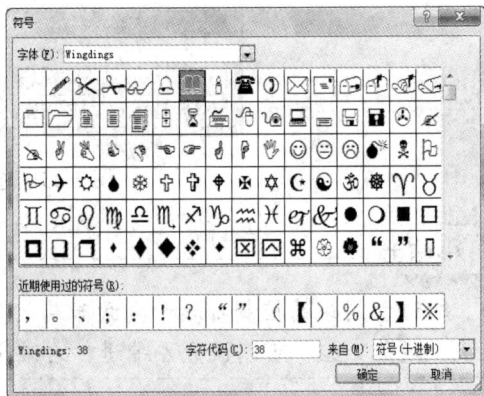

图 3-39　选择符号

(6) 在【定义新项目符号】对话框中再单击 确定 按钮，则为所选段落设置了自定义的项目符号。

2. 使用图片作为项目符号

为了使 Word 文档更加美观，用户可以自己动手制作图片，将它作为项目符号使用，这样可以使文档更有个性，更具吸引力。使用图片作为项目符号的操作步骤如下：

(1) 在文档中选择要添加项目符号的段落。

(2) 参照前面的方法，打开【定义新项目符号】对话框，单击 图片(P)... 按钮。

(3) 在打开的【图片项目符号】对话框中选择一幅图片，如图 3-40 所示，单击 确定 按钮，返回【定义新项目符号】对话框。如果要使用自己设计的图片作为项目符号，需要单击 导入(I)... 按钮，在打开的【将剪辑添加到管理器】对话框中选择图片，如图 3-41 所示。

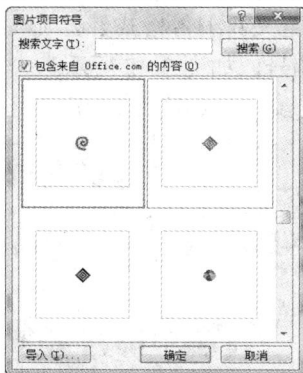

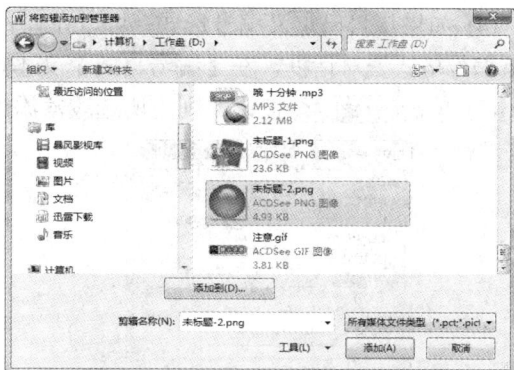

图 3-40　选择图片　　　　　　　　　图 3-41　选择要使用的图片

(4) 在【定义新项目符号】对话框中单击 确定 按钮确认，则使用选择的图片作为项目符号，如图 3-42 所示。

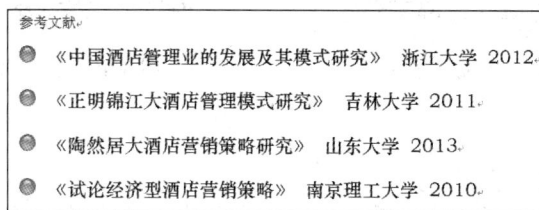

图 3-42　使用图片作为项目符号

3．使用编号

Word 的编号功能是很强大的，可以轻松地设置多种格式的编号以及多级编号等。默认情况下，编号是由阿拉伯数字构成的。Word 2010 提供了 7 种标准的编号样式，并且也允许用户自定义编号。使用编号的操作步骤如下：

(1) 选择要添加编号的段落。

(2) 在【开始】选项卡的"段落"组中单击 按钮，则直接添加默认的编号，如图 3-43 所示。

(3) 如果需要使用其他形式的编号，则单击 按钮右侧的小箭头，在打开的下拉列表中选择一种形式的编号即可，如图 3-44 所示。

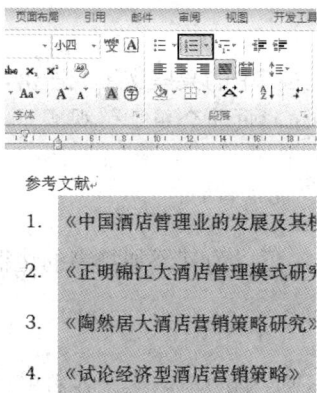

图 3-43　添加默认的编号　　　　　　图 3-44　选择其他编号

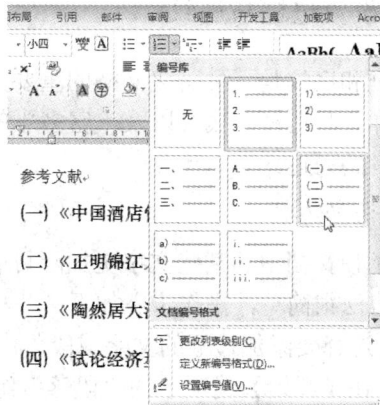

(4) 如果想自己定义编号形式，可以在列表中选择【定义新编号格式】选项，打开【定义新编号格式】对话框，在【编号格式】文本框中设置编号，如图 3-45 所示。

(5) 单击 ▢确定 按钮，则为所选段落添加了自定义编号，如图 3-46 所示。

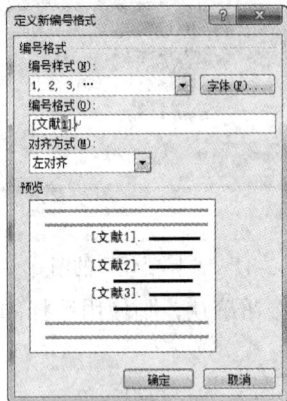

图 3-45　定义新编号格式

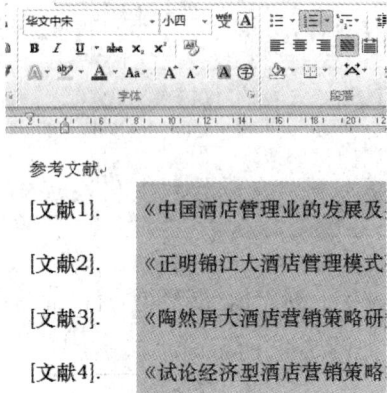

图 3-46　自定义编号效果

3.5.4　复制格式

格式刷是 Word 中非常强大的功能之一，有了格式刷功能，可以将工作变得更加简单省时。当为文档中大量的内容重复添加相同的格式时，就可以利用格式刷来完成。它可以对既有的文本格式(既可以是字符格式，也可以是段落格式)进行复制并应用到其他文本上，从而提高文档的编排效率。复制格式的具体操作步骤如下：

(1) 选择含有要复制格式的文本。

(2) 在【开始】选项卡的"剪贴板"组中单击 ✦格式刷 按钮，这时光标将变为刷子形状。如果要进行多次应用，则需要双击 ✦格式刷 按钮。

(3) 将刷子形状的光标移动到要复制格式的文本的开始处，按下鼠标左键，拖动鼠标到文本的结尾处。

(4) 释放鼠标，则完成了文本格式的复制。

3.5.5　设置边框与底纹

边框和底纹是一种美化文档的重要方式。为了突出文档中的某些文字或段落，可以给它们添加各种边框、底纹以及丰富多彩的背景图案，这样，页面会更加美观醒目，也能够激发读者的兴趣。

1．添加边框

为了使文档中的某些文字更加醒目或美化整篇文档，可以为其添加漂亮的边框。添加边框的方法很简单，操作步骤如下：

(1) 选择要添加边框的文字或段落。

(2) 在【开始】选项卡的"段落"组中单击 ▦▾ 按钮右侧的小箭头，在打开的下拉列表中选择【边框和底纹】选项，如图 3-47 所示。

(3) 打开【边框和底纹】对话框，首先在【应用于】下拉列表中确定要添加边框的是文字还是段落，然后选择边框样式，设置各项参数，如图 3-48 所示。

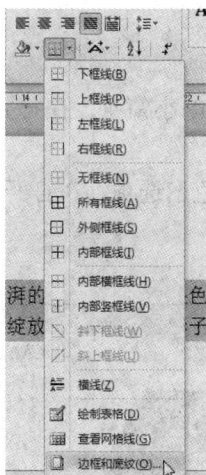

图 3-47　选择【边框和底纹】选项　　　　　　　图 3-48　设置边框样式

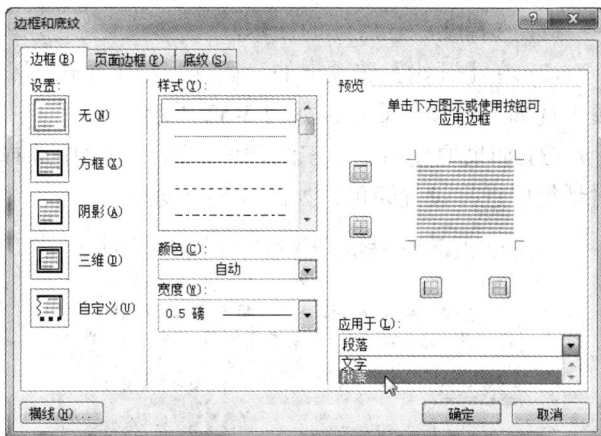

(4) 单击 确定 按钮，则为所选内容添加了边框，如图 3-49 所示是为段落添加边框后的效果。

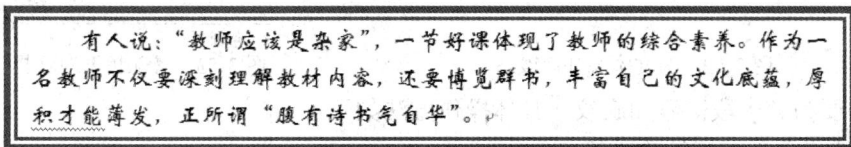

有人说："教师应该是杂家"，一节好课体现了教师的综合素养。作为一名教师不仅要深刻理解教材内容，还要博览群书，丰富自己的文化底蕴，厚积才能薄发，正所谓"腹有诗书气自华"。

图 3-49　添加边框后的效果

在 Word 2010 中还可以添加页面边框，添加页面边框时，边框添加在页边距的位置上。在【边框和底纹】对话框中切换到【页面边框】选项卡，然后在【艺术型】下拉列表中选择一种艺术型边框，如图 3-50 所示，最后确认即可得到漂亮的页面边框，效果如图 3-51 所示。

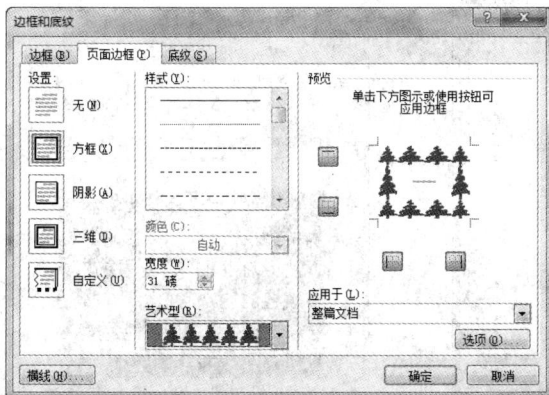

图 3-50　选择艺术型边框　　　　　　　　　　图 3-51　页面边框效果

2．添加底纹

对于一些特殊的文档内容，例如要引起读者注意的内容、重点内容等，我们可以为其添加底纹，以示强调。为文本添加底纹的操作步骤如下：

(1) 选择要添加底纹的文本。

(2) 在【开始】选项卡的"段落"组中单击 按钮右侧的小箭头，在打开的下拉列表中选择一种颜色即可，如图 3-52 所示。

(3) 如果要使用更丰富的颜色，则在列表中选择【其他颜色】选项，在打开的【颜色】对话框中进行设置即可，如图 3-53 所示。

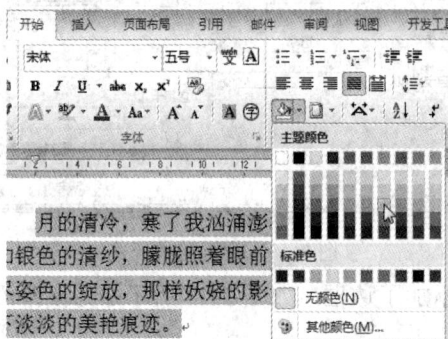

图 3-52　为文本添加底纹　　　　　　　　　　图 3-53　【颜色】对话框

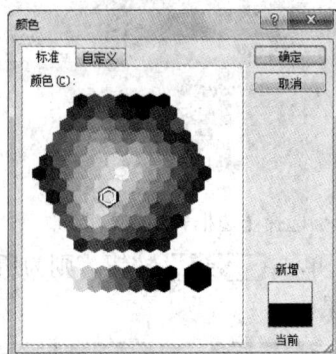

如果要为整个段落添加底纹，具体操作方法如下：

(1) 选择要添加底纹的段落。

(2) 在【开始】选项卡的"段落"组中单击 按钮右侧的小箭头，在打开的下拉列表中选择【边框和底纹】选项。

(3) 在打开的【边框和底纹】对话框中切换到【底纹】选项卡，在【应用于】下拉列表中选择"段落"选项，然后通过【填充】选项设置颜色，如图 3-54 所示。

(4) 单击 确定 按钮，即可为段落添加底纹，如图 3-55 所示。

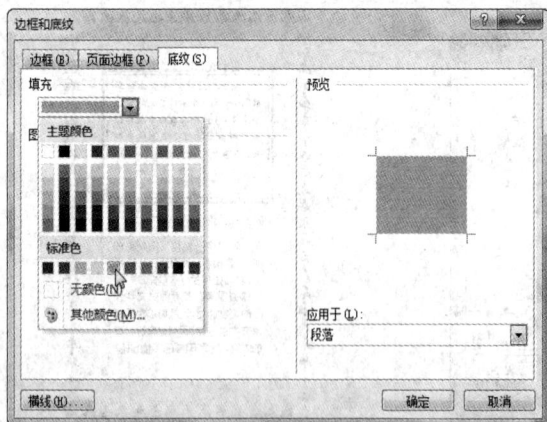

图 3-54　为段落添加底纹　　　　　　　　　　图 3-55　设置底纹后的效果

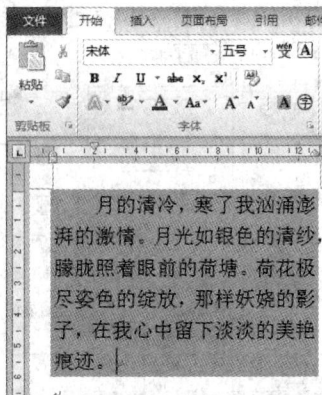

小贴士

(1)在【开始】选项卡的"字体"组中单击 A 按钮，可以快速地为文本添加边框；单击 A 按钮，可以为文本添加默认的灰色底纹。(2)在【页面布局】选项卡的"页面背景"组中单击 ▢ 按钮，可以快速打开【边框和底纹】对话框。(3)为文本添加底纹与为段落添加底纹不同，为段落添加底纹后，行与行之间没有间隙。

3.6　图文混排技术

Word 提供了强大的图文混排功能，可以轻松地实现图文并茂的编排效果，在 Word 中可以使用两类图形来增强文档的排版效果：图形与图像。图形是在 Word 中绘制或插入的自选图形、艺术字、剪贴画、SmartArt 对象等；图像是来自外部的照片或绘图软件生成的图片文件，如图 3-56 所示。

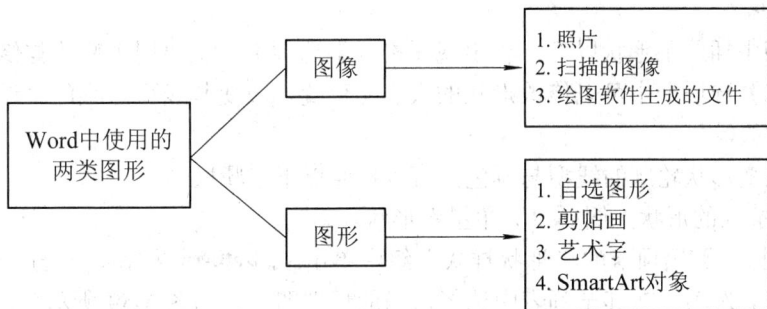

图 3-56　Word 中使用的两类图形

3.6.1　插入与修饰形状

Word 2010 为用户提供了专门的插入形状按钮，使用它可以绘制许多形状。形状就是以前版本中的自选图形，如基本形状、线条、流程图、标注、星与旗帜等。用户可以在文档中使用这些形状，也可以对其进行旋转、添加颜色、与其他图形组合等操作。

1. 插入形状

使用 Word 提供的形状功能可以完成一些基本形状的绘制，如流程图、箭头、星形等，可以帮助用户方便地实现图文效果。

插入形状的具体操作步骤如下：

(1) 在【插入】选项卡的"插图"组中单击 ▢ 按钮下方的三角箭头，在打开的下拉列表中选择一种形状，如图 3-57 所示。

(2) 在页面中单击鼠标，则生成一个预定大小的形状；拖动鼠标，则可以创建任意大小的形状，如图 3-58 所示。

图 3-57　选择形状

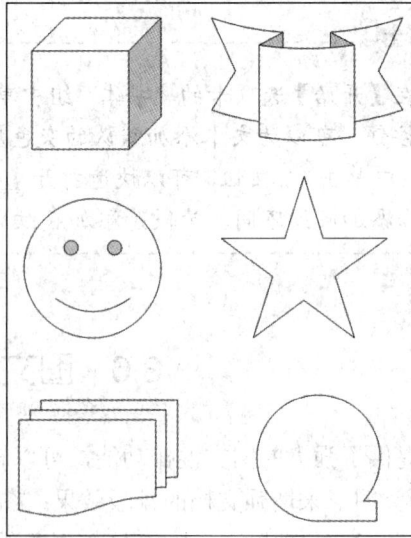

图 3-58　创建的图形

2．修饰形状

当在文档中插入了形状以后，将出现【格式】选项卡，主要用于修改与修饰形状，在形状的【格式】选项卡中可以修改形状的大小与位置，改变其线型与颜色，设置填充色、阴影与三维效果等。

如果要改变形状轮廓的线型与颜色，可以按照以下步骤操作：

(1) 选择插入的形状，例如"五角星"形状。

(2) 在【格式】选项卡的"形状样式"组中单击 形状轮廓 按钮，在打开的下拉列表中指向【粗细】选项，在其子列表中选择适当的粗细即可，如图 3-59 所示。

(3) 用同样的方法，可以设置虚线线型，如图 3-60 所示。

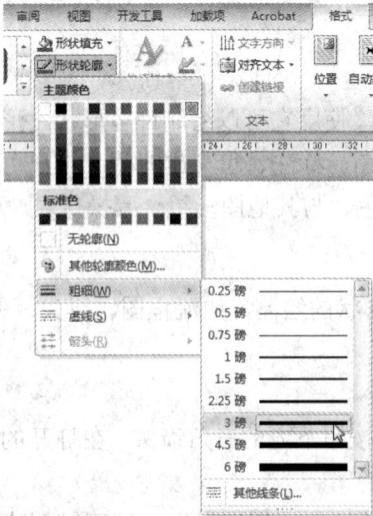

图 3-59　设置形状轮廓的粗细

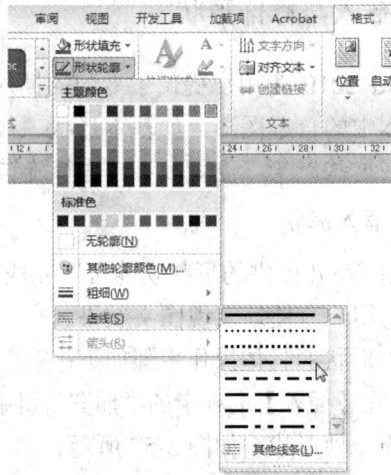

图 3-60　设置形状轮廓的线型

(4) 如果要更改形状轮廓的颜色，直接在【形状轮廓】下拉列表中选择一种颜色即可，如图 3-61 所示。改变了形状轮廓的线型、粗细与颜色后的效果如图 3-62 所示。

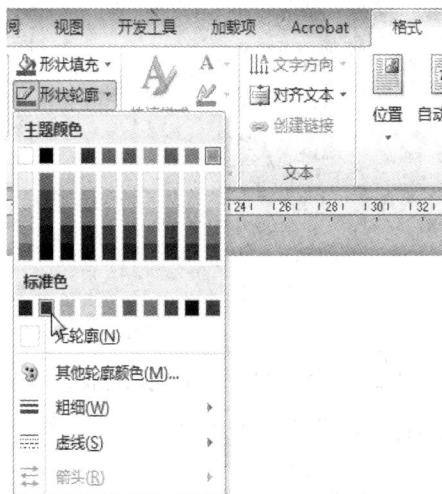

图 3-61　设置形状轮廓的颜色　　　　　　　　图 3-62　　更改后的形状效果

默认情况下，在 Word 中插入的形状没有填充色，只是一个外轮廓。实际上可以为形状填充各种各样的颜色或图案。具体操作步骤如下：

(1) 选择要设置填充效果的形状。

(2) 在【格式】选项卡的"形状样式"组中单击 形状填充 按钮，在打开的下拉列表中选择一种颜色即可，如图 3-63 所示。

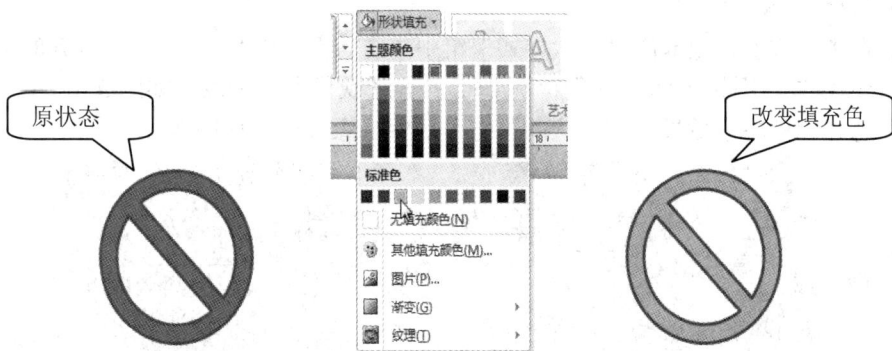

图 3-63　为形状填充颜色

(3) 如果要使用渐变色进行填充，可以在【渐变】子列表中选择一种预设的渐变效果，如图 3-64 所示。

(4) 如果要使用其他渐变色，则在子列表中选择【其他渐变】选项，打开【设置形状格式】对话框，这是一个综合设置对话框，可以设置填充、线条颜色、三维格式、阴影等特殊的效果，如图 3-65 所示。

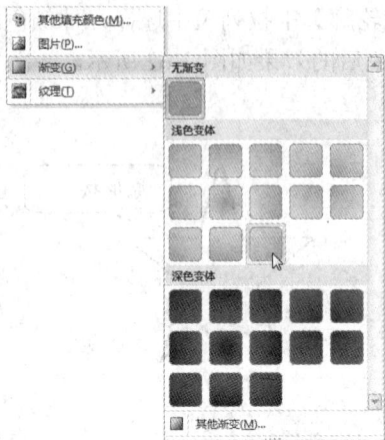

图 3-64　选择预设的渐变效果　　　　　　　图 3-65　【设置形状格式】对话框

(5) 在【设置形状格式】对话框中设置了一种填充效果后，单击 ▭确定▭ 按钮即可，如图 3-66 所示是同一形状的不同填充效果。

图 3-66　同一形状的不同填充效果

　　在 Word 中插入的大部分形状都可以设置形状效果，如阴影、发光、映像、柔化边缘、棱台等，从而使形状具有三维空间表现力。设置形状效果的具体操作步骤如下：

(1) 选择一个形状。

(2) 在【格式】选项卡的"形状样式"组中单击 ▭形状效果▼ 按钮，在打开的下拉列表中选择一种效果，例如选择【映像】，这时会打开【映像】子列表，如图 3-67 所示。

(3) 选择一种映像效果，则形状就具有了这种映像效果，如图 3-68 所示。

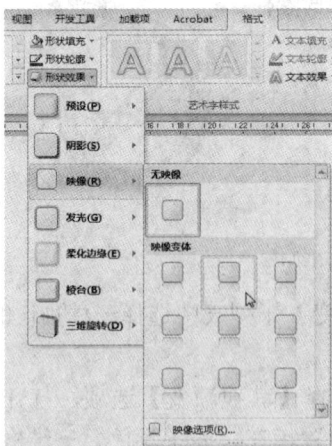

图 3-67　选择映像效果　　　　　　　　　图 3-68　应用了映射效果的形状

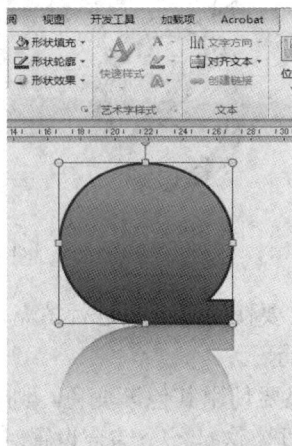

(4) 如果要对映像效果设置更多选项，则需要在【映像】子列表中选择【映像选项】
选项，这时将弹出【设置形状格式】对话框，在这里可以设置更多选项。

3.6.2　使用 SmartArt 图形

SmartArt 图形是信息与观点的视觉表达形式，它不需要太多的文字说明就可以直观地
表述出某种综合信息，例如组织结构图、工作流程图、关系图等，可以让用户快速、轻松、
有效地获取信息。

1. 插入 SmartArt 图形

使用 SmartArt 图形，可以简洁方便地表述某种关系，与文字描述相比，它更加直观、
更易于理解。如果要在 Word 文档中使用 SmartArt 图形，可以按如下步骤操作：

(1) 首先定位光标，然后在【插入】选项卡的"插图"组中单击 🖼️ 按钮。

(2) 打开【选择 SmartArt 图形】对话框，如图 3-69 所示。该对话框分为左、中、右三
列，左侧一列为 SmartArt 图形的类型，中间一列是子类型，右侧一列是选中的 SmartArt
图形的预览效果，根据需要选择 SmartArt 图形。

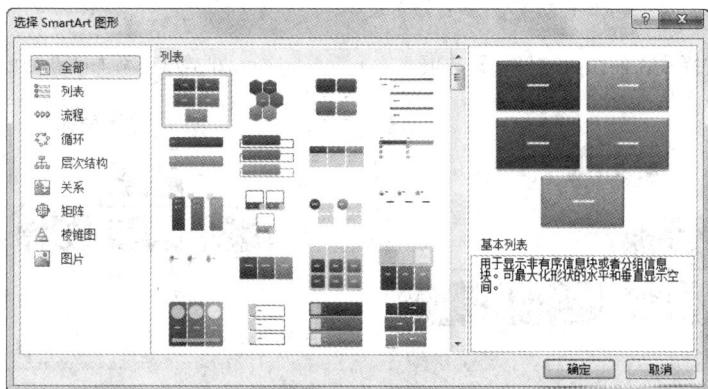

图 3-69　【选择 SmartArt 图形】对话框

(3) 单击 确定 按钮，则在文档中插入了 SmartArt 图形，如图 3-70 所示。

(4) 在图形中单击文本占位符，输入所需要的内容即可，如图 3-71 所示。

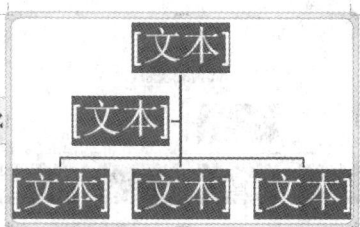

图 3-70　插入的 SmartArt 图形

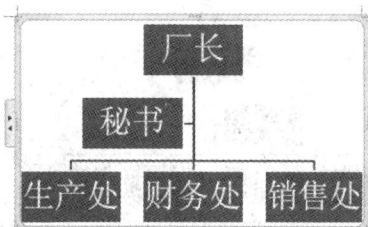

图 3-71　输入所需的内容

2. 修改 SmartArt 图形

在 Word 文档中插入 SmartArt 图形以后，可以对其结构与样式进行修改，从而得到自
己所需要的效果。

插入 SmartArt 图形以后，其默认的形状数目并不一定符合要求，可以根据需要自由添加，下面接着前面的 SmartArt 图形继续操作，具体步骤如下：

(1) 选择"财务处"形状，在【设计】选项卡的"创建图形"组中单击 添加形状 按钮，在打开的下拉列表中选择【在前面添加形状】选项，如图 3-72 所示。

(2) 在 SmartArt 图形中，"财务处"形状的前面会出现一个新的形状，如图 3-73 所示。

(3) 在新形状上单击鼠标右键，从弹出的快捷菜单中选择【编辑文字】命令，然后输入"设备处"，这样就完成了新形状的添加，如图 3-74 所示。

(4) 用同样的方法，选择"销售处"形状，然后在【添加形状】下拉列表中选择【在下方添加形状】选项，重复操作两次，结果如图 3-75 所示。

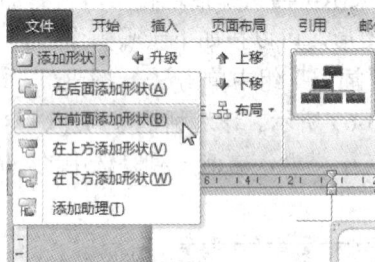

图 3-72　选择【在前面添加形状】选项

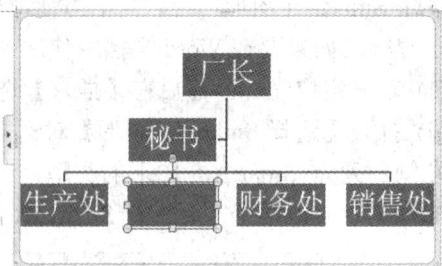

图 3-73　添加的新形状

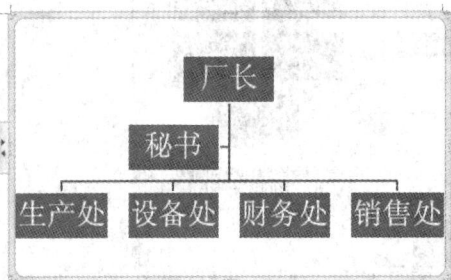

图 3-74　在新形状中输入文字

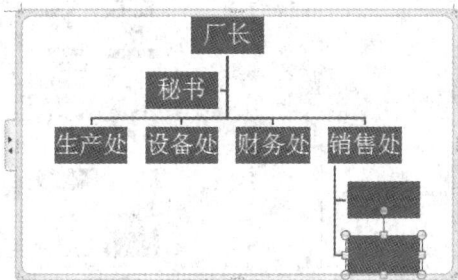

图 3-75　添加的新形状

(5) 重新选择"销售处"形状，在【设计】选项卡的"创建图形"组中单击 布局 按钮，在打开的下拉列表中选择【标准】选项，结果如图 3-76 所示。

(6) 参照前面的方法，输入文字，结果如图 3-77 所示。

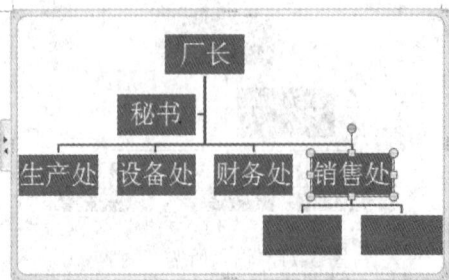

图 3-76　更改新形状的布局

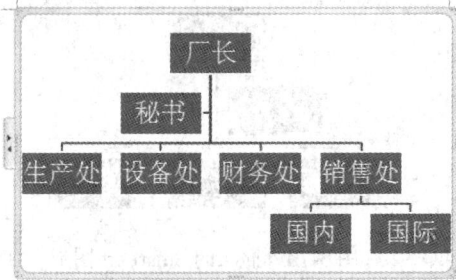

图 3-77　在新形状中输入文字

除了可以对 SmartArt 图形的结构进行更改以外，也可以更改其颜色或者使用系统提供的 SmartArt 样式，从而使 SmartArt 图形更加漂亮，具体操作步骤如下：

（1）选择 SmartArt 图形，在【设计】选项卡的"SmartArt 样式"组中单击 按钮，在打开的下拉列表中选择一种主题颜色即可，如图 3-78 所示。

（2）在【格式】选项卡的"SmartArt 样式"组中单击样式右下角的 按钮，在打开的下拉列表中选择要使用的样式即可，如图 3-79 所示。

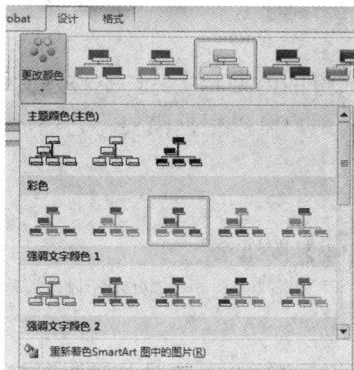

图 3-78　选择主题颜色

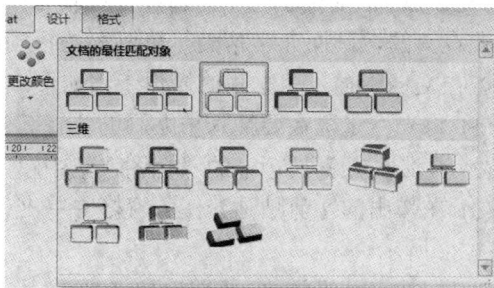

图 3-79　选择样式

小贴士

在 Word 中插入 SmartArt 图形后，还会出现【格式】选项卡，在这个选项卡中可以更改 SmartArt 图形中各个形状的格式，如形状的外形、样式、大小以及文字效果等。

3.6.3　插入艺术字

Word 中的艺术字虽然称为"字"，但是从本质上而言，它是一幅图片，它可以对文档起到一定的装饰作用。在文档中插入艺术字的操作步骤如下：

（1）将光标定位在要插入艺术字的位置。

（2）在【插入】选项卡的"文本"组中单击 按钮，在打开的下拉列表中选择一种艺术字的样式，如：第三行第二列的艺术字样式，如图 3-80 所示。

（3）这时文档编辑区中将出现艺术字占位符，提示输入艺术字，根据需要输入文字即可，然后可以设置字体、字号等选项，如图 3-81 所示。

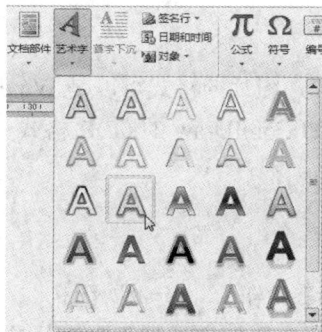

图 3-80　选择艺术字样式

图 3-81　输入艺术字并设置字体

插入艺术字以后，功能区中也会出现【格式】选项卡，通过该选项卡，可以更改艺术字的内容、样式、形状等，也可以设置颜色、阴影或三维效果等，具体操作可以参考形状对象的格式设置。

3.6.4　插入剪贴画

Word 2010 提供了一个剪辑库，剪辑库中提供了大量的剪贴画图片，这些图片都是经过专业设计的，画面非常精美，可以表达不同的主题，用户可以根据需要将它们插入到文档中。在文档中插入剪贴画的操作步骤如下：

(1) 将光标定位在要插入剪贴画的位置。

(2) 在【插入】选项卡的"插图"组中单击【剪贴画】按钮 ▥ 。

(3) 在弹出的【剪贴画】任务窗格中单击 搜索 按钮，将列出所有搜索到的各种图片，如图 3-82 所示。

(4) 在搜索结果中单击所需的剪贴画图片，剪贴画将自动插入到光标位置处，如图 3-83 所示。

图 3-82　搜索到的各种图片　　　　　　图 3-83　插入的剪贴画

3.6.5　插入图片

Word 2010 允许用户在文档中插入自己设计的图片，图片的格式可以是 Windows 的标准 BMP 位图，也可以是其他应用程序所创建的图片，如 CorelDraw 的 CDR 格式矢量图片、JPEG 压缩格式图片、TIFF 格式图片等。

在文档中插入图片的操作步骤如下：

(1) 将光标定位在要插入图片的位置。

(2) 在【插入】选项卡的"插图"组中单击【图片】按钮 ▥ ，弹出【插入图片】对话框，在左侧的结构列表中选择图片所在的位置，然后在右侧的文件列表中选择要插入的图片，如图 3-84 所示。

(3) 单击 插入(S) ▼ 按钮，即可在文档中插入指定的图片。

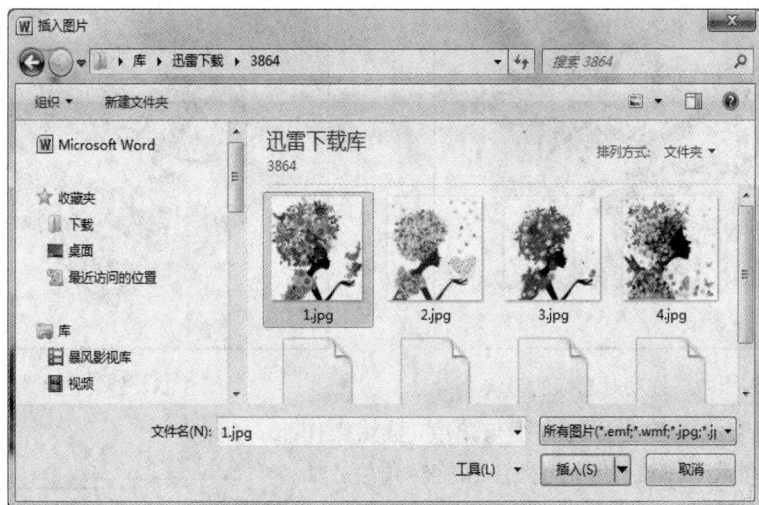

图 3-84　选择要插入的图片

3.6.6　修改剪贴画或图片

在文档中插入剪贴画或图片后，往往需要调整其大小、位置与形态，甚至有时还需要进行裁剪。在 Word 2010 中，双击插入的剪贴画或图片时，功能区中将出现【格式】选项卡，其中提供了各种编辑工具。

1．调整大小和角度

调整剪贴画或图片大小和角度的具体操作步骤如下：

(1) 选择要调整的剪贴画或图片，如图 3-85 所示，这时剪贴画或图片的四周将出现 8 个缩放控制点和一个旋转控制点。

(2) 将光标指向角端的控制点，当光标变为双向箭头时按住左键拖曳鼠标，可以改变剪贴画或图片的大小，如图 3-86 所示。

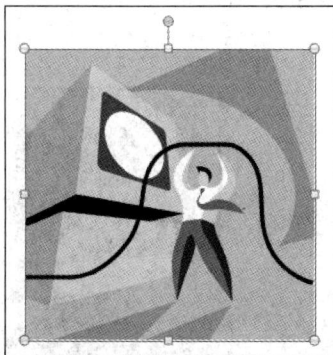

图 3-85　选择要调整的图片

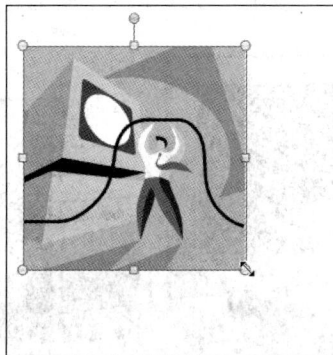

图 3-86　调整图片的大小

(3) 将光标指向旋转控制点，当光标变为 ↻ 形状时按住左键拖曳鼠标，如图 3-87 所示，当达到一定角度后释放鼠标，即可旋转剪贴画或图片，如图 3-88 所示。

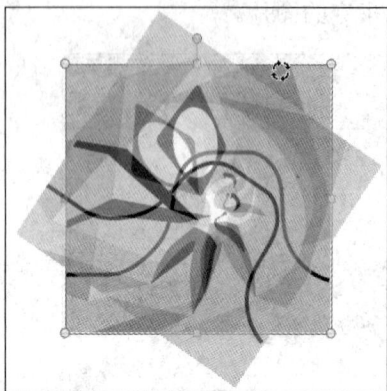

图 3-87　拖动时光标的形状

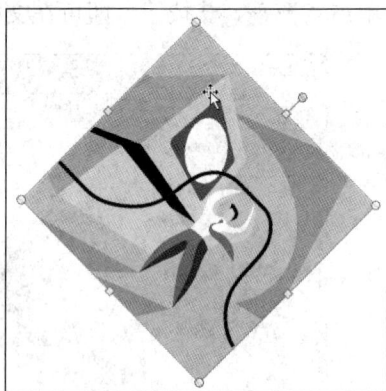

图 3-88　旋转图片

　　使用上述方法调整图片的大小与角度，虽然操作方便，但是不能精确控制图片的大小和旋转角度。如果要精确调整剪贴画或图片的大小，可以先选择要调整的剪贴画或图片，然后在【格式】选项卡的"大小"组中直接输入【高度】或【宽度】值，即可改变其大小，如图 3-89 所示，这两个值是锁定的，调整任意一个值，另一个值随之同步变化。

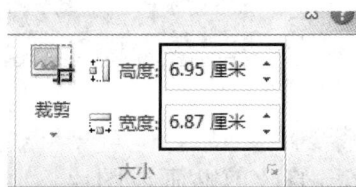

图 3-89　设置图片的大小

2. 裁剪图片

　　如果插入到文档中的剪贴画或图片过大，除了可以调整大小以外，还可以进行裁剪操作，使其更符合文档排版的需要。裁剪图片的操作步骤如下：

　　(1) 选择要裁剪的剪贴画或图片。

　　(2) 在【格式】选项卡的"大小"组中单击 按钮，则图片周围出现裁剪框，如图 3-90 所示。

　　(3) 将光标指向裁剪框的控制点上，按住左键拖曳鼠标，即可裁剪剪贴画或图片。通过拖动角端的控制点，可以同时在高度和宽度方向上进行裁剪；而通过拖动边缘上的控制点，则可以单独在高度或宽度方向上进行裁剪。如图 3-91 所示是裁剪后的图片效果。

图 3-90　图片周围出现裁剪框

图 3-91　裁剪后的图片效果

3. 旋转与翻转

插入到 Word 文档中的剪贴画或图片，可以进行简单的旋转与翻转操作，具体操作步骤如下：

(1) 选择要旋转与翻转的剪贴画或图片。

(2) 在【格式】选项卡的"排列"组中单击 旋转 按钮，在打开的下拉列表中选择相应选项，如图 3-92 所示。

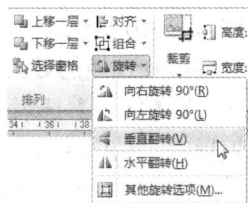

图 3-92　旋转下拉列表

(3) 选择一个选项后，马上就会得到图片的旋转或翻转效果。

4. 设置漂亮的样式

Word 2010 提供了非常漂亮的图片样式，应用它们可以制作出美观耐看的效果，完全不需要借助图形设计软件就可以完成，既实用又易用。

应用与修改图片样式的操作步骤如下：

(1) 选择要使用样式的剪贴画或图片。

(2) 在【格式】选项卡的"图片样式"组中单击右下角的 按钮，在打开的下拉列表中选择要使用的样式即可，如图 3-93 所示。

(3) 单击 图片边框 按钮，在打开的下拉列表中选择图片边框的颜色、粗细、线型，如图 3-94 所示。

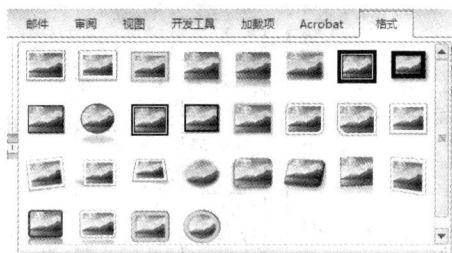

图 3-93　选择要使用的样式

(4) 单击 图片效果 按钮，在打开的下拉列表中可以为图片选择所需的视觉效果，如阴影、映像、发光、柔化边缘、三维旋转等，如图 3-95 所示。

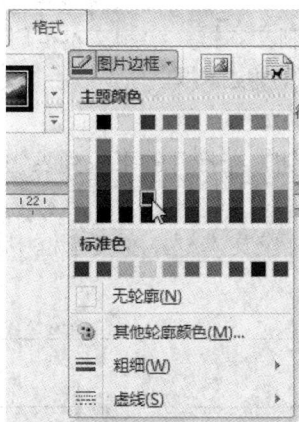

图 3-94　设置图片边框　　　　　图 3-95　选择图片效果

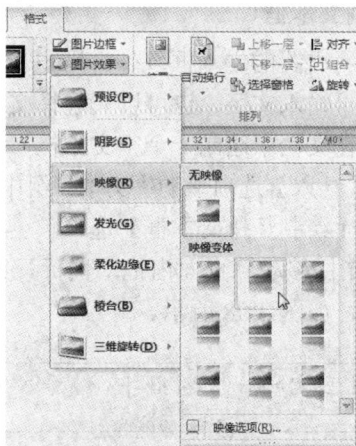

3.6.7　使用文本框

文本框是存放文本、图形的矩形容器。它本身也是一种图形对象，使用文本框可以实现更加灵活的排版方式。由于文本框本身可以看做是一种图形，所以插入文本框的方式与插入形状类似，并且可以像处理形状一样处理文本框。

1．插入内置文本框

Word 2010 提供了一些内置的文本框，它们是一些预置的版式，插入内置文本框以后，可以直接得到预期的效果，非常方便，具体操作步骤如下：

(1) 在【插入】选项卡的"文本"组中单击 按钮，在打开的下拉列表中选择需要的文本框样式，如图 3-96 所示。

(2) 选择了一种文本框样式以后，则页面出现该文本框，单击其中的文字，输入自己所需要的文字即可，如图 3-97 所示。

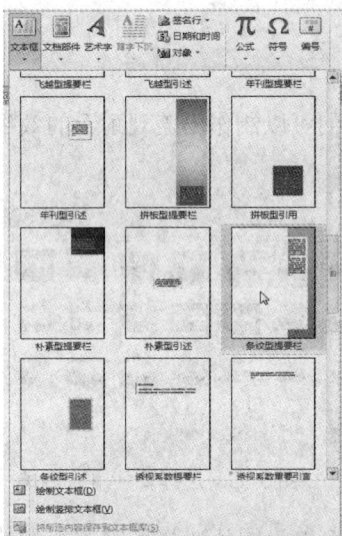

图 3-96　选择内置文本框样式

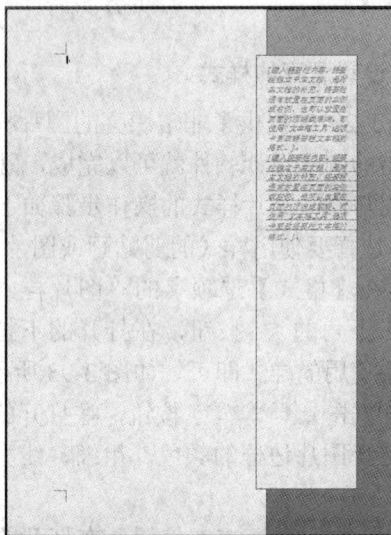

图 3-97　插入的文本框

2．绘制文本框

除了使用内置的文本框以外，用户也可以自行绘制文本框。绘制文本框时，既可以先绘制文本框再输入文字，也可以先选择文本，再为其添加文本框。

如果要在文档中绘制一个空文本框，具体操作步骤如下：

(1) 在【插入】选项卡的"文本"组中单击 按钮，在打开的下拉列表中选择【绘制文本框】或【绘制竖排文本框】选项。

(2) 将光标移动到页面内拖动鼠标，即可创建一个空文本框，在文本框中输入所需要的文字即可，如图 3-98 所示。

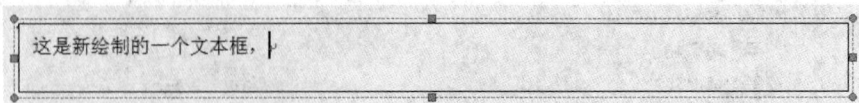

这是新绘制的一个文本框，

图 3-98　在空文本框中输入文字

如果要为已有的内容添加文本框，具体操作步骤如下：

(1) 选择要添加文本框的内容，如文字或图片。

(2) 在【插入】选项卡的"文本"组中单击 按钮，在打开的下拉列表中选择【绘制文本框】或【绘制竖排文本框】选项，则为选择的内容添加了文本框。

(3) 根据需要调整其大小与位置即可，如图 3-99 所示。

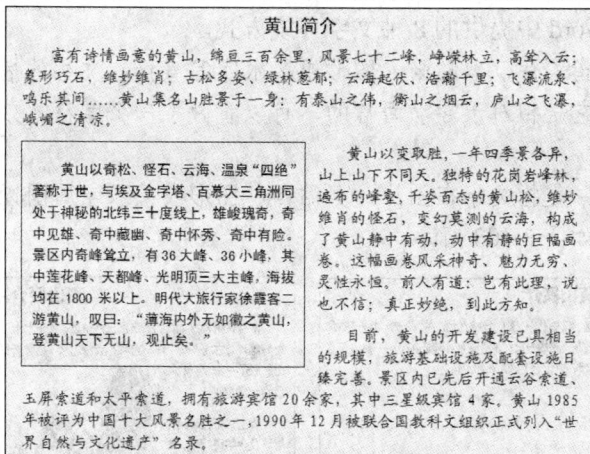

图 3-99　为文字添加文本框

插入到文档中的文本框，实际上就是一个小文档窗口，可以向其中输入文字，插入图片、表格、剪贴画等，并且可以对它们进行格式设置。由于文本框本身是一种图形对象，所以可以设置边框、填充颜色、阴影、三维效果、特殊的填充效果等，可以像形状或剪贴画一样进行设置，这里不再重复介绍。

3.6.8　设置图文混排方式

无论是形状、剪贴画、图片、文本框还是艺术字，插入到文档中之后都需要与文本内容混合排列，即"图文混排"。

图文混排的形式多种多样，如图片叠放在文字上方或下方、使文字环绕图片排列等。Word 2010 提供了 8 种文字环绕方式，分别是：嵌入型、四周型环绕、紧密型环绕、穿越型环绕、上下型环绕、衬于文字下方、浮于文字上方和编辑环绕顶点。

设置图文混排的操作步骤如下：

(1) 选择要图文混排的对象，如形状、剪贴画、图片、文本框或艺术字等。

(2) 在【格式】选项卡的"排列"组中单击 按钮，在打开的下拉列表中选择一种文字环绕方式，如图 3-100 所示。

(3) 这时，图形对象与文字之间就呈现出所选择的文字环绕效果，如图 3-101 所示。

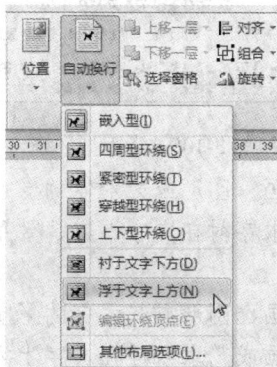

图 3-100　文字环绕方式

图 3-101　文字环绕效果

下面介绍一下 Word 中提供的 8 种文字环绕方式。

❖ 嵌入型：是指图片、剪贴画、图形或艺术字等直接在文档的插入点位置嵌入到文字中，它是相对于浮动而言的，可以看做是一个字符，效果如图 3-102 所示。

❖ 四周型环绕：是指文字在图片、剪贴画、图形或艺术字周围以方形边界环绕排列，效果如图 3-103 所示。

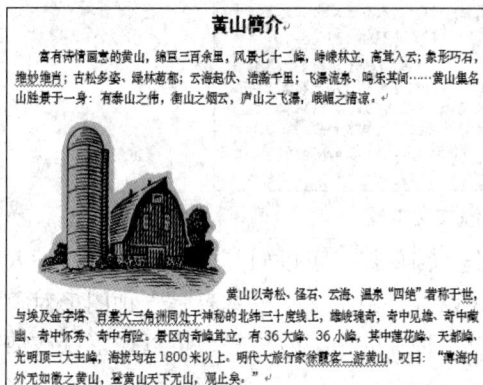

图 3-102　嵌入型

图 3-103　四周型环绕

❖ 紧密型环绕：是指文字在图片、剪贴画、图形或艺术字周围以紧密的方式环绕排列，尽可能地少留空白，沿着图形外轮廓进行排列，效果如图 3-104 所示。

❖ 穿越型环绕：与紧密型环绕类似，但是可以在开放式图形的内部环绕排列文字。

❖ 上下型环绕：当插入图片、剪贴画、图形或艺术字后，文字将排列在它们的上方或下方，左右两侧不出现文字，效果如图 3-105 所示。

图 3-104　紧密型环绕

图 3-105　上下型环绕

❖ 衬于文字下方：是指文字排列不受图片、剪贴画、图形或艺术字的影响，仍然以原来的方式排列，只是图片、剪贴画或艺术字衬在文字下方，效果如图 3-106 所示。

❖ 浮于文字上方：是指文字排列不受图片、剪贴画、图形或艺术字的影响，仍然以原来的方式排列，只是插入的图片、剪贴画或艺术字浮在文字上方，效果如图 3-107 所示。

图 3-106　衬于文字下方

图 3-107　浮于文字上方

❖ 编辑环绕顶点：这种排列方式的效果就是紧密型环绕，但是可以编辑顶点，从而有效地控制文字与图片、剪贴画、图形或艺术字之间的距离，效果如图 3-108 所示。

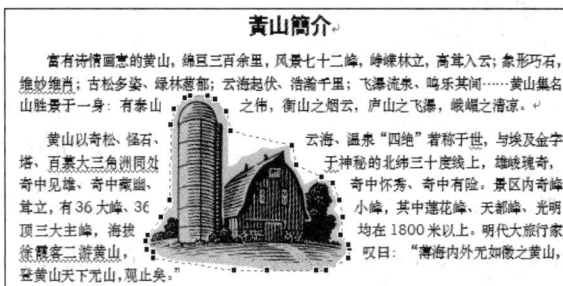
图 3-108　编辑环绕顶点

3.7　创建与编辑表格

表格是一种简洁而有效的数据表达方式，结构严谨、效果直观，一张表格往往可以代替很多文字描述。在日常生活中经常接触到表格，例如个人简历、课程表、财务报表等，Word 2010 具有一定的表格处理能力。

3.7.1　创建表格

表格的基本单元称为单元格，即表格中的一个矩形区域，一组水平排列的单元格称为一行，一组垂直排列的单元格称为一列。单元格是用来描述信息的，每个单元格中的信息称为一个项目，项目可以是文字、数据甚至是图形。

1．插入规则表格

如果要创建一个规则的表格，可以通过两种方法实现：一是使用【表格】插入表格列表；二是使用【插入表格】命令。

第一种方法的具体操作步骤如下：

(1) 将光标定位在要创建表格的文档中。

(2) 在【插入】选项卡的"表格"组中单击 按钮，在打开的下拉列表中移动鼠标，选择需要的行数和列数，如图 3-109 所示。

(3) 当达到所需要的行数和列数以后单击鼠标，则在光标位置处插入了表格。

第二种方法的具体操作步骤如下：

(1) 将光标定位在要创建表格的文档中。

(2) 在【插入】选项卡的"表格"组中单击 ▦ 按钮，在打开的下拉列表中选择【插入表格】选项。

(3) 在弹出的【插入表格】对话框中设置表格的【列数】和【行数】的值，如图 3-110 所示。

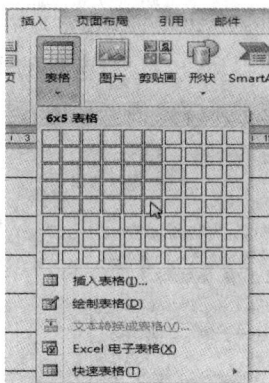

图 3-109 选择表格的行数和列数

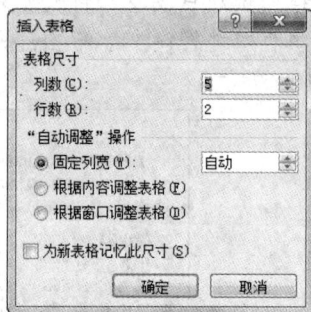

图 3-110 设置表格的行数和列数

(4) 单击 ▢确定▢ 按钮，即可以创建规则的表格。

2. 创建快速表格

Word 2010 提供了快速创建表格功能，它是一组预先设好格式的表格模板，表格模板包含示例数据、外观样式、字体格式等，可以帮助用户快速得到所需要的表格。

创建快速表格的具体操作步骤如下：

(1) 在【插入】选项卡的"表格"组中单击 ▦ 按钮，在打开的下拉列表中指向【快速表格】选项，则出现预置的表格模板列表。

(2) 在表格模板列表中单击需要的表格样式，即可创建一个相应外观的表格，如图 3-111 所示。

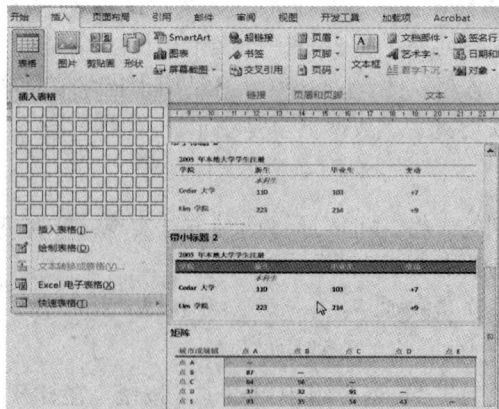

图 3-111 选择快速表格样式

3．绘制表格

在日常工作中，经常会接触到不规则的表格，例如个人简历表，对于这样的表格，往往都使用手工绘制的方法来创建，具体操作方法如下：

(1) 在【插入】选项卡的"表格"组中单击 ▦ 按钮，在打开的下拉列表中选择【绘制表格】选项，则光标变为铅笔状 ✐ 。

(2) 在页面中拖动鼠标，绘制表格的外边框，这时将自动弹出【设计】选项卡。

(3) 在外边框的内部继续水平或垂直拖动鼠标，绘制出表格的内部线条。

(4) 在绘制表格的过程中，对于多余的线条可以进行擦除。在【设计】选项卡的"绘图边框"组中单击 ▦ 按钮，这时光标变为橡皮状 ✐ 。

(5) 在要删除的线条上拖动鼠标，可以将多余的线条擦除，如图 3-112 所示。

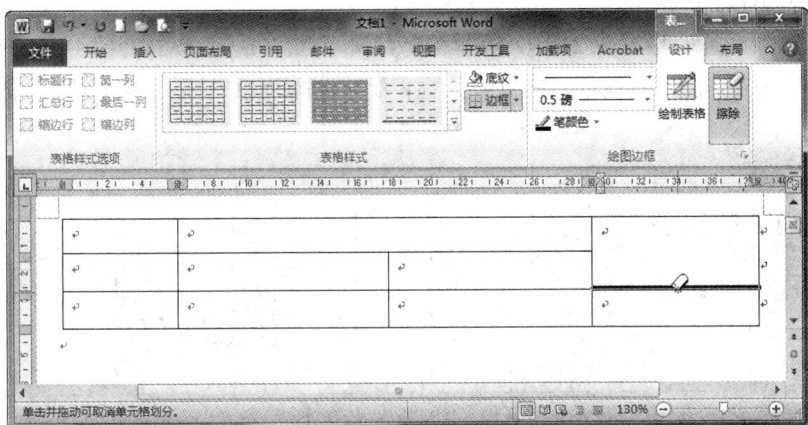

图 3-112　擦除多余的线条

(6) 按下 Esc 键，退出 ▦ 按钮的工作状态，这时将光标指向表格的线条，则光标变为双向箭头，按下鼠标左键进行拖动，可以调整表格的行高或列宽。

通过上面的几步主要操作(绘制、擦除、调整行高或列宽)，可以得到非常漂亮的不规则表格。

3.7.2　表格的基本操作

创建了表格后，可以对其进行修改。表格不同于文本，它的操作具有特殊性，例如，选择文本后按下 Delete 键可以删除文本，而选择表格部分后按下 Delete 键却不能删除表格，只能删除单元格中的内容。

1．选择单元格

要对表格中的单元格进行操作，首先需要选择单元格，而选择单元格的方法有多种，如选择单一的单元格、连续的单元格、全部单元格等。选择单元格的方法如下：

❖ 将光标指向单元格的左下角，当光标变为 ➶ 形状时单击鼠标，可以选择该单元格，如图 3-113 所示。

❖ 将光标定位在单元格中，按住鼠标左键拖动鼠标，可以选择一个连续的矩形单元格区域，如图 3-114 所示。

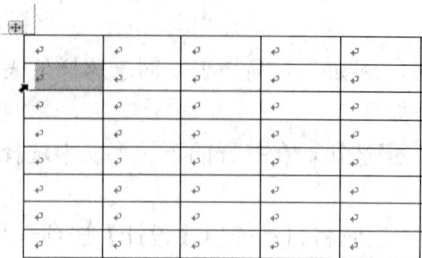

图 3-113　选择一个单元格　　　　　　　图 3-114　选择多个单元格

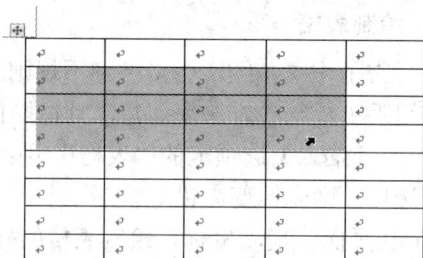

❖ 将光标指向表格左侧的选定栏上，光标将变为 形状，这时单击鼠标，可以选择一行单元格；按住左键上、下拖动鼠标，可以选择连续的多行单元格，如图 3-115 所示。

❖ 将光标指向表格的最上方，光标将变为 ↓ 形状，这时单击鼠标，可以选择一列单元格；按住左键左、右拖动鼠标，可以选择连续的多列单元格，如图 3-116 所示。

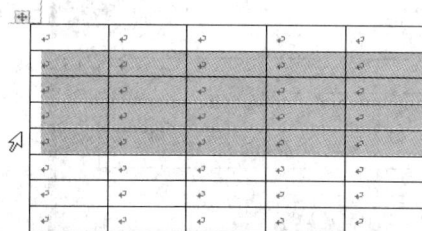

图 3-115　选择多行单元格　　　　　　　图 3-116　选择多列单元格

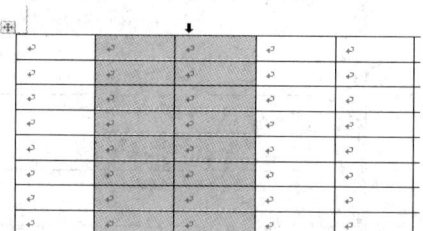

❖ 将光标指向表格，或者在表格中定位光标，这时表格的左上角将出现一个位置句柄，单击位置句柄可以选择整个表格，如图 3-117 所示。

❖ 在表格中定位光标，切换到【布局】选项卡，在"表"组中单击 按钮，在打开的下拉列表中选择所需的选项，可以选择表格，光标所在的行、列或单元格，如图 3-118 所示。

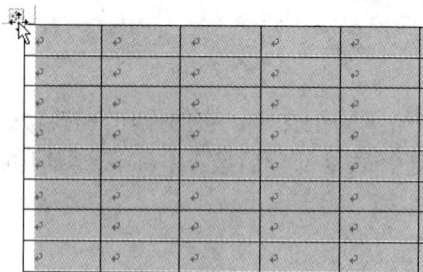

图 3-117　选择整个表格　　　　　　　图 3-118　【选择】下拉列表

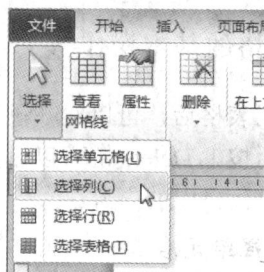

2．插入单元格、行或列

制作一个较为复杂的表格时，用户不可能一次性地完成整个表格的绘制工作。当现有的表格不能满足需要时，可以通过在表格中插入行、列、单元格或表格等方式完成复杂表格的设计。

在表格中插入单元格的操作步骤如下：

(1) 将光标定位在要插入单元格的位置。如果要插入多个单元格，应选择相同数目的单元格。

(2) 在【布局】选项卡中单击"行和列"组右下角的 ，在弹出的【插入单元格】对话框中根据需要选择一项，然后单击 确定 按钮，如图 3-119 所示。

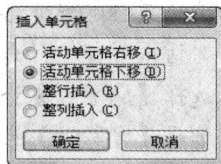

图 3-119　【插入单元格】对话框

- ❖ 活动单元格右移：将在所选单元格的左侧插入单元格，其所在行的右侧的单元格均向右移。
- ❖ 活动单元格下移：将在所选单元格的上面插入单元格，并将现有单元格下移，表格底部会添加新行。
- ❖ 整行插入：将在所选单元格的上面插入一空行。
- ❖ 整列插入：将在所选单元格的左侧插入一空列。

如果要在表格的中间位置插入行或列，操作步骤如下：

(1) 将光标定位在要插入行或列的位置，如果要插入多行或多列，应选择相应数目的行或列。

(2) 在【布局】选项卡的"行和列"组中单击相应的按钮，如图 3-120 所示，即可在相应的位置插入行或列。

图 3-120　插入行和列的相应的按钮

小贴士

如果要在表格的末尾插入行，可以将光标定位在表格右下角的单元格中，按下 Tab 键，即可在表格的末尾插入一行。

3．删除单元格、行或列

制作表格时，用户也可以删除表格中的单元格、行、列或删除整个表格，还可以只删除单元格中的内容。删除单元格、行或列的操作步骤如下：

(1) 选择要删除的单元格、行或列。

(2) 在【布局】选项卡的"行和列"组中单击 按钮，在打开的下拉列表中选择相应的选项即可，如图 3-121 所示。

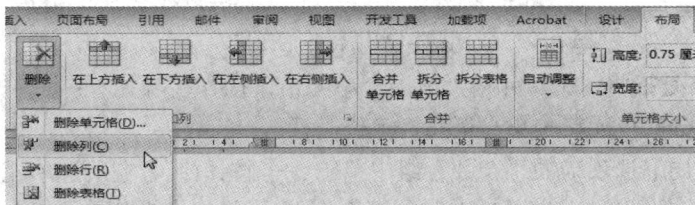

图 3-121　【删除】下拉列表

❖ 选择【删除单元格】选项，将弹出【删除单元格】对话框，与【插入单元格】
对话框类似，只是操作相反。

❖ 选择【删除列】选项，将删除所选单元格所在的列。

❖ 选择【删除行】选项，将删除所选单元格所在的行。

❖ 选择【删除表格】选项，将删除整个表格。

如果用户只想删除表格内容而不影响表格本身，可以在选择单元格、行或列后按下键
盘上的 Delete 键。

4. 调整行高和列宽

通常情况下，用户可以使用鼠标调整行高和列宽，方法是将光标指向要修改的行或列
的边框，当光标变成双向箭头时按住左键拖动鼠标，可以自由地调整行高和列宽。如果需
要精确地设置行高和列宽，可以按如下步骤操作：

(1) 选择要调整高度或宽度的行或列。

(2) 在【布局】选项卡的"单元格大小"组中直接输入【高度】或【宽度】的值即可，
如图 3-122 所示。

图 3-122 精确设置行高和列宽

5. 合并与拆分单元格

在实际工作中，用户使用最多的是不规则表格。这种不规则的表格可以通过对规则的
表格进行修改后获得。通过合并与拆分单元格，可以帮助用户快速修改表格。合并单元格
是指将多个连续的单元格合并为一个单元格，操作步骤如下：

(1) 选择要合并的多个连续单元格。

(2) 在【布局】选项卡的"合并"组中单击 ▦ 按钮(或者在所选单元格上单击鼠标右
键，从弹出的快捷菜单中选择【合并单元格】命令)，则所选的单元格被合并为一个单元格，
如图 3-123 所示。

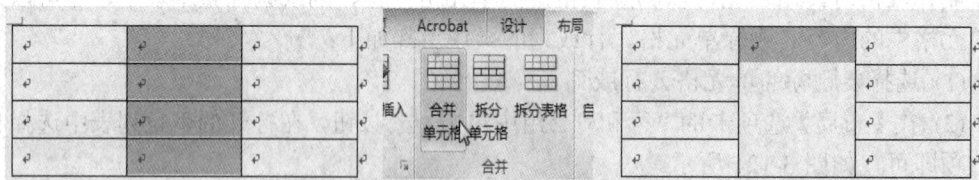

图 3-123 合并单元格

拆分单元格是指将一个单元格拆成多个单元格，操作步骤如下：

(1) 在要拆分的单元格中单击鼠标，定位光标。

(2) 在【布局】选项卡的"合并"组中单击 ▦ 按钮(或者在所选单元格上单击鼠标右
键，从弹出的快捷菜单中选择【拆分单元格】命令)，弹出【拆分单元格】对话框，在对话
框中设置要拆分的行数或列数。

(3) 单击 **确定** 按钮，即可拆分单元格，如图 3-124 所示。

图 3-124　拆分单元格

3.7.3　设置表格属性

Word 2010 中提供了【表格属性】对话框，这是一个综合设置表格参数的工作区域，其中包含表格的对齐方式、文字环绕、行与列的属性、单元格的大小与对齐等，在这个对话框中可以完成一系列的设置。

如果要对表格的属性进行设置，可以按照如下步骤操作：

(1) 将光标定位在表格的任意位置处。

(2) 在【布局】选项卡的"表"组中单击 **按钮**，打开【表格属性】对话框，在【表格】选项卡中可以设置表格的属性，如表格宽度、表格与文字的对齐方式、文字是否环绕表格等，如图 3-125 所示。

(3) 切换到【行】选项卡，在这里可以设置行高、是否允许跨页断行等。设置行高时，通过单击 **上一行(P)** 按钮或 **下一行(N)** 按钮来确定目标行，如图 3-126 所示。

图 3-125　设置表格属性

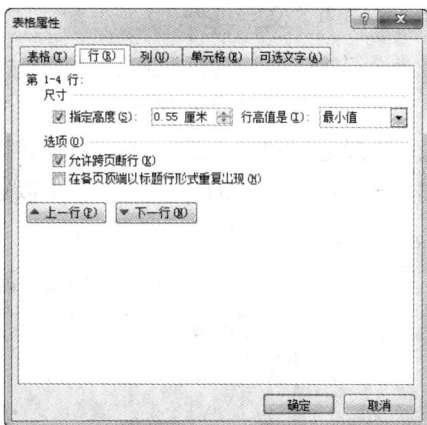

图 3-126　设置行属性

(4) 切换到【列】选项卡，在这里可以设置列宽，通过单击 **前一列(P)** 按钮或 **后一列(N)** 按钮来确定目标列，如图 3-127 所示。

(5) 切换到【单元格】选项卡，可以设置单元格的宽度、单元格内的文字在垂直方向上的对齐方式，如图 3-128 所示。

(6) 单击 **确定** 按钮，即可完成表格属性的设置。通过这个对话框可以一次完成多种设置，适合对 Word 比较熟练的用户使用。另外，在【可选文字】选项卡中可以设置表格的标题与说明文字，这些文字主要是针对网络而言的，当 Web 浏览器在加载表格的过程中或表格丢失时显示这些文字。

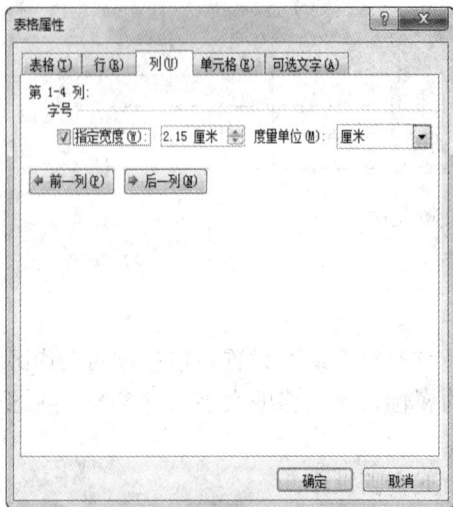

图 3-127　设置列属性　　　　　　　　　　图 3-128　设置单元格属性

3.7.4　美化表格

编辑完表格之后，用户还需要对其进行美化，其中包括表格中文字的对齐方式、表格边框的处理、底纹的添加等。如果运用得当，会使表格更加规范、更加美观。

1. 表格中的文字处理

绘制完表格以后，就可以向表格中输入文字了，具体操作步骤如下：

(1) 单击要输入文字的单元格，定位光标。

(2) 选择适当的输入法，输入文字即可。

(3) 一个单元格中的内容输入完毕以后，按下键盘上的 ↑、↓、←、→ 键可以跳到相邻的单元格中进行输入，如图 3-129 所示为输入文字后的表格效果。

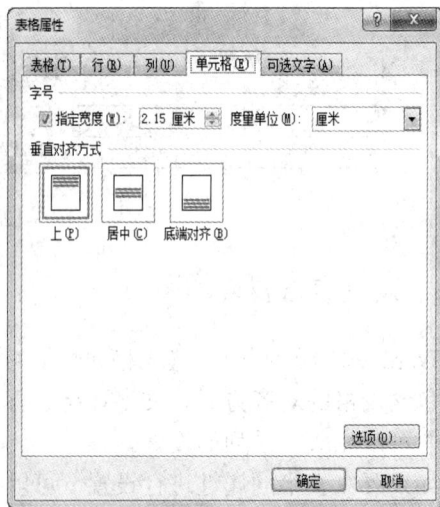

图 3-129　输入文字后的表格效果

输入文字时，如果单元格窄而高，而文字比较多，可以将文字竖排，以达到美观效果。例如图 3-129 中左侧单元格中的文字，竖排效果更理想。更改文字方向的操作步骤如下：

(1) 选择要更改文字方向的单元格。

(2) 在【布局】选项卡的"对齐方式"组中单击 按钮，即可切换文字方向，如图 3-130 所示。反复单击该按钮，可以在横向文字与纵向文字之间循环切换。

图 3-130 竖排文字效果

输入到单元格中的文字，还可以进行不同方式的对齐操作，共有 9 种对齐方式，具体操作步骤如下：

(1) 选择要进行对齐的一个或多个单元格。

(2) 在【布局】选项卡的"对齐方式"组中单击不同的对齐按钮即可，如图 3-131 所示是设置不同对齐方式后的表格效果。

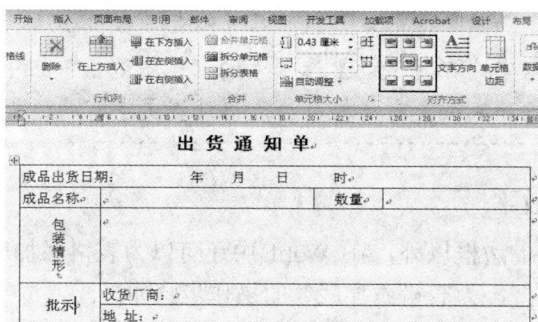

图 3-131 设置不同对齐方式后的表格效果

2．美化表格边框

边框是格式化表格的重要内容，默认情况下，表格边框是一条细线。为了使表格更加美观，可以为表格设置不同的边框。设置表格边框的操作步骤如下：

(1) 选择要添加边框的表格或单元格。

(2) 在【设计】选项卡的"绘图边框"组中依次设置"笔样式""笔划粗细"和"笔颜色"选项，如图 3-132 所示。

(3) 在【设计】选项卡的"表格样式"组中单击 边框 按钮右侧的小箭头，在打开的下拉列表中选择边框线的位置，如图 3-133 所示。

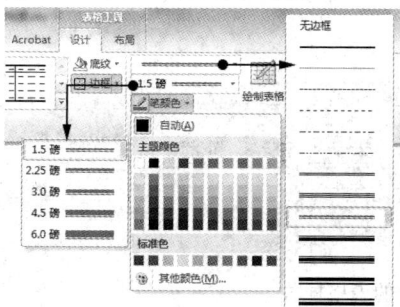

图 3-132 设置边框样式

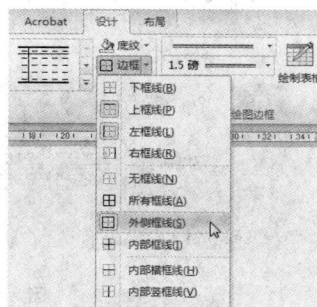

图 3-133 选择边框线的位置

在预置的 12 种表格边框样式中，要理解每一种样式所代表的含义，它们都是针对选择的单元格而言的，每一种样式都有一个代表性的按钮，按钮中的虚线位置表示无框线，实线位置表示添加框线。如图 3-134 所示为修改表格边框线后的效果。

出 货 通 知 单

成品出货日期：	年　　月　　日　　　　时		
成品名称：		数量	
包装情形			
批示	收货厂商：		
	地址：		

图 3-134　修改表格边框线后的效果

> **小贴士**
>
> 将光标置于表格中，在【设计】选项卡的"绘图边框"组中单击右下角的▣按钮，可以打开【边框和底纹】对话框，为表格设置更丰富的边框和底纹效果。

3．为表格添加底纹

除了可以修改表格的边框以外，在 Word 中还可以为表格添加底纹，从而使表格更加富有层次，视觉效果更好。为表格添加底纹的操作步骤如下：

(1) 选择要添加底纹的表格或单元格。

(2) 在【设计】选项卡的"表格样式"组中单击 ▥底纹▾ 按钮右侧的小箭头，在打开的下拉列表中选择一种颜色即可。

4．自动套用格式

自动套用格式是指套用一些预先设置好的表格样式，在这些表格格式中，系统预先设置了一套完整的字体、边框、底纹等样式。使用自动套用格式可以快速地完成表格格式的设置，不但节省时间，而且表格更加美观、大方。

设置自动套用格式的操作步骤如下：

(1) 选择要设置的表格，或者将光标定位在表格中的任意位置处。

(2) 在【设计】选项卡的"表格样式"组中单击所需要的预置表格样式即可，如图 3-135 所示。

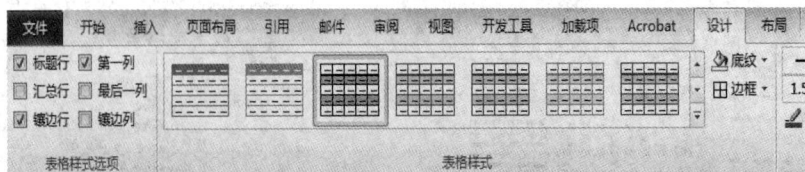

图 3-135　选择预置的表格样式

(3) 选择预置的表格样式以后，则表格自动套用了该样式，如图 3-136 所示。

出 货 通 知 单

成品出货日期:		年　　月　　日　　时		
成品名称			数量	
包装情形				
批示	收货厂商:			
	地址:			

图 3-136　套用了表格样式后的效果

3.8　文档的高级排版

Word 是一款具有卓越功能的办公软件,使用它不仅可以完成一般的办公文件处理、文稿编辑、表格制作、排版与图文混排等工作,在处理长篇文档、专业排版,甚至完成杂志、报刊版式的编排方面,也一样可以轻松应对。本章介绍的高级编排技术可以最大限度地发挥 Word 在排版方面的性能。

3.8.1　创建特殊的文本效果

文本起着传递信息的作用,一篇文档的核心内容就是文本。但是当构成版面时,文本又可以作为设计元素,让它在传递信息的同时还能够起到美化版面的作用。例如,我们看杂志时经常可以发现一些特殊的文本效果,如首字下沉、纵横混排、拼音、双行合一等,而这些效果在 Word 中可以轻松实现。

1.设置首字下沉

首字下沉是杂志上经常可以看到的文字修饰方式,即文章开头的第一个字格外大,非常醒目,突出了文章的段落内容。

在 Word 2010 中为段落设置首字下沉效果的操作步骤如下:

(1) 将光标定位在要设置首字下沉的段落中。

(2) 在【插入】选项卡的"文本"组中单击 按钮,在打开的下拉列表中选择所需的下沉样式,如图 3-137 所示。

(3) 选择了一种下沉样式以后,文字立即显示首字下沉效果,默认显示下沉 3 行,如图 3-138 所示。

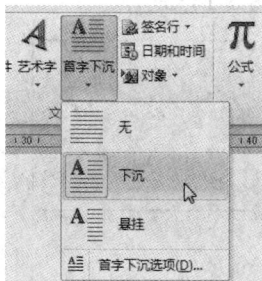

图 3-137　选择下沉样式　　　　　　　　图 3-138　首字下沉效果

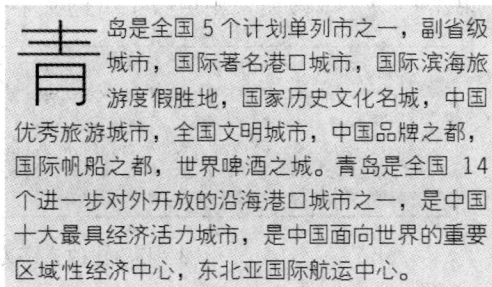

(4) 如果要自由控制首字的下沉效果,则在打开的下拉列表中选择【首字下沉选项】

选项，这时将弹出【首字下沉】对话框，在这里可以选择下沉位置、下沉行数、距正文的距离等，如图 3-139 所示。

(5) 单击 ▢确定 按钮，则完成首字下沉的设置，如图 3-140 所示。

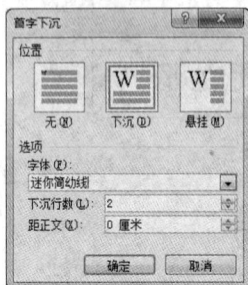

图 3-139 【首字下沉】对话框

图 3-140 首字下沉 2 行的效果

2. 改变文字方向

通常情况下，文档中的文字是以水平方式排列的。有时为了工作的需要，可能要将某些段落文字或整篇文档的文字设置为垂直方式排列。改变文字方向的操作步骤如下：

(1) 选择要改变方向的文本。

(2) 在【页面布局】选项卡的"页面设置"组中单击 ▥ 按钮，在打开的下拉列表中可以直接选择文字的排列方向，如图 3-141 所示。

(3) 如果列表中的文字方向不符合要求，可以选择【文字方向选项】选项，在打开的【文字方向】对话框中设置文字的方向，如图 3-142 所示。

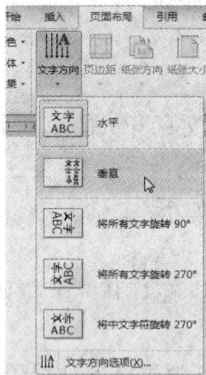

图 3-141 选择文字排列方向

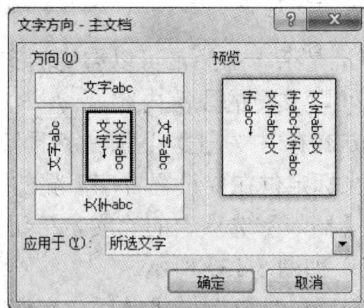

图 3-142 【文字方向】对话框

(4) 单击 ▢确定 按钮，则更改了所选文字的方向，如图 3-143 所示。

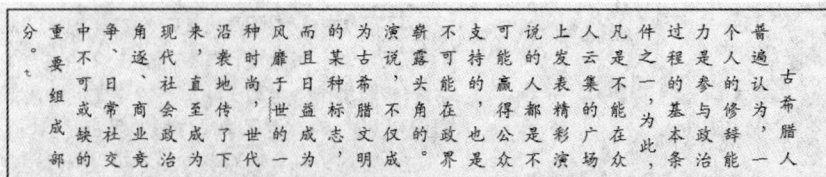

图 3-143 更改文字方向后的效果

3. 设置拼音指南

编辑文档时，特别是编辑儿童读物时，往往需要对文字进行注音，使用 Word 2010 提供的拼音指南功能可以轻松地完成任务，而且所添加的拼音位于文字的上方，还可以设置拼音的对齐方式。为文字添加拼音的操作步骤如下：

(1) 选择要添加拼音的文字。

(2) 在【开始】选项卡的"字体"组中单击 按钮，在打开的【拼音指南】对话框中自动生成了拼音，设置拼音的参数即可，如图 3-144 所示。

(3) 单击 确定 按钮，即可为选择的文字注上拼音，如图 3-145 所示。

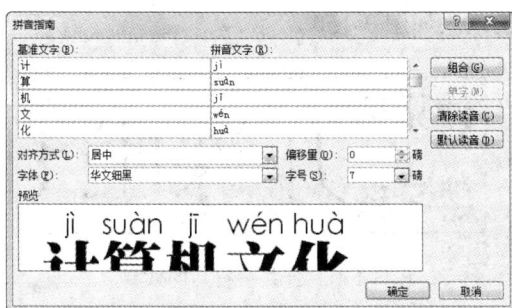

图 3-144 【拼音指南】对话框

图 3-145 为文字添加了拼音

4. 设置纵横混排

纵横混排是指在一行中既有纵向排列的文字，又有横向排列的文字，但是纵向文字的高度被局限在行高之内。在文档中设置纵横混排的具体操作步骤如下：

(1) 选择要纵向排列的文字，如选择文字"视觉"。

(2) 在【开始】选项卡的"段落"组中单击 按钮，在打开的下拉列表中选择【纵横混排】选项，如图 3-146 所示。

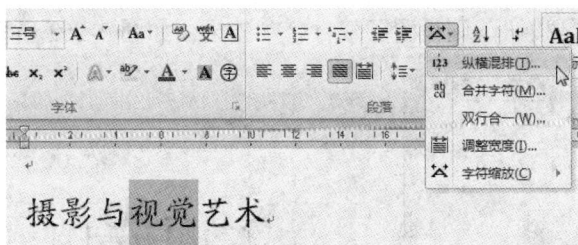

图 3-146 选择【纵横混排】选项

(3) 在打开的【纵横混排】对话框中勾选【适应行宽】选项，如图 3-147 所示。

(4) 单击 确定 按钮，所选文字将实现纵横混排。另外单个文字也可以实现纵横混排，如图 3-148 所示是纵横混排的文本效果。

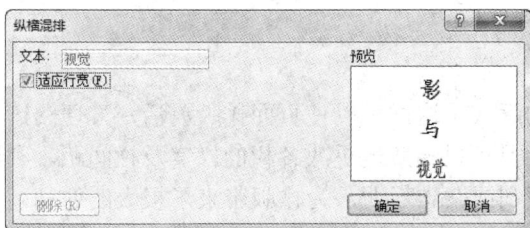

图 3-147 【纵横混排】对话框

图 3-148 纵横混排的文本效果

5. 设置合并字符

合并字符功能可以将最多 6 个文字合并到一起，所选的文字排列成上、下两行，用户可以设置合并字符的字体、字号。设置合并字符的操作步骤如下：

(1) 选择要合并字符的文字，如"计算机学习班"。

(2) 在【开始】选项卡的"段落"组中单击 ✖️▾ 按钮，在打开的下拉列表中选择【合并字符】选项，则弹出【合并字符】对话框，设置字体、字号，如图 3-149 所示。

(3) 单击 确定 按钮，则合并字符后的效果如图 3-150 所示。

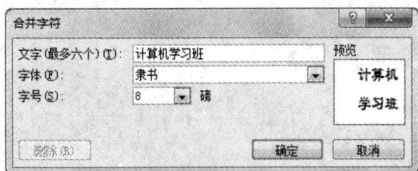

图 3-149　【合并字符】对话框　　　　　　　图 3-150　合并字符后的效果

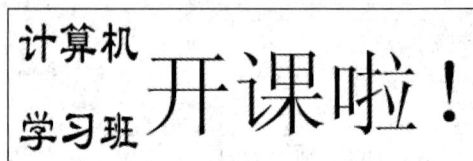

6. 设置双行合一

设置双行合一后，可以使同一行的文本平均分为两部分，前一部分排列在后一部分的上方，当两部分的字数不等时，呈两边对齐的状态，并且还可以为双行合一的文本添加不同类型的括号。设置双行合一的具体操作步骤如下：

(1) 选择要设置的文字，如选择"西安电子科技大学出版社"。

(2) 在【开始】选项卡的"段落"组中单击 ✖️▾ 按钮，在打开的下拉列表中选择【双行合一】选项，弹出【双行合一】对话框，选择【带括号】选项，在【括号样式】下拉列表中选择括号的样式，如图 3-151 所示。

(3) 单击 确定 按钮，则设置了双行合一效果，如图 3-152 所示。

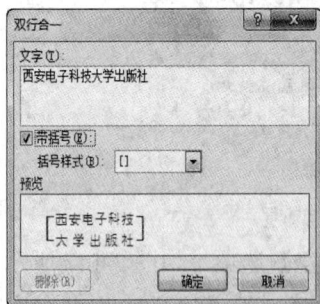

图 3-151　【双行合一】对话框　　　　　　　图 3-152　双行合一文字效果

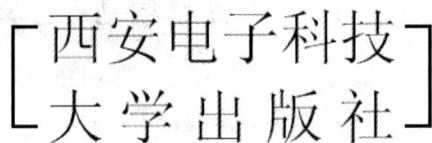

3.8.2　分栏排版

在报纸或杂志中，页面一般采用分栏的版式，这样可以使页面排版灵活，方便阅读。Word 2010 提供了任意栏数的分栏功能，并且可以随意地更改各栏的栏宽及栏间距。利用分栏功能可以排出版式各异、美观大方的报刊或杂志版面，为排版带来了极大的便利。设置分栏的具体操作步骤如下：

(1) 选择要选择分栏的文档内容，如果要将整个文档分栏，则全部选择(注意所选文字中不能包含最后一段结尾处的回车符)。

(2) 在【页面布局】选项卡的"页面设置"组中单击 ▦ 按钮,在打开的下拉列表中选择一种分栏版式,如图 3-153 所示,则选择的文本会以相应的栏数进行分栏,结果如图 3-154 所示。

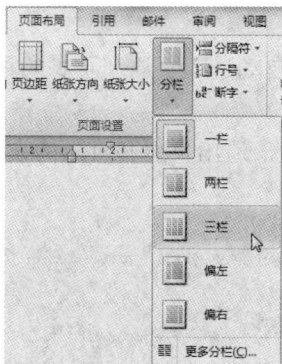

图 3-153　选择预设分栏版式

图 3-154　分栏效果

(3) 如果要进行更详细的分栏设置,则在列表中选择【更多分栏】选项,在打开的【分栏】对话框中进行设置,如图 3-155 所示。

(4) 单击 确定 按钮,则得到的分栏效果如图 3-156 所示。

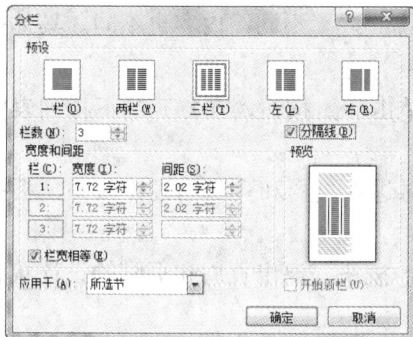

图 3-155　【分栏】对话框

图 3-156　分栏效果

在【分栏】对话框中,各组参数的作用如下:

❖ 预设:该选项组用于选择要分栏的数目,如"三栏"。

❖ 栏数:用于自定义栏数。

❖ 分隔线:选择该选项,则在分栏间添加竖线。

❖ 宽度和间距:该选项组用于设置每栏的宽度和栏间距。

❖ 栏宽相等:选择该选项,则分栏后的栏宽相等,不选择该选项,则用户可以自由设定栏宽。

3.8.3　设置页眉和页脚

为一篇文档添加页眉和页脚,可以使版面更加新颖。页眉出现在每页的顶端,页脚出现在每页的底端。在页眉和页脚中可以插入图形、页码、日期、公司徽标、文档标题、作者姓名等。

1．插入页眉

插入页眉的操作步骤如下：

(1) 在【插入】选项卡的"页眉和页脚"组中单击 按钮，在打开的下拉列表中选择一种页眉样式，如图 3-157 所示。

(2) 所选样式的页眉将添加到页面的顶端，同时文档自动进入页眉和页脚的设计状态，单击占位符并输入页眉内容，如图 3-158 所示。

(3) 在页眉和页脚的【设计】选项卡中单击 按钮，退出页眉和页脚的设计状态，即完成页眉的设置。

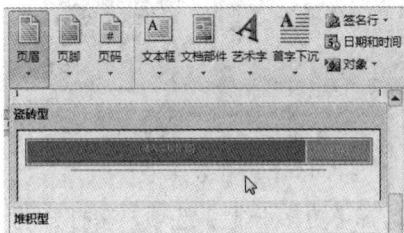

图 3-157　选择页眉样式 图 3-158　输入页眉内容

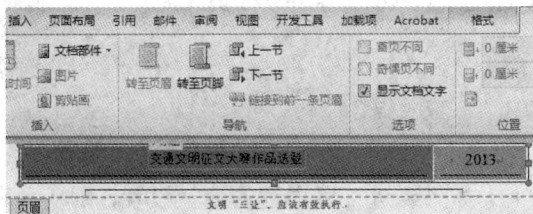

2．插入页脚

插入页脚与插入页眉的操作完全一致，只是出现的位置不同，内容也不同，具体操作步骤如下：

(1) 在【插入】选项卡的"页眉和页脚"组中单击 按钮，在打开的下拉列表中选择一种页脚样式。

(2) 所选样式的页脚将添加到页面的底端，同时进入页眉和页脚的设计状态，根据需要设置页脚内容即可。

(3) 在页眉和页脚的【设计】选项卡中单击 按钮，退出页眉和页脚的设计状态，即完成页脚的设置。

小贴士

设置页眉和页脚时，用户可以自行编辑，参考编辑文档的方法对其进行对齐、字体、大小等格式设置，还可以插入符号、图片等。另外，设置了页眉和页脚后，如果需要对其进行修改，可以双击页眉和页脚区，将其激活后进行修改。

3．奇偶页不同的页眉和页脚

用前面介绍的方法设置了页眉和页脚后，文档中所有页的页眉和页脚都相同。在实际工作中，如果需要为文档的首页、奇偶页设置不同的页眉和页脚，可以按如下步骤进行操作：

(1) 在【插入】选项卡的"页眉和页脚"组中单击 按钮，在打开的下拉列表中选择【编辑页眉】选项，进入页眉和页脚的设计状态。

(2) 在页眉和页脚的【设计】选项卡中勾选"选项"组中的【首页不同】或【奇偶页不同】选项，如图 3-159 所示。

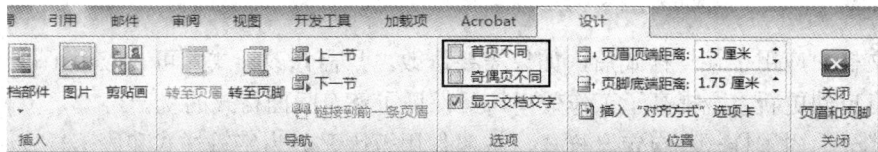

图 3-159　勾选选项

(3) 分别设置首页页眉和页脚、奇数页页眉和页脚、偶数页页眉和页脚，最后单击 ⊠ 按钮，退出页眉和页脚的设计状态即可。

3.8.4　编制文档目录

一般情况下，出版物中都有一个目录，目录中包含书刊中的章、节、页码等信息，为用户浏览、查阅书刊内容提供了方便。

文档目录是文档中标题的列表，通过目录可以浏览文档中讨论了哪些主题。利用 Word 中的菜单命令可以自动创建文档目录，文档中的目录都以超链接的形式显示，用户只需单击目录中的标题，即可跳转到文档中相应的位置。

编制文档目录的具体步骤如下：

(1) 将光标定位到要插入目录的位置。

(2) 在【引用】选项卡的"目录"组中单击 ▦ 按钮，在打开的下拉列表中选择一种目录格式，如图 3-160 所示，则在指定的位置生成目录，结果如图 3-161 所示。

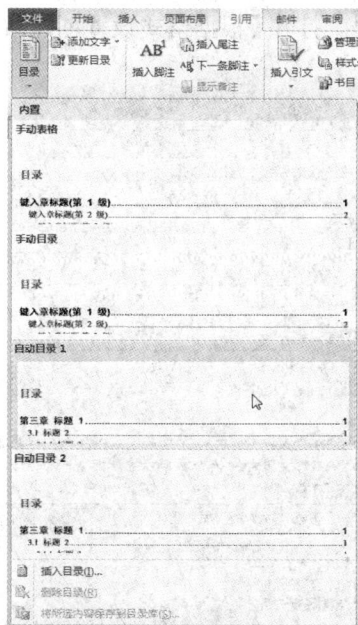

图 3-160　选择目录格式

图 3-161　生成的目录

3.8.5　使用样式

所谓样式，就是由多个格式编排命令组合而成的集合，一个样式可以由字号、字体、段落的对齐方式以及边框、底纹等格式组合而成，也可以用于文档中的一个标题、段落或某一部分。

当文档中应用了某一样式后，如果需要修改，只需修改样式即可，应用了该样式的所有内容将自动更新，既提高了工作效率，又保证了整个版面格式的统一。

样式分为内置样式和自定义样式。按照作用范围又分为字符样式和段落样式。字符样式只限于字体、字号、文本颜色等格式的设置，它可以作用于文档中的任意位置；段落样式对整个段落起作用，不仅可以设置字符格式，还可以设置段落格式，如对齐、缩进、段间距等。当创建一个新文档时，其中包含了许多内置样式，在【开始】选项卡的"样式"组中可以看到，如图 3-162 所示。

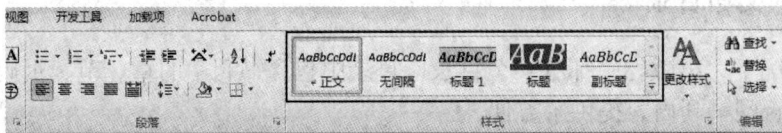

图 3-162 "样式"组中的内置样式

1. 创建自己的样式

如果已有的样式不能满足工作需要，用户可以自己创建样式，下面介绍创建标题样式的操作方法。

(1) 在【开始】选项卡的"样式"组中单击右下角的 按钮，打开【样式】任务窗格，这里可以看到全部的样式，如图 3-163 所示。

(2) 在任务窗格的左下角单击【新建样式】按钮 ，打开【根据格式设置创建新样式】对话框，如图 3-164 所示。

图 3-163 【样式】任务窗格   图 3-164 【根据格式设置创建新样式】对话框

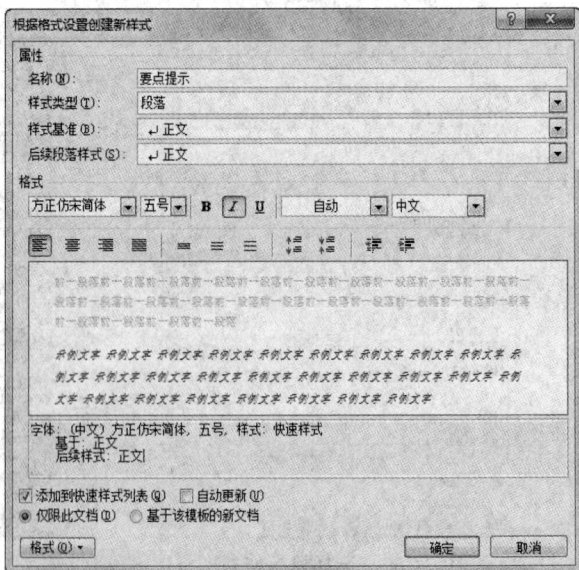

(3) 在对话框中设置相应选项。例如在【名称】文本框中输入样式的名称"要点提示"；在【样式类型】下拉列表中选择样式类型等。

(4) 单击对话框左下角的 格式(O)▾ 按钮，在弹出的菜单中可以选择更丰富的命令来设置各种格式，如字体格式、段落格式、边框、编号、快捷键等，如图 3-165 所示。

(5) 设置好各项格式以后，单击 ▭确定▭ 按钮则创建了新样式，新创建的样式将出现在【样式】任务窗格中，如图 3-166 所示。

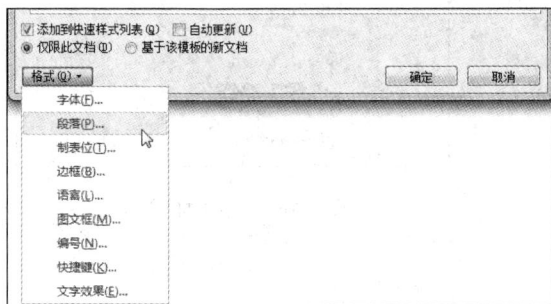

图 3-165　选择要设置的格式　　　　　　　图 3-166　创建的样式

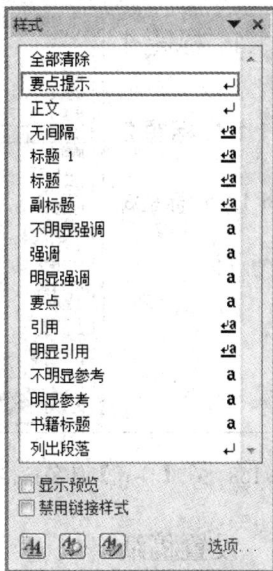

2. 应用样式

创建了样式以后，就可以应用它来排版了。应用样式时，既可以应用 Word 内置的样式，也可以应用自定义的样式，它们的使用方法是相同的。应用样式的具体操作步骤如下：

(1) 选定要使用样式的段落、字符或文本。

(2) 在【开始】选项卡的"样式"组中单击右下角的 ▾ 按钮，在打开的下拉列表中选择要使用的样式，则所选内容将应用该样式，如图 3-167 所示。

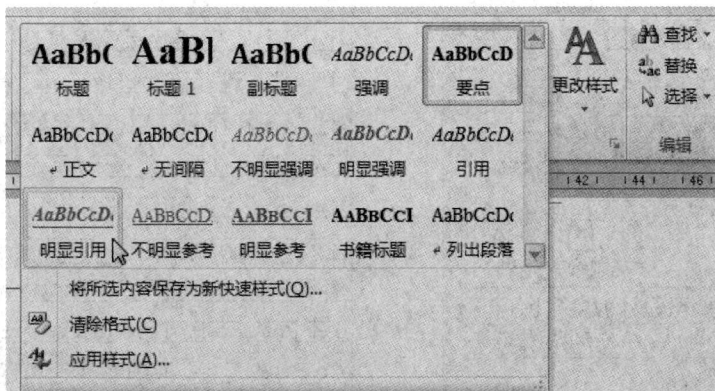

图 3-167　选择要应用的样式

另外，也可以在【样式】任务窗格中单击要应用的样式，则所选内容将按照该样式修改格式，如图 3-168 所示。还可以单击"样式"组中的 A 按钮，在打开的下拉列表中使用内置的样式集、颜色、字体、段落间距等，如图 3-169 所示。

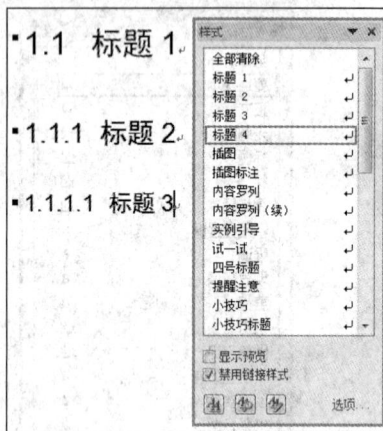

图 3-168　在【样式】任务窗格中应用样式

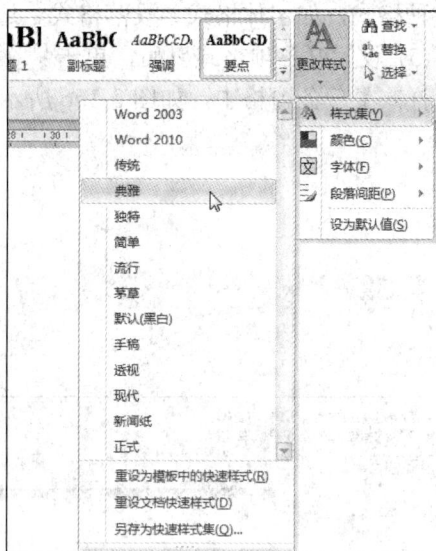

图 3-169　使用样式集

3.8.6　设置稿纸格式

Word 2010 中内置了典型的中文稿纸格式，十分符合中文行文规范。例如，中文标点不能出现在行首，而在 Word 稿纸中，行末标点会出现在稿纸方格之外，这是一个非常实用的功能。设置稿纸格式的具体操作步骤如下：

(1) 在【页面布局】选项卡的"稿纸"组中单击 按钮。

(2) 在弹出的【稿纸设置】对话框中设置稿纸的格式、行数×列数、网格颜色、页眉和页脚等，并勾选【按中文习惯控制首尾字符】选项，如图 3-170 所示。

(3) 单击 确认 按钮，则产生稿纸格式的文档，如图 3-171 所示。

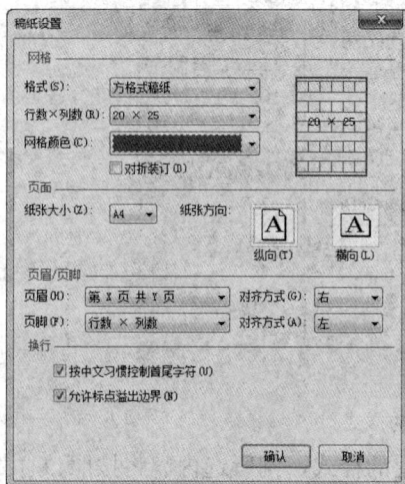

图 3-170　【稿纸设置】对话框

图 3-171　稿纸格式的文档

3.9　设置页面与打印

页面设置工作可以在录入文本之前完成，也可以在录入文本之后完成，总之在输出文稿之前要先设置好页面，因为它直接影响版面的美观与输出要求。

3.9.1　设置纸张大小

纸张的大小和方向不仅对打印输出的最终结果产生影响，而且对当前文档的工作区大小和工作窗口的显示方式都产生直接的影响。

默认情况下，Word 自动使用 A4 幅面的纸张来显示新的空白文档，纸张大小为 21 厘米×29.7 厘米，方向为纵向。如果用户需要重新设置纸张大小，则其操作步骤如下：

(1) 在【页面布局】选项卡的"页面设置"组中单击 ☐ 按钮，在打开的下拉列表中可以直接选择标准的纸张大小，如 16 开、A3、B5 等，如图 3-172 所示。

(2) 如果要自定义纸张大小，则在下拉列表中选择【其他页面大小】选项，在打开的【页面设置】对话框中设置纸张的大小，并选择应用于"整篇文档"选项，如图 3-173 所示。

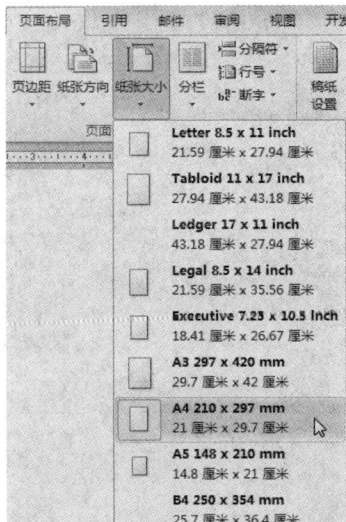

图 3-172　选择标准的纸张大小　　　　　　图 3-173　【页面设置】对话框

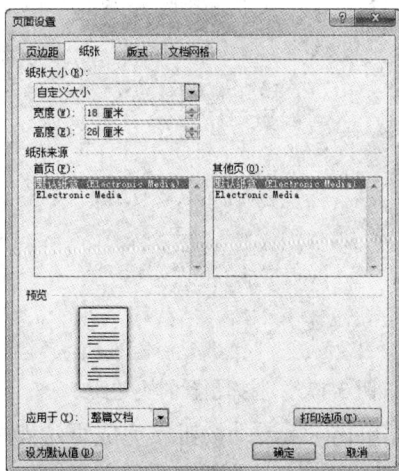

(3) 单击 确定 按钮，完成纸张大小的设置。

3.9.2　设置页边距

在 Word 中，页边距主要用来控制文档正文与页面边沿之间的空白距离，如图 3-174 所示。在文档的每一页中都有上、下、左、右四个页边距。页边距的值与文档版心位置、页面所采用的纸张大小等元素紧密相关。改变页边距时，新的设置将直接影响到整个文档中的所有页面。

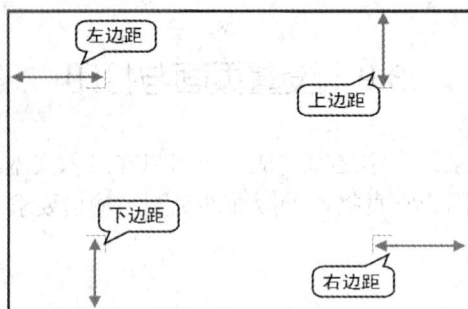

图 3-174 页边距

设置页边距的操作步骤如下：

(1) 在【页面布局】选项卡的"页面设置"组中单击 ▢ 按钮，在打开的下拉列表中可以选择预置的页边距，如图 3-175 所示。

(2) 如果要自定义页边距，则在下拉列表中选择【自定义边距】选项，在打开的【页面设置】对话框中设置【上】、【下】、【左】、【右】的值，并选择应用于"整篇文档"选项，如图 3-176 所示。

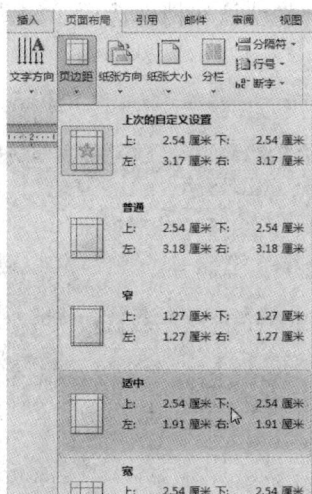

图 3-175 选择预置的页边距

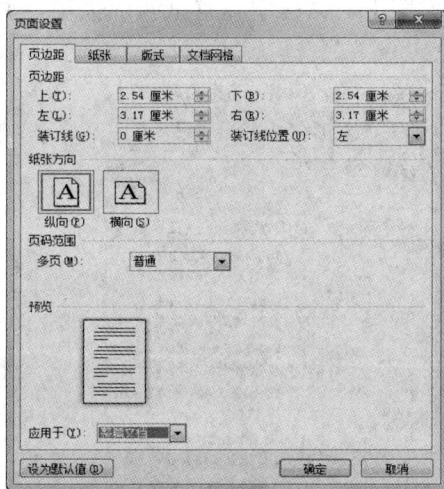

图 3-176 自定义边距

(3) 单击 确定 按钮，完成页边距的设置。

3.9.3 打印文档

在打印文档前进行打印预览，是避免浪费纸张、提高工作效率的一个重要途径。因为 Word 是一款所见即所得软件，所以用户预览到的效果实际上就是打印的真实效果。通过打印预览，可以观察到排版的不足，以便及时对文档进行修改，以得到满意的效果。

执行打印预览时，先切换到【文件】选项卡，选择【打印】命令，这时在窗口右侧可以预览到文档的打印效果。拖动右侧的滚动条，可以翻页预览；也可以按下 PageUp 和 PageDown 键进行翻页，拖动右下方的显示比例滑块，可以控制视图的放大或缩小，如图 3-177 所示。

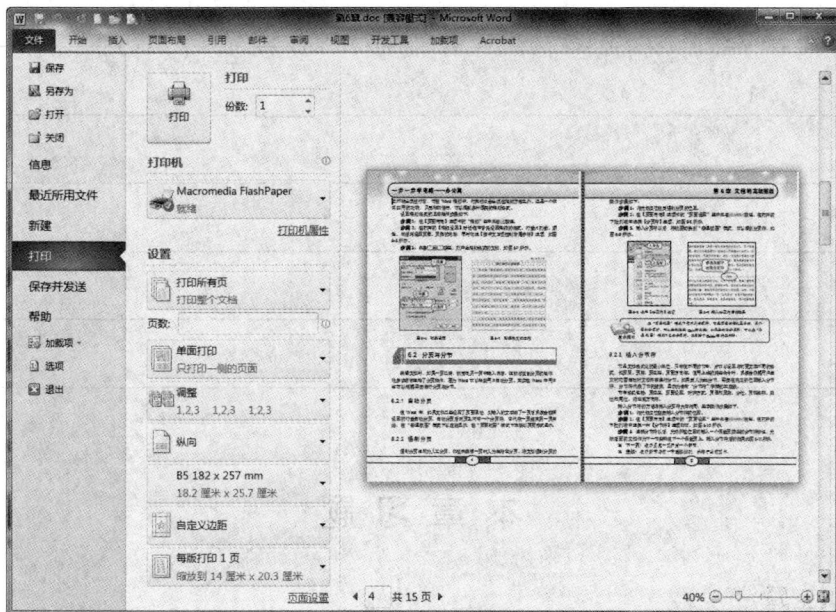

图 3-177　打印窗口

在窗口的中间部分是打印的相关设置，设置好相应的参数以后，单击【份数】选项左侧的【打印】按钮，即可开始打印工作。

❖　【份数】：用于设置要打印的份数。

❖　【打印机】：用于指定可用的打印机。

❖　单击【打印所有页】按钮，在打开的下拉列表中可以设置要打印页面的范围，例如，"打印所有页""打印所选内容""打印当前页面"等。

❖　单击【单面打印】按钮，在打开的下拉列表中可以设置要单面打印还是双面打印。

❖　单击【调整】按钮，在打开的下拉列表中可以设置打印的顺序。

❖　单击【纵向】按钮，在打开的下拉列表中可以设置纸张方向。

❖　单击【大 32 开(14 厘米×20.3 厘米)】按钮，在打开的下拉列表中可以设置纸张的规格。

❖　单击【自定义边距】按钮，在打开的下拉列表中可以设置页面边距。

❖　单击【每版打印 1 页】按钮，在打开的下拉列表中可以设置版面页数。

※　学习感悟

_____

_____

_____

_____

_____

_____

_____

_____

_____

_____

本 章 习 题

一、填空题

1．在 Word 文本区的左侧有一个垂直的空白区域，称为_____，当将光标移动到该区域上时，光标将变为向右倾斜的箭头⊿，它的作用就是_____。

2．在 Word 2010 中，当选择文本时，文本的右上角将显示一个_____，通过它可以快速地设置基本的文本格式与段落格式。

3．在 Word 2010 中，段落是指以_____为标志的一段文字。

4．Word 中的段落缩进有_____缩进、_____缩进、左缩进和右缩进等 4 种缩进方式。

5．_____是信息与观点的视觉表达形式，它可以直观地表述出某种综合信息，例如组织结构图、工作流程图、关系图等。

6．_____是杂志上经常可以看到的文字修饰方式，即文章开头的第一个字格外大，非常醒目，突出了文章的段落内容。

7．在 Word 中，_____主要用来控制文档正文与页面边沿之间的空白距离，它的值与文档版心位置、页面所采用的纸张大小等元素紧密相关。

8．_____排列方式的效果就是紧密型环绕，但是可以编辑顶点，从而有效地控制文字与图片、剪贴画、图形或艺术字之间的距离。

9．一般情况下，_____用于没有层次结构的段落内容，而编号则用于层次结构明显的段落内容。

10．_____是存放文本、图形的矩形容器。它本身也是一种图形对象，使用它可以实现更加灵活的排版方式。

二、简述题

1．如何利用选定栏快速选择文本？

2．怎样利用格式刷复制文本格式？

3．简述 Word 2010 中的 8 种文字环绕方式。

4．如何合并与拆分表格中的单元格？

5. 如何设置奇偶页不同的页眉和页脚？

6. 怎样设置剪贴画或图片的大小和角度？

三、操作题

1. 新建一个 Word 文档，利用公式功能输入如下公式：

$$方程 ax^2 + bx + c = 0 \text{的实根是} \frac{-b \pm \sqrt{b^2 - 4ac}}{2a}$$

2. 在文档中插入一个预定大小的"笑脸"形状，然后将其适当放大，并将其轮廓线型设置为虚线、红色，填充色为黄色，并为其添加映像效果。

3. 在文档中分别输入一段中文和一段英文，将两段文字应用不同的对齐方式，并比较"两端对齐"方式的不同之处，然后利用查找、替换功能替换其中的部分内容。

4. 自定义一个样式，名称为"文档的标题样式"，设置文本的字体为黑体、字号为小二、对齐方式为居中对齐，然后对文档中的文字应用样式，观察一下样式效果。

5. 在文档中输入一段文字，将其中的几个文字设置为不同的字体和颜色，然后利用格式刷复制该格式到其他多处文字上，体验快速复制的便捷之处。

6. 创建一个多页的 Word 文档，为其设置首页、奇偶页不同的页眉和页脚，要求在页脚中插入页码、居右显示；在页眉中插入一个图片作为公司徽标，居中显示。

第 4 章　Excel 2010 表格处理

❖❖❖❖❖❖❖❖❖❖❖❖❖❖❖❖❖❖❖❖❖❖❖❖❖❖❖❖❖❖❖❖❖❖❖

　　Excel 是 Microsoft 公司的办公软件 Office 的组件之一，是微软办公套装软件的一个重要的组成部分，具有强大的数据计算、分析能力，其内置的公式和函数可以让用户随心所欲地进行各种数据运算、统计分析和辅助决策操作，并且可以将数据用各种统计图表示出来，广泛地应用于财务、行政、金融、统计等领域。

　　Excel 2010 拥有全新的用户界面，用简单明了的单一机制取代了 Excel 早期版本中的菜单、工具栏和大部分任务窗格。新的用户界面旨在帮助用户在 Excel 中更高效、更容易地找到完成各种任务的相应功能。本章将学习 Excel 2010 表格处理的相关知识。

※　目标规划

1. 熟悉表格知识
2. 掌握 Excel 2010 基础操作技能

4.1　Excel 2010 概述

　　Excel 2010 是一款电子表格软件。所谓电子表格，是一种数据处理和报表制作的工具软件，只要将数据输入到规律排列的单元格中，便可依据数据所在单元格的位置，利用公式进行算术运算和逻辑运算，分析汇总各单元格中的数据信息，并且可以把相关数据用各种统计图直观地表示出来。

4.1.1　Excel 主要功能介绍

　　Excel 2010 的功能十分强大，不但可以方便地绘制表格，而且能够进行复杂的数据计算和数据分析，能够让用户节省时间、简化工作并提高工作效率。

1. 编辑表格

　　Excel 可以根据需要快速、方便地建立各种电子表格，输入各种类型的数据，并且具有比较强大的自动填充功能。

　　Excel 中每一张工作表就是一个通用的表格，直接向单元格中输入数据就可以形成现实生活中的各种表格，如学生登记表、考试成绩表、工资表、物价表等；对于表格的编辑也非常方便，可以任意插入和删除表格的行、列或单元格；对数据进行字体、大小、颜色、底纹等的修饰。

2．数据管理与分析

Excel 2010 的每一张工作表由 1 048 576 行和 16 384 列组成，行和列交叉处组成单元格，这样大的工作表可以满足大多数数据处理的业务，将数据输入到工作表中以后，可以对数据进行检索、分类、排序、筛选、统计汇总等基本操作。

除此以外，Excel 2010 还提供了包括财务、日期和时间、数学和三角函数、统计、查找与引用、数据库、文本、逻辑、信息等内置函数，可以满足许多领域的数据处理与分析的要求。如果内置函数不能满足需要，还可以使用 Excel 内置的 Visual Basic for Applications(也称做 VBA)建立自定义函数。

另外，Excel 还提供了许多数据分析与辅助决策工具，例如数据透视表、模拟运算表、假设检验、方差分析、移动平均、指数平滑、回归分析、规划求解、多方案管理分析等工具。利用这些工具，不需掌握很深的数学计算方法，不需了解具体的求解技术细节，更不需编写程序，就可以完成复杂的求解过程，得到相应的分析结果。

3．制作图表

图表能直观地表示数据间的复杂关系，通过图表，可以直观地显示出数据的众多特征，例如数据的最大值、最小值、发展变化趋势、集中程度和离散程度等都可以在图表中直接反映出来。

Excel 2010 具有很强的图表处理功能，它提供了多种图表形式，可以方便地将工作表中的有关数据制作成专业化的图表，如条形图、气泡图、柱形图、折线图、散点图、股价图以及多种复合图表和三维图表。同一组数据可以用不同类型的图表表示，并且可以任意编辑图表标题、坐标轴、网络线、图例、数据标志、背景等项目，从而获得最佳的外观效果。Excel 还能够自动建立数据与图表的联系，当数据增加或删除时，图表可以随数据变化而自动更新。

4．数据网上共享

Excel 具有强大的 Web 功能，将 Excel 工作簿保存为 Web 网页，可以创建超级链接获取互联网上的共享数据，也可将自己的工作簿设置成共享文件，保存在互联网的共享网站中，供网络用户分享数据。

4.1.2 Excel 2010 启动与退出

与启动 Word 2010 一样，启动 Excel 2010 也有两种方法：一是通过【开始】菜单；二是通过快捷方式图标。

方法一：单击桌面左下角的【开始】按钮打开【开始】菜单，然后依次单击【所有程序】/【Microsoft Office】/【Microsoft Excel 2010】命令，如图 4-1 所示，就可以启动 Excel 2010 应用程序，进入编辑状态。

方法二：如果在桌面上创建了"Microsoft Excel 2010"的快捷方式，可以双击该快捷方式图标，快速启动 Excel 2010 应用程序。

在工作完成后需要退出 Excel，退出时可采用以下方法：

方法一：单击标题栏右侧的【关闭】按钮 ⊠ 。

方法二：使用键盘上的 Alt + F4 组合键。

方法三：切换到【文件】选项卡，然后单击【关闭】命令，如图 4-2 所示。

图 4-1   启动 Excel 2010 应用程序   图 4-2   执行【关闭】命令

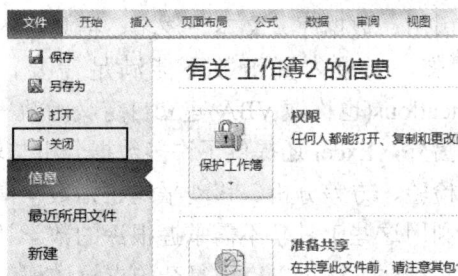

4.1.3   Excel 2010 界面组成

启动 Excel 以后，可以看到 Excel 的工作窗口与 Word 工作窗口很相似，很多组成部分的功能和用法与 Word 完全一样，所以不再赘述。

下面针对 Excel 2010 特有的组成部分进行介绍，主要包括：编辑栏、全选按钮、行号与列标、工作表标签、活动单元格等，如图 4-3 所示。

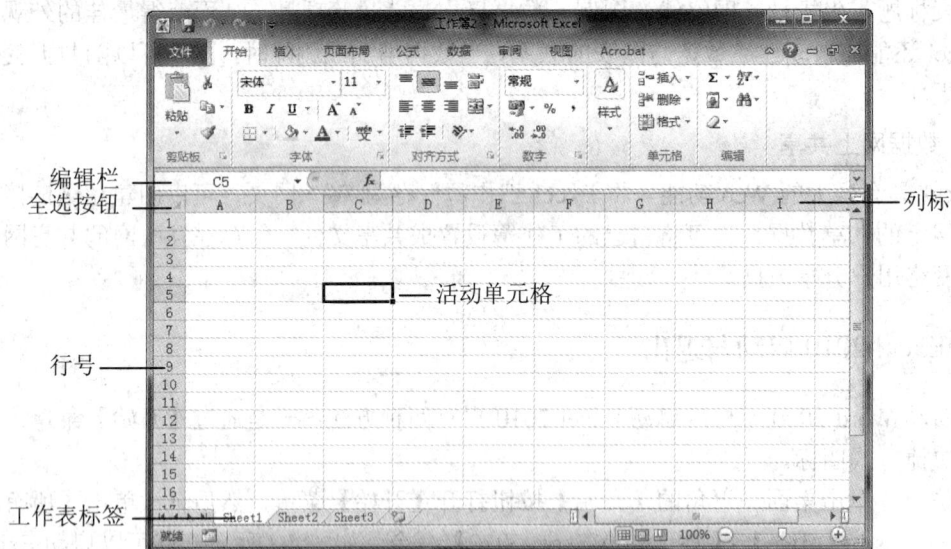

图 4-3   Excel 2010 的界面组成

1．编辑栏

编辑栏是 Excel 特有的工具栏，主要由两部分组成：名称框和编辑框。

左侧的名称框用于显示当前单元格的名称或单元格地址。如图 4-4 所示，名称框中显示的是单元格区域的名称；如图 4-5 所示，名称框中显示的是当前单元格的地址。

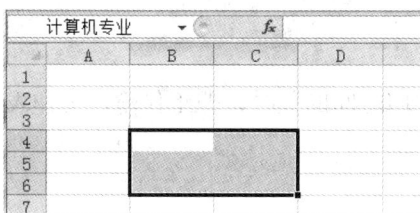

图 4-4　显示单元格名称　　　　　　　　　　图 4-5　显示单元格地址

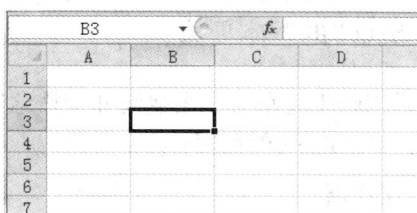

编辑框位于名称框右侧，用户可以在其中输入单元格的内容，也可以编辑各种复杂的公式或函数。如图 4-6 所示，编辑框中输入的是文字；如图 4-7 所示，编辑框中输入的是公式。

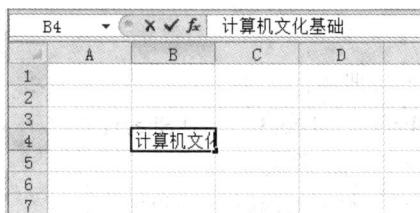

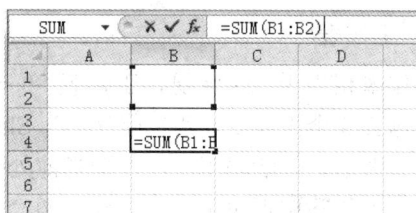

图 4-6　编辑框中输入的是文字　　　　　　图 4-7　编辑框输入的是公式

此外，编辑栏中还有 3 个按钮，分别是【取消】按钮 ✗ 、【输入】按钮 ✓ 、【插入函数】按钮 fx 。如果数据输入不正确，可以单击 ✗ 按钮来取消输入的数据；如果数据输入正确，则单击 ✓ 按钮来确认输入的数据；而单击 fx 按钮则可以插入函数。

2．全选按钮

单击该按钮，可以选择工作表中的所有单元格。

3．行号与列标

工作表是一个由若干行与列交叉构成的表格，每一行与每一列都有一个单独的标号来标识，用于标识行的称为行号，由阿拉伯数字表示；用于标识列的称为列标，由英文字母表示。

按住 Ctrl 键的同时按下方向键↓，可以观察到工作表的最后一行；按住 Ctrl 键的同时按下方向键→，可以观察到工作表的最后一列。

4．工作表标签

在 Excel 中一个工作簿就是一个文件，它可以由多个工作表构成，默认情况下，一个工作簿中包含 3 个工作表，而单元格是构成工作表的最小单元。

在工作簿中，每一个工作表都有自己的名称，默认名称为 Sheet1、Sheet2、Sheet3……，显示在工作界面的左下角，称为"工作表标签"，单击它可以在不同的工作表之间进行切换。

5．活动单元格

当前正在使用的单元格称为"活动单元格"，外观上显示一个明显的黑框。单击某个单元格，它便成为活动单元格，可以向活动单元格内输入数据。活动单元格的地址显示在名称框中。

4.1.4　Excel 的基本要素

学习 Excel 之前必须要搞清几个概念以及它们之间的关系，即工作簿、工作表、单元格与单元格地址、单元格区域等。

1．工作簿

工作簿(Book)以文件的形式存放在计算机的外存储器中，每一个 Excel 文档就是一个工作簿。启动 Excel 时会自动创建一个名称为"工作簿 1"的文件，用户可以在保存文件时重新命名。

也就是说，一个工作簿对应于一个磁盘文件，默认名称为"工作簿 1"，文件扩展名为 .xlsx。这里提示一下，Excel 2003 及以前版本，其文件的扩展名为 .xls。

2．工作表

工作簿相当于一个帐册，工作表(Sheet)相当于帐册中的一页。默认情况下，每一个工作簿中包含 3 个工作表，其名称分别为 Sheet1、Sheet2、Sheet3，其中 Sheet1 的工作表标签为白色，表示它是活动工作表，即当前处于操作状态的工作表。

一个工作簿中理论上可以包含无数个工作表。工作表是由行和列组成的，最多可以包含 16 384 列，1 048 576 行，列号用 A、B、C、…、Z、AA、AB、…、XFD 表示，行号用数字 1、2、3、…、1 048 576 表示。

3．单元格与单元格地址

Excel 工作表中行和列交叉形成的格子称为"单元格"。单元格是构成工作表的基本单位，是 Excel 中最小的"存储单元"，用户输入的数据就保存在单元格中，这些数据可以是字符串、数字、公式等内容。

通过"列标 + 行号"可以表示每一个单元格的位置。例如，A1 表示第 A 列第 1 行的单元格，我们称 A1 为该单元格的地址。

单元格地址有多种表示方法：

❖ B2　　　　表示第 B 列第 2 行的单元格。
❖ A3:A9　　表示第 A 列第 3 行到第 9 行之间的单元格区域。
❖ B2:F2　　表示在第 2 行中第 B 列到第 F 列之间的单元格区域。
❖ 5:5　　　　表示第 5 行中的全部单元格。
❖ E:E　　　　表示第 E 列中的全部单元格。
❖ 2:6　　　　表示第 2 行到第 6 行之间的全部单元格。
❖ E:H　　　　表示第 E 列到第 H 列之间的全部单元格。
❖ B3:E10　　表示第 B 列第 3 行到第 E 列第 10 行之间的单元格区域。

每一个单元格都对应一个固定的地址，当前被选择的单元格称为"活动单元格"，如果选择了多个单元格，则反白显示的单元格为"活动单元格"。

4．工作簿、工作表、单元格三者之间的关系

在 Excel 中，工作簿、工作表、单元格三者之间的关系是包含关系，一个 Excel 文档就是一个工作簿，但是工作簿中包含一个或多个工作表(不能没有工作表)；而单元格是组成

工作表的最小单位，用于输入、显示和计算数据，当用户操作 Excel 时，直接与单元格打交道。工作簿、工作表、单元格三者之间的关系如图 4-8 所示。

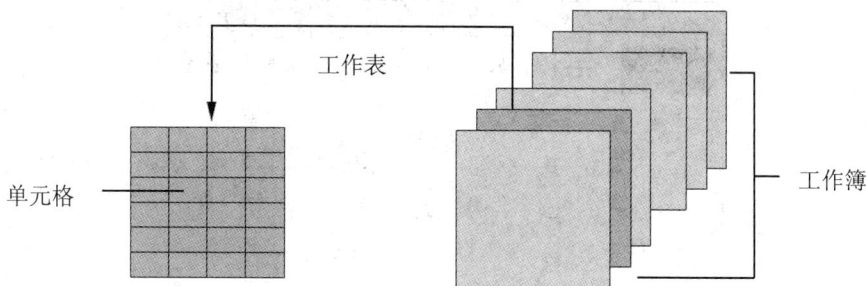

图 4-8　工作簿、工作表、单元格三者之间的关系

5. 单元格区域

为了操作方便，Excel 引入了"单元格区域"的概念。单元格区域是由多个单元格组成的矩形区域，常用左上角、右下角单元格的名称来标识，中间用"："间隔。例如单元格区域"A1:B3"，表示的范围为 A1、B1、A2、B2、A3、B3 共 6 个单元格组成的矩形区域，如图 4-9 所示。

如果需要对很多单元格区域进行同一操作，可以将这一系列区域定义为数据系列，由"，"隔开，例如区域"A1:B3，C4:D5"表示的区域由 A1、B1、A2、B2、A3、B3、C4、D4、C5、D5 共 10 个单元格组成，如图 4-10 所示。

图 4-9　单元格区域"A1:B3"　　　　　图 4-10　单元格区域"A1:B3，C4:D5"

4.2　工作簿与工作表的操作

Excel 的工作主要是围绕工作表来进行的，但是工作表是依赖于工作簿而存在的，所以工作之前需要创建工作簿，一个工作簿就是一个 Excel 文件。

4.2.1　工作簿的基本操作

使用 Excel 处理数据之前，首先要学会工作簿的创建、打开、保存与关闭等基本操作，这是开始工作的前提，下面分别进行介绍。

1. 创建工作簿

在 Excel 中可以使用多种方法创建工作簿。一般情况下，用户启动 Excel 后，会自动创建一个空白的工作簿文件"工作簿 1"，其名称显示在标题栏中。

如果要继续创建新的工作簿，可以单击快速访问工具栏中的【新建】按钮 或者按下 Ctrl + N 键，也可以快速地创建新的工作簿，如图 4-11 所示。

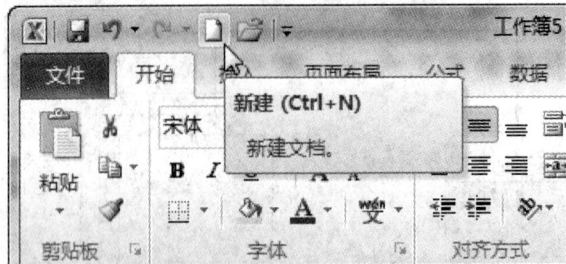

图 4-11　创建新的工作簿

小贴士

　　默认情况下，快速访问工具栏中没有【新建】按钮，需要自行添加，具体方法请参照第 3 章中的内容。

　　另外，也可以切换到【文件】选项卡，单击【新建】命令，然后在中间的【可用模板】列表中选择"空白工作簿"，再单击右下角的【创建】按钮，这样也会创建一个空白的工作簿，如图 4-12 所示。

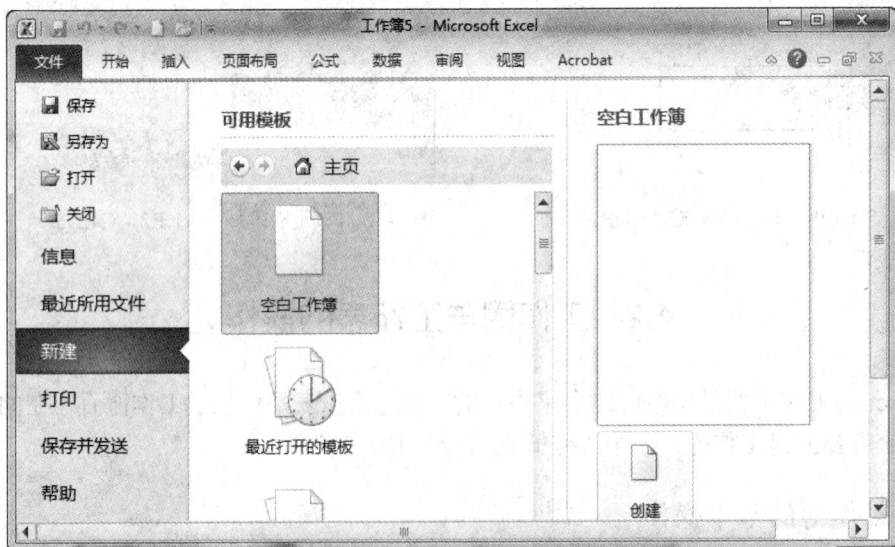

图 4-12　创建空白工作簿

如果要基于模板创建工作簿，可以在【新建】命令的【可用模板】列表中单击"样本模板"选项，打开系统提供的模板，然后在其中选择要使用的模板，如"销售报表"，如图 4-13 所示。再单击右下角的【创建】按钮，就可以基于模板创建工作簿，如图 4-14 所示，其中会含有一些数据、工作表等信息，使用的时候修改这些数据即可。

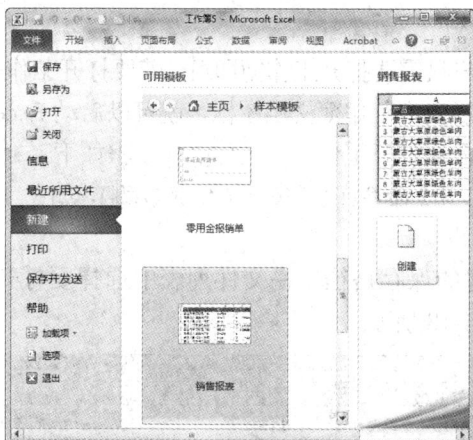

图 4-13　选择预设模板

图 4-14　基于模板创建的工作簿

2．保存工作簿

当在工作簿中输入了数据或者对工作簿中的数据进行修改以后，需要对其进行保存，这样才能使数据不丢失，便于在以后的工作中使用。保存工作簿的具体步骤如下：

(1) 切换到【文件】选项卡，单击其中的【保存】命令(或者按下 Ctrl + S 键或 Shift + F12 键)，如图 4-15 所示。

(2) 如果是第一次保存，将弹出【另存为】对话框，在该对话框中指定保存文件的位置，并在【文件名】文本框中输入名称，如图 4-16 所示。

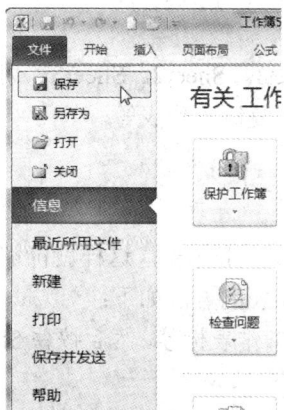

图 4-15　执行【保存】命令

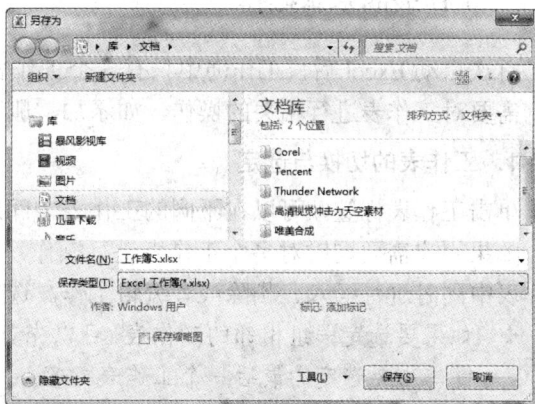

图 4-16　保存工作簿

(3) 单击 保存(S) 按钮即可保存工作簿。

在原有的工作簿中修改了数据以后，再进行保存时将不再弹出【另存为】对话框，而是直接保存并覆盖掉原来的文件。

小贴士

工作簿以文件的形式存储在硬盘上，默认的扩展名是.xlsx。工作表不能单独以文件的形式存储，只能存储于一个工作簿中。

3. 打开工作簿

当需要使用存储在计算机中的工作簿时，用户只需要打开工作簿即可。若要打开工作簿，首先通过资源管理器进入存放工作簿的路径，然后双击工作簿文档图标，就可以启动 Excel，同时打开该工作簿。另外，也可以通过【打开】命令打开工作簿，具体操作步骤如下：

(1) 切换到【文件】选项卡，执行其中的【打开】命令(或者按下 Ctrl + O 键)，如图 4-17 所示。

(2) 在弹出的【打开】对话框中选择工作簿的保存路径，在文件列表中选择要打开的工作簿，单击 打开(O) 按钮即可将其打开，如图 4-18 所示。

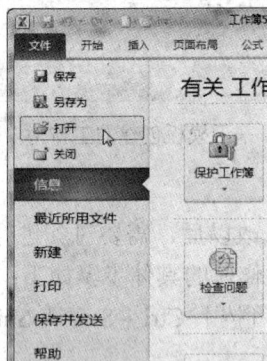

图 4-17　执行【打开】命令　　　　　　图 4-18　打开工作簿

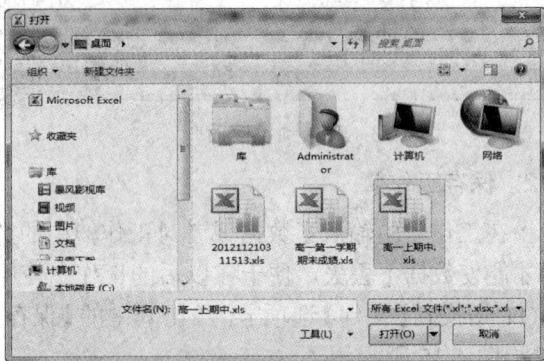

4.2.2　工作表的基本操作

首次启动 Excel 后，工作簿中只有 3 个工作表，即 Sheet1、Sheet2、Sheet3。用户可以根据需要对工作表进行相关的操作，如添加、删除、移动、复制工作表等。

1. 工作表的切换与选定

单击工作表标签，可以在不同的工作表之间进行切换。

如果用户需要同时对多个工作表进行操作，可以选定多个工作表，这样就能够在多个工作表中同时进行插入、删除或者编辑工作。选定多个工作表的方法如下：

❖ 如果要选定一组相邻的工作表，可以先单击第一个工作表标签，然后按住 Shift
　　键单击要选定的最后一个工作表标签。

❖ 如果要选定不相邻的工作表，可以先单击第一个工作表标签，然后按住 Ctrl
　　键依次单击其他工作表标签。

❖ 如果要选定工作簿中全部的工作表，可以在工作表标签上单击鼠标右键，在
　　弹出的快捷菜单中选择【选定全部工作表】命令。

小贴士

　　如果要取消多个工作表的选定状态，可以在任意一个工作表标签上单击鼠标右键，在弹出的快捷菜单中选择【取消组合工作表】命令，也可以直接单击任意工作表标签。特别提醒，任何情况下，至少会有一个工作表处于选定状态。

· 选定多个工作表以后，Excel 2010 的工作簿标题栏中将出现"工作组"字样，如图 4-19 所示。此时在"工作组"中的任意一个工作表中输入文本，其他选定的工作表中也将出现该文本。

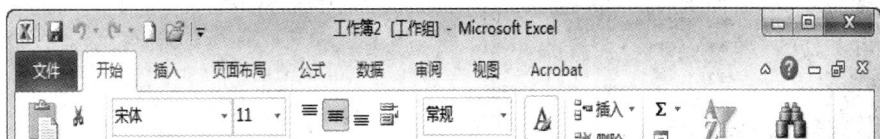

图 4-19　标题栏中出现"工作组"字样

2．重命名工作表

默认情况下，工作簿中的工作表标签均是 Sheet1、Sheet2、Sheet3……，如果工作簿中的工作表很多，使用这种命名方式就会造成工作上的不便，用户需要依次查看才能知道每一个工作表中包含什么内容，这显然会浪费大量的时间。

为了能对工作表的内容一目了然，可以为每个工作表重新命名，例如 Sheet1 工作表中是学生成绩，就可以将该工作表重新命名为"学生成绩表"。

重命名工作表有两种方法：一是在工作表标签上单击鼠标右键，在弹出的快捷菜单中选择【重命名】命令，如图 4-20 所示；二是直接双击工作表标签，如图 4-21 所示。不论哪一种方法，激活工作表名称以后，输入新名称后按下回车键就可以了。

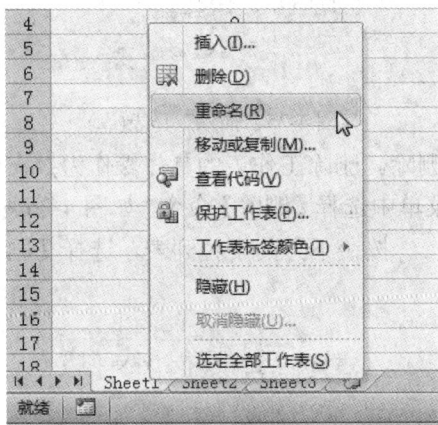

图 4-20　执行【重命名】命令

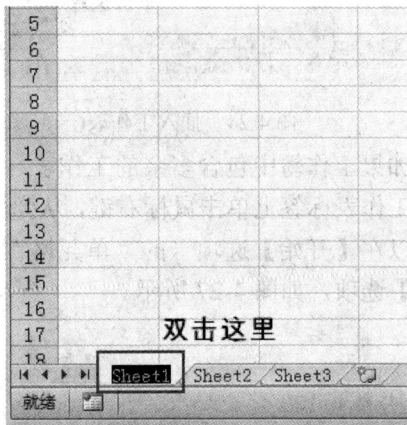

图 4-21　双击工作表标签

3．插入与删除工作表

默认情况下，一个工作簿中只有 3 个工作表，如果不够用，可以随时插入工作表。新插入的工作表往往在原工作表数目的基础上依次命名，例如原来有 3 个工作表，则新工作表的名称为"Sheet4"。插入新工作表的具体操作步骤如下：

(1) 在工作表标签上单击鼠标右键，在弹出的快捷菜单中选择【插入】命令，如图 4-22 所示。

(2) 在弹出的【插入】对话框中切换到【常用】选项卡，选择其中的"工作表"选项，然后单击 ▭确定▭ 按钮，如图 4-23 所示，即可在当前工作表的前面插入一张新的工作表。

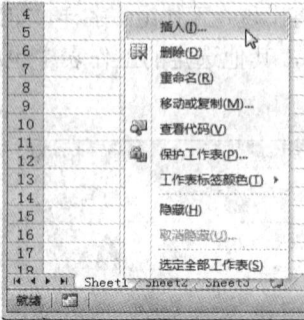
图 4-22　执行【插入】命令

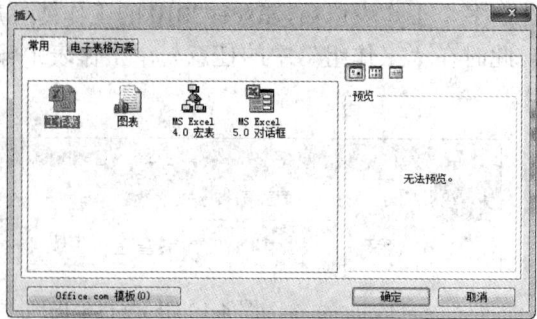
图 4-23　【插入】对话框

除了使用上述方法插入工作表外，Excel 2010 还提供了两种快速插入工作表的方法：一是在工作表标签的右侧单击【插入工作表】按钮 🗂 (快捷键是 Shift + F11)，如图 4-24 所示；二是在【开始】选项卡的"单元格"组中打开 🗂 按钮下方的下拉列表，选择【插入工作表】选项，如图 4-25 所示。

图 4-24　插入工作表(一)

图 4-25　插入工作表(二)

如果工作簿中包含多余的工作表，可以将其删除。删除工作表的具体操作为：在要删除的工作表标签上单击鼠标右键，从弹出的快捷菜单中选择【删除】命令，如图 4-26 所示；也可以在【开始】选项卡的"单元格"组中打开 🗂 按钮下方的下拉列表，选择【删除工作表】选项，如图 4-27 所示。

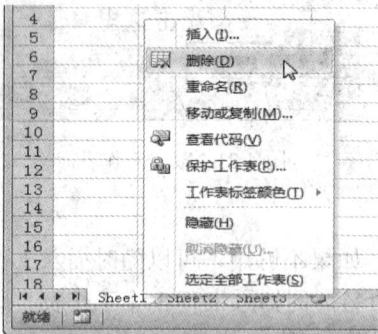
图 4-26　执行【删除】命令

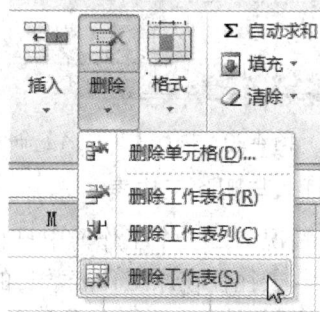
图 4-27　删除工作表

在删除工作表时，如果工作表非空(即含有数据)，系统会提示是否要真正删除，此时要根据实际需要进行操作，避免出现误删除。

4．移动或复制工作表

当要制作的工作表中有许多数据与已有工作表中的数据相同时，可以通过移动或复制工作表来提高工作效率。移动或复制工作表的具体操作步骤如下：

（1）在要移动或复制的工作表标签上单击鼠标右键，从弹出的快捷菜单中选择【移动或复制】命令，如图 4-28 所示。

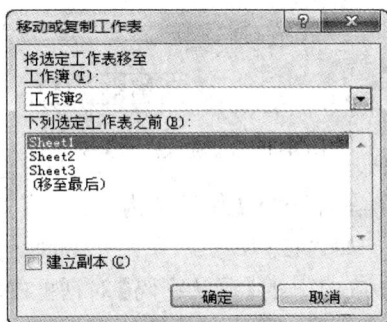

（2）在打开的【移动或复制工作表】对话框中选择工作表移动或复制的目标位置，如果要复制工作表，再勾选【建立副本】选项，单击 确定 按钮，即可完成工作表的移动或复制操作，如图 4-29 所示。

图 4-28　执行【移动或复制】命令　　　图 4-29　【移动或复制工作表】对话框

小贴士

用户也可以直接使用鼠标拖动要移动的工作表标签到目标位置，从而完成移动操作；如果按住 Ctrl 键的同时拖动工作表标签到目标位置，可以复制工作表。

4.2.3　保护工作表和工作簿

使用 Excel 2010 时，为了防止他人对工作簿进行插入、删除工作表等误操作，或者对工作表中的数据、图表等对象的误操作，避免造成不必要的数据丢失或破坏，可以对其进行保护。保护工作表和工作簿的基本操作步骤如下：

（1）选定要保护的工作表。

（2）在【审阅】选项卡的"更改"组中单击 按钮，如图 4-30 所示。

（3）打开【保护工作表】对话框，在【取消工作表保护时使用的密码】文本框中输入密码，如"12345"，密码长度不能超过 255 个字符，然后单击 确定 按钮，如图 4-31 所示。

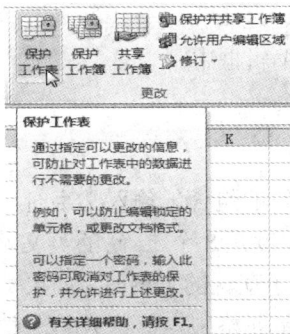

图 4-30　保护工作表　　　　　　　　图 4-31　【保护工作表】对话框

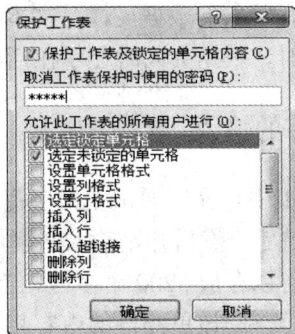

（4）在打开的【确认密码】对话框中重新输入一遍密码，然后单击 **确定** 按钮进行确认，如图 4-32 所示，这样就完成了工作表的密码保护设置。

（5）如果要对工作簿的结构和窗口进行保护，可以在【审阅】选项卡的"更改"组中单击 按钮，如图 4-33 所示。

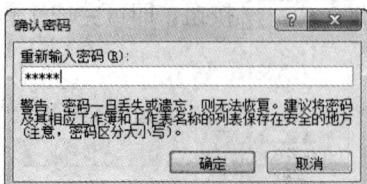

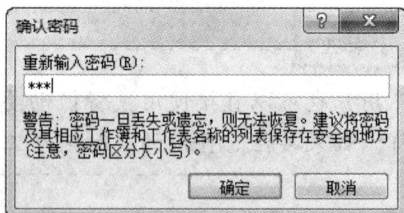

图 4-32　【确认密码】对话框　　　　　　　图 4-33　保护工作簿

（6）在打开的【保护结构和窗口】对话框中选择【结构】或【窗口】选项，并输入保护密码，如"123"，然后单击 **确定** 按钮，如图 4-34 所示。

（7）在打开的【确认密码】对话框中输入确认密码，然后单击 **确定** 按钮，如图 4-35 所示，这样就完成了工作簿结构的保护。

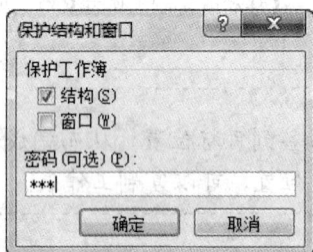

图 4-34　【保护结构和窗口】对话框　　　　图 4-35　【确认密码】对话框

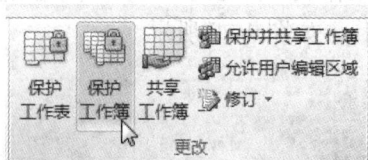

通过上面的操作，可以看出 Excel 的安全性比较高，它提供了多级保护功能，即可以保护工作表、工作簿的结构或窗口。用户可以同时设置多项保护功能，也可以只设置其中的一项。

4.3　数据的输入

Excel 的主要功能是处理表格，即对大量的数据进行计算和分析。工作表中的数据存放在单元格中，输入的数据可以是文本、日期、时间值、逻辑值或公式、函数等。在单元格中输入数据时，数据会同时显示在活动单元格和公式编辑框中。

4.3.1　文字的输入

在 Excel 中，文字通常是指字符或任何数字和字符的组合。输入文字时，需要先单击单元格将其选定，然后开始输入文字。默认的单元格宽度是 8 个 12 磅的英文字符，一个单元格内最多可以存放 3200 个字符。当输入的文字超过了默认的宽度时，如果其右侧的单元格中没有内容，则该单元格的内容将显示到其右侧的单元格中，但这只是一种表象，事实上它仍然在本单元格中，如图 4-36 所示。

　　如果向右侧的单元格中输入数据，则该单元格中的文字只能显示一部分，但其内容依然完好无损地存在，用户可以从编辑框中查看全部内容，如图 4-37 所示。

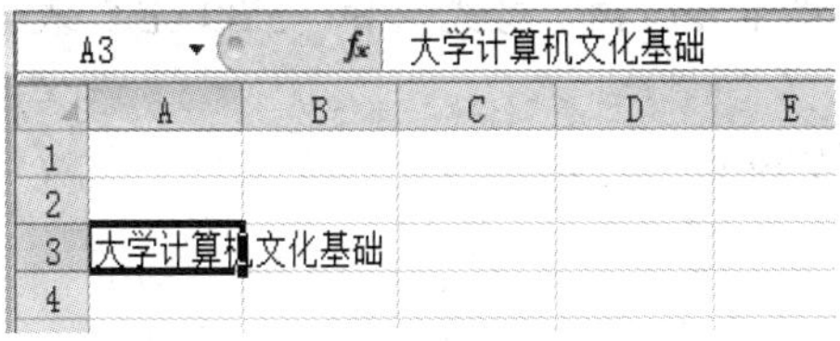

图 4-36　超出单元格宽度时的显示效果 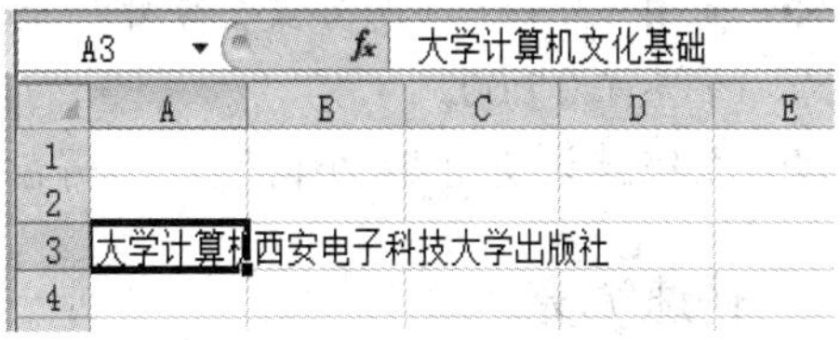　　　　　　图 4-37　在编辑框中查看全部内容

4.3.2　数字的输入

　　在单元格中输入的数字存在两种情况：

　　一种是可以参与工作表运算的数字型数据，这种数字可以直接输入到单元格中，默认情况下，数字在单元格中居右对齐，如图 4-38 所示。

　　另一种是不能参与运算的数字字符串，如区号、邮政编码、电话号码等。这种数字最好不要直接输入，否则容易被 Excel 认为是数字型数据。如输入区号"029"时，如果直接输入，第一个"0"就会被忽略掉。为了与数字型数据区分开，可以在输入数字前添加英文单引号"'"，这样，数字就不会参与数据运算了，并且在单元格中居左对齐，如图 4-39 所示。

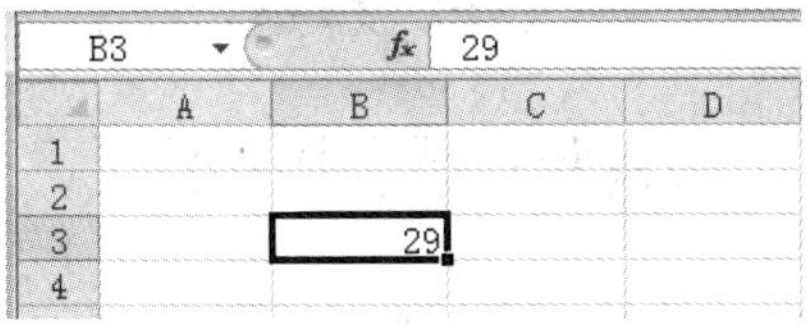

图 4-38　输入的数字型数据 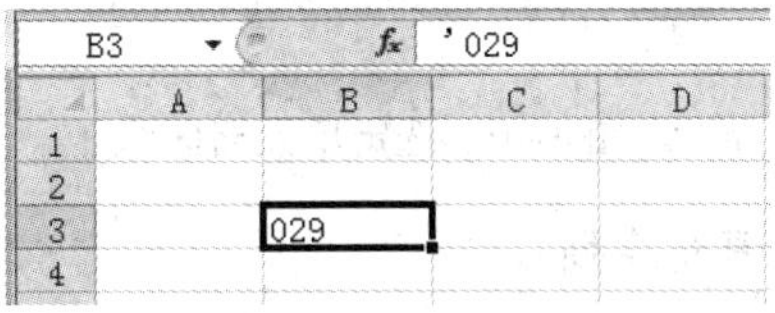　　　　　　　　图 4-39　输入的数字字符串

在 Excel 中输入数据要掌握以下原则：

❖　数字字符中可以包含逗号，如"1，653，300"。

❖　单元格中的单个英文句点作为小数点处理，如"56.362"。

❖　在数字前输入的加号将被忽略。

❖　负数的前面应加上一个减号或用圆括号将数字括起来，如"(35.2)"。

❖　所有分数必须以混合形式输入，避免和日期型数据混淆，如输入 $1\frac{1}{2}$ 时要依次

　　输入"1+空格+1/2"。

❖　当数字的位数超过 11 位时，Excel 将自动使用科学记数法来表示输入的数字，如输入"23659875632589"时，Excel 会用"2.36599E+13"来表示该数字。

4.3.3　日期和时间的输入

　　在 Excel 中，当在单元格中输入可识别的日期和时间数据时，单元格的格式就会自动转换成为相应的日期或时间格式。

　　在 Excel 中，可以使用下列快捷键设置日期和时间格式：

❖ 输入系统当前日期，使用【Ctrl + ;】快捷键。

❖ 输入系统当前时间，使用【Shift + Ctrl + ;】快捷键。

❖ 使用 12 小时计时方式，使用"时间 + 空格 + am/pm"格式，如"5:00 pm"表示下午 17:00。

❖ 系统默认使用 24 小时制，不需输入 am 或 pm。

4.3.4 快速填充

在 Excel 中，对于一些规律性比较强的数据，可以使用快速填充的方法输入，从而提高工作效率，减少出错率。这里将介绍一些快速填充的方法，供读者参考。

1．填充相同数据

如果要在多个单元格中输入相同的数据，可以先选定单元格区域(详见 4.4.1 节)，如图 4-40 所示。在单元格中输入数字或文字等内容，例如这里输入"大学物理"。输入了数据以后，按住 Ctrl 键的同时按下回车键，则选定的单元格全部填上了同样的内容，如图 4-41 所示。

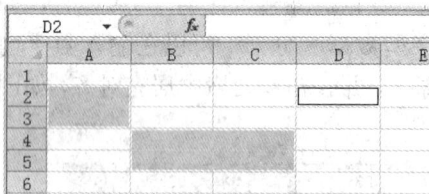

图 4-40　选定单元格区域　　　　图 4-41　填充相同的内容

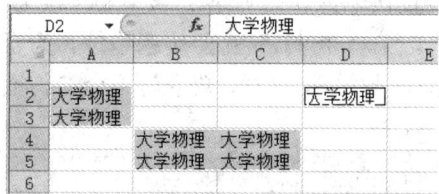

2．填充序列

填充序列在实际工作中的运用范围很广，用户可以按照等比序列、等差序列等类型进行手动填充。下面，以创建一个等差序列为例介绍填充数据的操作方法。

(1) 首先在一个单元格中输入一个起始值，如图 4-42 所示。

(2) 在【开始】选项卡的"编辑"组中单击 按钮，在打开的下拉列表中选择【系列】选项，如图 4-43 所示。

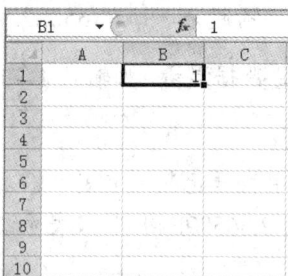

图 4-42　输入起始值　　　　图 4-43　选择【系列】选项

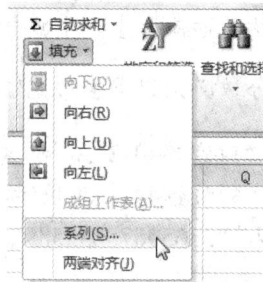

(3) 在打开的【序列】对话框中选择【等差序列】选项，并设置步长值、终止值，如图 4-44 所示。

(4) 单击 按钮，则在单元格中填充了等差序列，如图 4-45 所示。

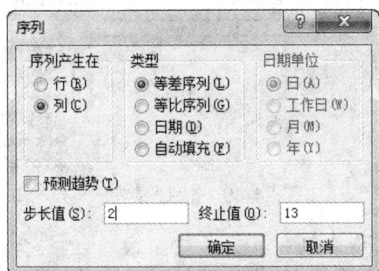

图 4-44　【序列】对话框

图 4-45　填充的等差序列

在【序列】对话框中，各选项的作用如下：

❖ 【序列产生在】：用于设置按行或按列填充数据。

❖ 【类型】：用于确定系列填充的 4 种类型，如 "等差序列"。

❖ 【预测趋势】：选择该选项，Excel 自动预测数据变化的趋势，并根据此趋势
进行填充。

❖ 【步长值】：用于设置等差序列的公差或等比序列的公比。

❖ 【终止值】：用于设置序列的结束值。

3．自动填充

Excel 有一个特殊的工具——填充柄，如图 4-46 所示，即黑框右下角的小黑点，将光
标指向它时，光标会变成一个细的黑十字形，这时拖动鼠标可以填充相应的内容，这种操
作称为 "自动填充"。对于一些有规律的数据，比如 1、3、5、7、…，A1、A2、A3、…，
等等，用户可以使用自动填充的方法快速完成，无须逐个输入。

使用填充柄填充单元格时有两种情况需要分别说明。

第一，如果选定单元格中的内容是不存在序列状态的文本，拖动填充柄时将对文本进
行复制，如图 4-47 所示。

图 4-46　填充柄

图 4-47　复制文本

第二，如果选定单元格中的内容是序列，拖动填充柄时将自动填充序列。例如，在一
个单元格中输入 "星期一"，选定该单元格后拖动填充柄，将依次填充 "星期二、星期
三、……"，如图 4-48 所示。

如果按住鼠标右键进行拖动，释放鼠标后将弹出一个快捷菜单，通过这个菜单可以确
定填充方式，如图 4-49 所示。

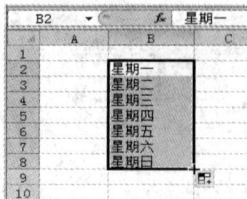

图 4-48　填充序列

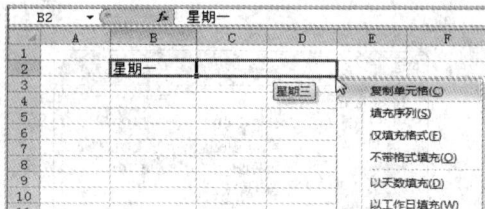

图 4-49　快捷菜单

通常情况下，可以自动填充的序列类型有以下几种：

(1) 时间序列：包括年、月、日、时间、季度等增长或循环的序列，如"一月、二月、三月、……"。

(2) 等差序列：即两两差值相等的数字，如"1、4、7、10、…"。

(3) 等比序列：即两两比例因子相等的数字，如"2、4、8、16、…"。

(4) 扩展序列：由文本与数字构成的序列，如"产品 1、产品 2、产品 3、…"。

小贴士

(1) 填充等差序列时应先确定步长值。因此填充这类序列时需要先输入前两项，然后再选定这两个单元格，拖动填充柄，否则仅复制数字。(2) 填充等比序列时也需要先输入前两项，确定比例因子，然后按住鼠标右键拖动填充柄，在弹出的快捷菜单中选择【等比序列】命令。(3) 在 Excel 中拖动完填充柄之后，在最后一个单元格右下角将出现"自动填充选项"标记 ▦ ，单击该标记可以选择填充方式。

4．自定义序列

除了可以使用系统提供的序列以外，用户还可以自定义填充序列，如输入固定名称、固定数字、地址等，这可以大大提高录入的工作效率。例如，平时工作中经常需要制作表格，而表头主要是"机电系、化工系、经管系、政法系、历史系"，这时就可以将它们定义为序列，以减少重复工作。

下面以序列"机电系、化工系、经管系、政法系、历史系"为例，介绍自定义序列的方法，具体操作步骤如下：

(1) 切换到【文件】选项卡，单击【选项】命令。

(2) 在打开的【Excel 选项】对话框中单击 编辑自定义列表(O)... 按钮，如图 4-50 所示。

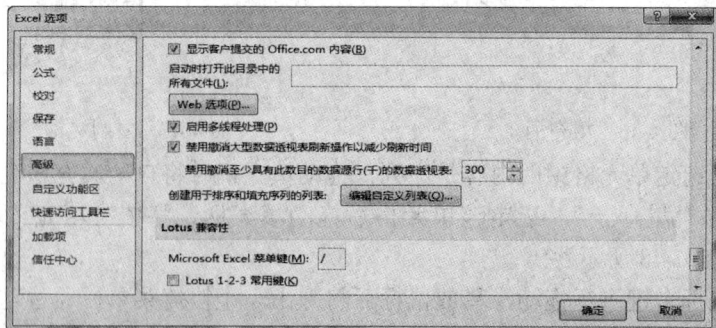

图 4-50　【Excel 选项】对话框

(3) 在打开的【自定义序列】对话框中输入自定义的序列，如"机电系、化工系、经管系、政法系、历史系"，然后单击 添加(A) 按钮，即可将其加入到【自定义序列】列表中，如图 4-51 所示。

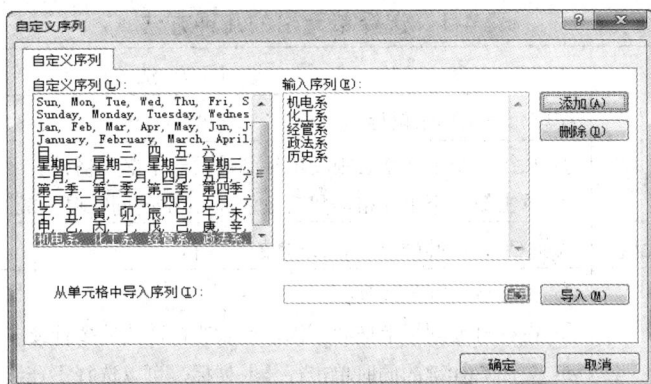

图 4-51　输入的序列

(4) 单击 确定 按钮，返回【Excel 选项】对话框，再单击 确定 按钮，关闭该对话框，即完成了自定义序列的设置。

(5) 在单元格中输入"机电系"，然后拖动填充柄到相应的单元格，则 Excel 会自动填充自定义的序列，如图 4-52 所示。

图 4-52　填充自定义的序列

4.4　工作表的编辑

最初创建的工作表没有任何特殊的格式，完全是一种默认的格式。为了更加直观、有效地表达工作表中的数据，使其美观化、条理化、清晰化，我们需要对工作表进行各种编辑操作，使工作表中的内容正确显示，表格美观大方，赏心悦目，便于阅读。

4.4.1　单元格的基本操作

在 Excel 中，单元格是最小的操作单位，单元格的基本操作包括选择单元格、编辑单元格内的数据、移动或复制单元格数据、插入或删除单元格等。

1．选择单元格

在 Excel 中，用户可以一次只选择一个单元格，也可以选择多个连续的单元格，还可以同时选择多个不连续的单元格。下面以表格的形式列出各种不同的选择方法，如表4-1所示。

表 4-1 选择单元格的几种方法

选 择	选 择 方 法
选择一个单元格	在单元格上单击鼠标
选择连续的单元格	① 从第一个单元格处拖动鼠标到最后一个单元格处 ② 单击第一个单元格，然后按住 Shift 键的同时单击最后一个单元格
选择不连续的单元格	按住 Ctrl 键的同时单击要选择的单元格
选择整行或整列	① 直接单击行号或列标 ② 在行号或列标上拖动鼠标，可以选择连续的多行或多列 ③ 按住 Ctrl 键的同时单击行号或列标，可以选择不连续的多行或多列
选择所有单元格	单击全选按钮或者按下 Ctrl + A 键

2．修改单元格内容

在进行数据输入时难免会出现输入错误的现象，这时需要修改已经输入的数据。在 Excel 中修改单元格内容的方法有两种：在单元格内直接修改和在编辑栏中进行修改。

第一种方法，在单元格内直接修改内容的操作步骤如下：

(1) 选择要修改内容的单元格。

(2) 输入新的数据，则新输入的数据将替换掉原来的内容。

(3) 如果只需要修改原来内容中的个别字，可以双击单元格或按下 F2 键，进入可编辑状态，将插入点光标移动到要修改的位置处进行修改，然后单击编辑栏中的 ☑ 按钮确认操作。

第二种方法，通过编辑栏修改内容的操作步骤如下：

(1) 选择要修改内容的单元格。

(2) 这时单元格中的内容将显示在编辑栏中，在编辑栏中单击鼠标定位插入点光标，或者选择要修改的内容，如图4-53所示。

(3) 输入新的内容后单击编辑栏中的☑按钮确认操作即可，如图4-54所示。

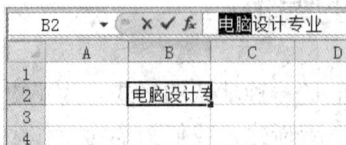

图 4-53　选择要修改的内容　　图 4-54　通过编辑栏修改内容

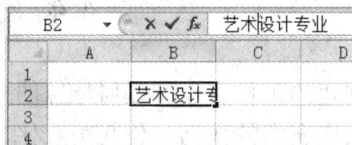

3．清除单元格内容

如果要清除单元格中的内容，可以按如下方法进行操作：

(1) 选择要清除内容的单元格，按下 Delete 键。

(2) 选择要清除内容的单元格，在【开始】选项卡的"编辑"组中单击 ②清除▾ 按钮，在打开的下拉列表中选择【清除内容】选项，如图4-55所示。

（3）选择要清除内容的单元格，单击鼠标右键，从弹出的快捷菜单中选择【清除内容】命令，如图 4-56 所示。

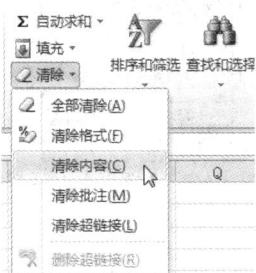

图 4-55　使用清除按钮

图 4-56　使用快捷菜单

4．移动或复制单元格内容

在 Excel 中可以很方便地对单元格内的数据进行移动或复制操作。通常情况下，可以使用鼠标移动或复制单元格数据，也可以使用工具按钮完成移动或复制操作。

如果要使用鼠标移动或复制单元格内的数据，操作步骤如下：

（1）选择要移动或复制的单元格或单元格区域。

（2）如果要进行移动，可以将光标指向所选单元格的边框上，当光标变成箭头形状时按住鼠标左键拖动到新位置，如图 4-57 所示。

（3）释放鼠标后，则移动了所选单元格中的内容，如图 4-58 所示。

图 4-57　移动单元格内容

图 4-58　完成了单元格内容的移动

（4）如果要进行复制，可以将光标指向所选单元格的边框上，当光标变成箭头形状时，先按住 Ctrl 键，再按住鼠标左键拖动到新位置即可。

如果要使用工具按钮移动或复制单元格内的数据，操作步骤如下：

（1）选择要移动或复制的单元格或单元格区域，在【开始】选项卡的"剪贴板"组单击 ✂ 按钮或 📋 按钮。

（2）选择目标单元格或单元格区域，在【开始】选项卡的"剪贴板"组中单击 📋 按钮，即可以完成移动或复制单元格内容的操作。

5．插入与删除单元格

用户可以根据需要在工作表中插入空的单元格，操作步骤如下：

（1）选择单元格或单元格区域，要插入多少单元格就选择多少单元格。

（2）在【开始】选项卡的"单元格"组中打开 按钮下方的下拉列表，选择【插入单元格】选项，如图 4-59 所示。

（3）在打开的【插入】对话框中选择一种插入方式，如图 4-60 所示。

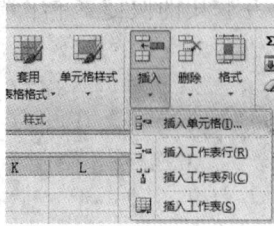

图 4-59　选择【插入单元格】选项　　　　　图 4-60　【插入】对话框

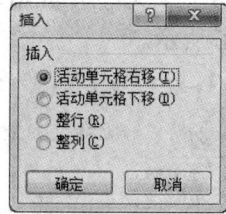

(4) 单击 确定 按钮，即可插入单元格。

在【插入】对话框中，各选项的作用如下：

❖ 【活动单元格右移】：选择该选项，则插入单元格后原单元格向右移动。

❖ 【活动单元格下移】：选择该选项，则插入单元格后原单元格向下移动。

❖ 【整行】：选择该选项，将插入整行单元格。

❖ 【整列】：选择该选项，将插入整列单元格。

删除单元格的操作与插入单元格类似：选择要删除的单元格，在【开始】选项卡的"单元格"组中打开 按钮下方的下拉列表，选择【删除单元格】选项，如图 4-61 所示，在弹出的【删除】对话框中选择一种删除方式，单击 确定 按钮即可，如图 4-62 所示。

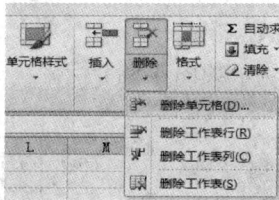

图 4-61　选择【删除单元格】选项　　　　　图 4-62　【删除】对话框

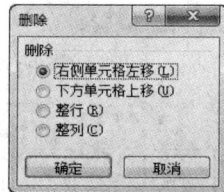

6. 合并单元格

制作表格时，如果表格的标题内容较长，而且要居中显示，需要占用多个单元格，这时就需要合并单元格。合并单元格的具体操作步骤如下：

(1) 选择要合并的多个单元格，如图 4-63 所示。

(2) 在【开始】选项卡的"对齐方式"组中单击 合并后居中 按钮，即可合并单元格，并使内容居中显示，如图 4-64 所示。

图 4-63　选择的单元格　　　　　　　　　图 4-64　合并后的单元格

4.4.2　行与列的设置

每一个工作表都是由若干行和若干列组成的。操作工作表时，经常需要对行与列进行操作。例如，按照学号录入一个学生名单，录入完成后却发现漏掉了两名学生，这时就可以根据学号所在的位置插入行，然后再补录到工作表中。

1. 插入行和列

下面结合实例讲解插入行和列的方法，具体操作步骤如下：

(1) 单击行号 5 选择该行，即"固定资产信息系统"所在的行，如图 4-65 所示。

(2) 在【开始】选项卡的"单元格"组中打开 按钮下方的下拉列表，选择【插入工作表行】选项，如图 4-66 所示。

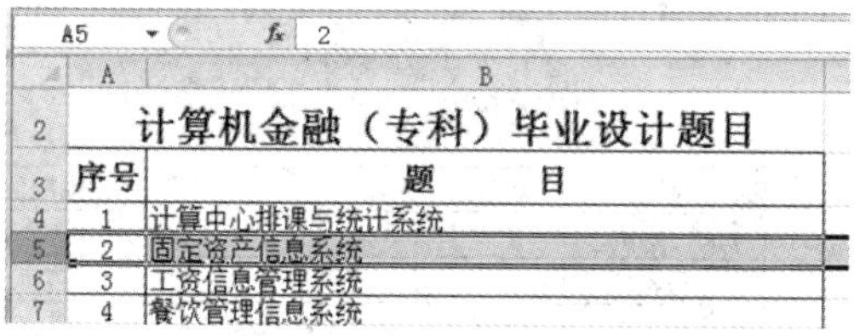

图 4-65 选择行

图 4-66 选择【插入工作表行】选项

(3) 这时将在当前行的上方插入新行，Excel 自动将行号依次顺延，如图 4-67 所示。插入新行以后，就可以在其中输入内容了。

插入列与插入行操作类似，新插入列将位于选定列的左侧，Excel 自动将右侧的列标向后顺延，但工作表的总列数保持不变。

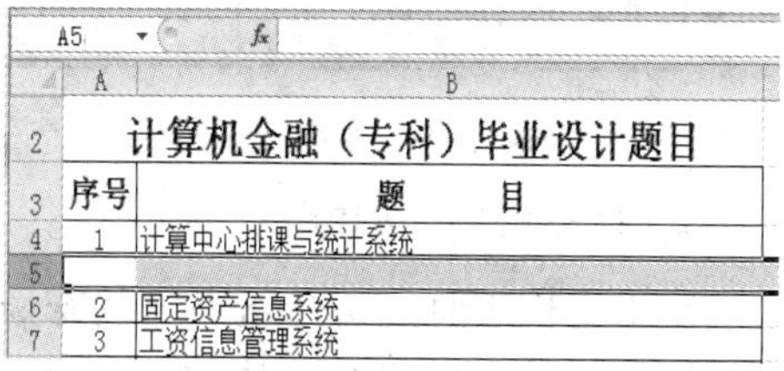

图 4-67 插入的新行

小贴士

如果要插入多行或多列，则需要选择与插入行或列相同数目的行或列，然后在"插入"下拉列表中选择【插入工作表行】或【插入工作表列】选项。另外，也可以在选择的行或列上单击鼠标右键，在弹出的快捷菜单中选择【插入】命令。

2. 删除行和列

在编辑 Excel 工作表的过程中，如果遇到多余的行或列，可以将其删除。具体操作步骤如下：

(1) 选择要删除的行，可以是一行或多行。

(2) 在【开始】选项卡的"单元格"组中打开 按钮下方的下拉列表，选择【删除工作表行】选项。

删除行以后，其下方的行号将自动减少以顺延编号，也就是说，删除行以后，仍然依次排列。另外，删除行以后，行中的内容也一并被删除。

删除列与删除行的操作类似，删除列后，其右侧的列标会自动向前顺延。

3. 移动行和列

编辑工作表时，经常需要调整某些行或列之间的顺序，例如，课程表中的"星期一"与"星期二"位置错了，需要进行调整，可以按如下步骤进行操作：

(1) 选择"星期一"所在的列。

(2) 在【开始】选项卡的"剪贴板"组中单击 ✂ 按钮，剪切该列中的内容，如图 4-68 所示。

(3) 选择"星期二"所在的列。

(4) 在【开始】选项卡的"单元格"组中打开 ▦ 按钮下方的下拉列表，选择【插入剪切的单元格】选项，即可互换位置，如图 4-69 所示。

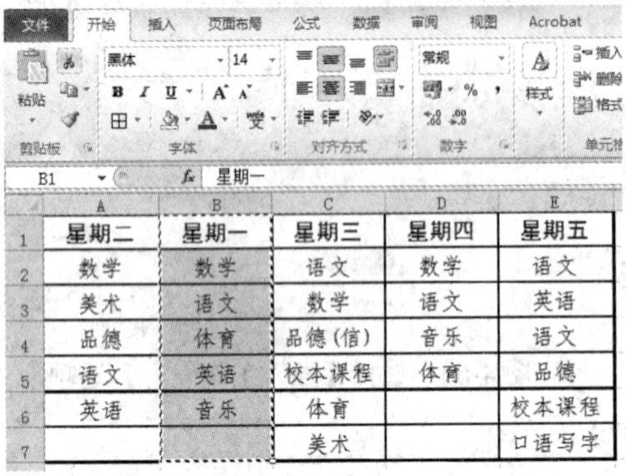

图 4-68　剪切所选的列

图 4-69　插入剪切的单元格

4．调整行高、列宽

编辑工作表时经常会遇到一些麻烦，如有些单元格中的文字只显示了一半，有些单元格只显示"######"等。这些情况都是因为单元格的行高或列宽不满足要求造成的，需要通过调整行高或列宽来解决。

将光标指向两行之间，当光标变成双向箭头时拖动鼠标，即可调整行高，如图 4-70 所示；同样方法，将光标指向两列之间，当光标变成双向箭头时拖动鼠标，即可调整列宽，如图 4-71 所示。

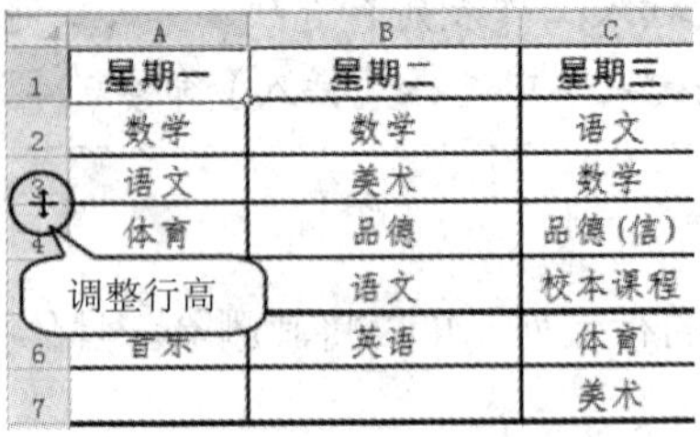

图 4-70　调整行高

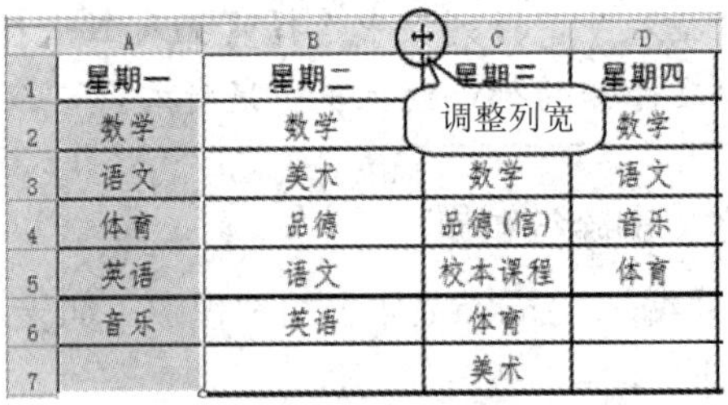

图 4-71　调整列宽

小贴士

如果要更改多行或多列的宽度，需要选择要更改的所有行或列，然后再拖动鼠标进行更改。另外，将光标指向两行或两列之间，双击鼠标则使行高或列宽自动适应最多字符的高度或宽度。

4.4.3　设置单元格格式

要美化工作表，首先应该从设置单元格的格式开始。单元格的格式包括设置数字格式、字符格式、对齐方式、字体、字号、边框和底纹、背景等。

1．设置数字格式

通常情况下，输入到单元格中的数字不包含任何特定的数字格式。由于 Excel 是一种电子表格，它的主要操作对象是数字，因此经常需要将数字设置为一定的数字格式，以方便用户识别与操作。设置数字格式的操作步骤如下：

(1) 选择要设置格式的单元格区域。

(2) 在【开始】选项卡的"数字"组中单击 常规 按钮右侧的小箭头，在打开的下拉列表中选择【货币】选项，如图 4-72 所示。

(3) 选择了数字格式后，马上得到相应的数字效果，如图 4-73 所示。

图 4-72　选择【货币】选项

图 4-73　货币格式的数字

(4) 如果要设置更多的数字格式，除了选择下拉列表中的格式以外，还可以选择列表中的【其他数字格式】选项，在打开的【设置单元格格式】对话框中设置其他格式，如图 4-74 所示。

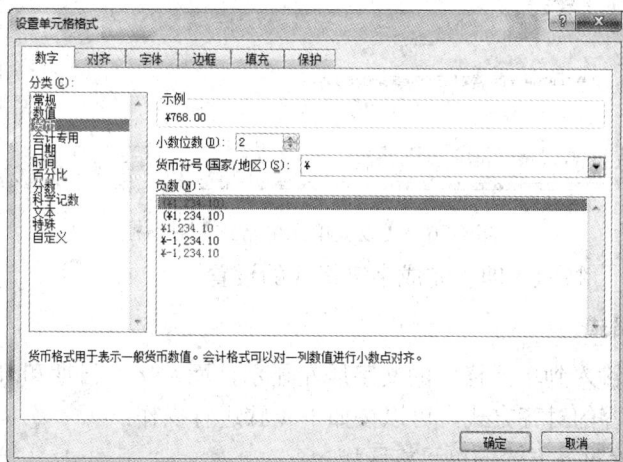

图 4-74　【设置单元格格式】对话框

(5) 单击 确定 按钮，则所选单元格中的数字将按指定的格式显示。

小贴士

在选择的单元格上单击鼠标右键，从弹出的快捷菜单中选择【设置单元格格式】命令，或者单击"数字"组右下角的 按钮，也可以打开【设置单元格格式】对话框。

2．设置字符格式

为了美化工作表，可以设置字符的格式，这也是美化工作表外观的最基本方法，主要包括字体、字号、颜色等。设置字符格式的基本操作步骤如下：

(1) 选择要设置字符格式的单元格区域。

(2) 在【开始】选项卡的"字体"组中可以设置字体、字形、字号、颜色及特殊效果等属性，如图 4-75 所示，具体方法可以参照 Word 部分的内容。

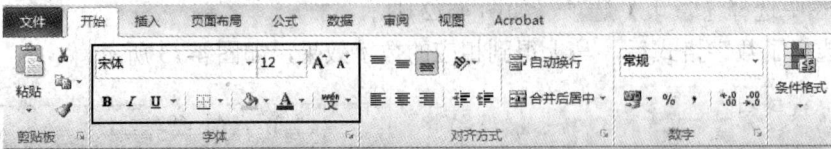

图 4-75　【开始】选项卡的"字体"组

(3) 如果要进行更多的设置，可以单击"字体"组右下角的 □ 按钮，打开【设置单元格格式】对话框，在【字体】选项卡中可以设置字符格式，这里有更多的设置，如"上标"或"下标"等，如图 4-76 所示。

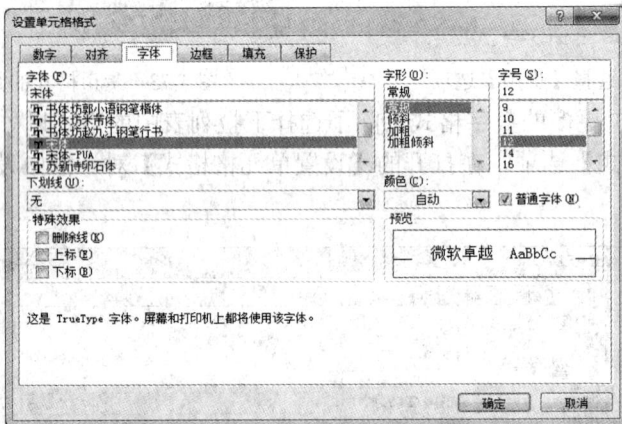

图 4-76　【设置单元格格式】对话框

(4) 单击 确定 按钮，即可完成字符格式的设置。

3．设置对齐格式

默认情况下，输入到单元格中的文字居左显示，而数字、日期和时间则居右显示。如果要改变单元格内容的对齐方式，可以按如下步骤进行操作：

(1) 选择要设置对齐方式的单元格区域。

(2) 在【开始】选项卡的"对齐方式"组中可以设置水平方向与垂直方向的对齐，如图 4-77 所示。

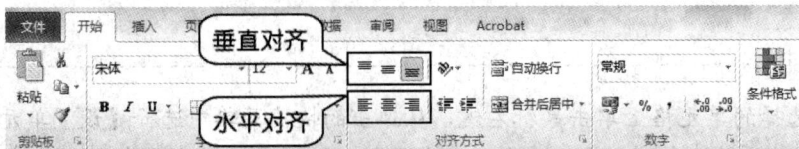

图 4-77　【开始】选项卡的"对齐方式"组

(3) 单击这些按钮,就可以设置相应的对齐效果,如图 4-78 所示为居中对齐后的效果。

图 4-78　居中对齐后的效果

(4) 选择单元格区域,例如选择第 2 行的表头,在【开始】选项卡的"对齐方式"组中单击 按钮,在打开的下拉列表中选择【顺时针角度】选项,可以改变文字的方向,如图 4-79 所示。

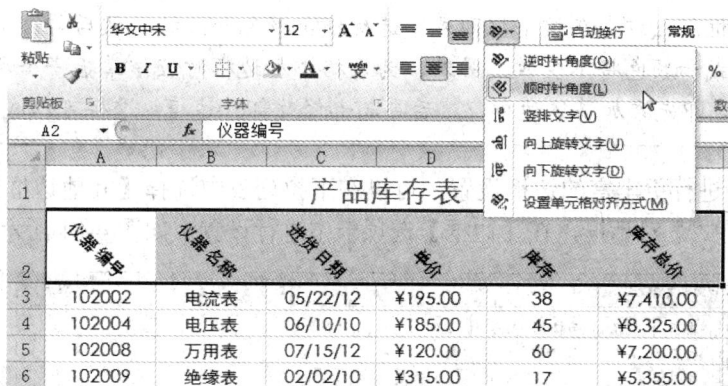

图 4-79　改变文字方向后的效果

小贴士

　　在"方向"下拉列表中可以选择其他文本方向。如果选择【设置单元格对齐方式】选项,可以打开【设置单元格格式】对话框,进行更加详细的设置。

4．设置边框和底纹

在 Excel 中,默认情况下网格线是不打印的,因此制作完表格后需要添加表格边框。另外,为了美化装饰表格,还可以为部分单元格添加底纹或图案,突出显示单元格内容。为表格或单元格添加边框的操作步骤如下:

(1) 选择要添加边框的表格或单元格。

(2) 在【开始】选项卡的"字体"组中单击 按钮,在打开的下拉列表中选择【所有框线】选项,则为表格添加了边框,如图 4-80 所示。

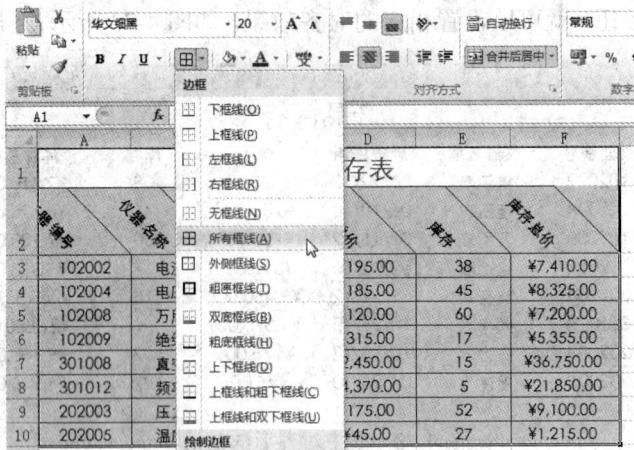

图 4-80　为表格添加边框

小贴士

　　添加边框前应该先在该下拉列表中选择线条颜色和线型，然后再添加边框，否则设置的样式和颜色将不生效。另外，为表格添加边框时应该掌握一个原则——先整体后局部，即先添加整体边框，然后再局部修改部分边框，这样可以减少工作量。

　　(3) 如果要进行更丰富的边框设置，可以在下拉列表中选择【其他边框】选项，打开【设置单元格格式】对话框，在【边框】选项卡中进行设置，如图 4-81 所示。

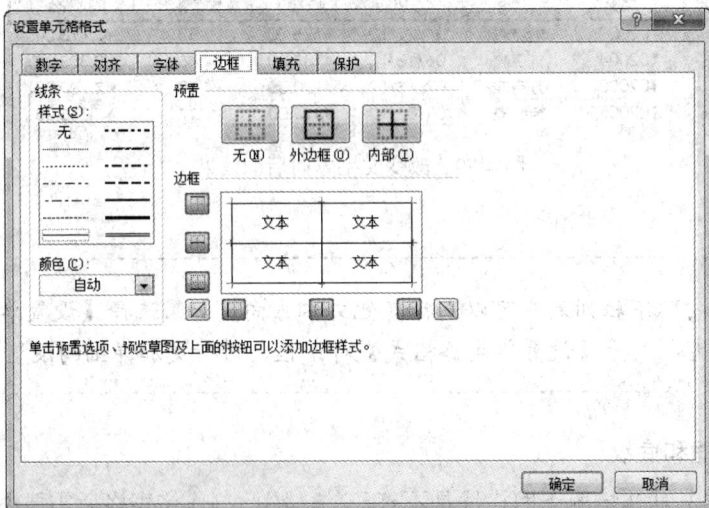

图 4-81　【边框】选项卡

　　(4) 单击 ▢ 确定 按钮，即可完成表格边框的设置。

　　设置了表格边框以后，还可以为表格或单元格添加底纹，使其更加美观，具体操作步骤如下：

　　(1) 选择要添加底纹的单元格区域，如 A2:F2。

(2) 在【开始】选项卡的"字体"组中单击 ⬛▾ 按钮，在打开的下拉列表中选择一种
颜色，则添加了底纹效果，如图 4-82 所示。

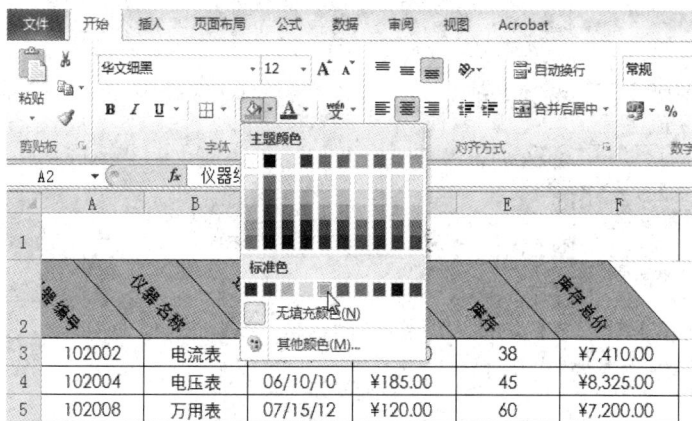

图 4-82　添加底纹效果

(3) 用同样的方法，可以为其他单元格区域添加底纹效果，如图 4-83 所示。

图 4-83　添加底纹后的表格效果

小贴士

在 Excel 中，【设置单元格格式】对话框是一个综合设置工具，在这个对话框中
可以设置字符格式、数字格式、对齐与方向、边框以及填充底纹等。另外，可以通
过多种方式打开该对话框。

5．自动套用格式

在制作表格的过程中，用户往往先在表格中输入数据，然后再逐项设置表格的格式，
这样制作出来的表格具有鲜明的个性，但会浪费大量的时间。在 Excel 中，系统预设了多
种表格样式，用户可以根据需要选择一种表格样式，直接将其应用到表格中，这样可以大
大提高工作效率。自动套用格式的基本操作步骤如下：

(1) 选择要套用格式的单元格区域。

(2) 在【开始】选项卡的"样式"组中打开 ⬛ 按钮下方的下拉列表，选择要套用的

单元格样式，如图 4-84 所示。

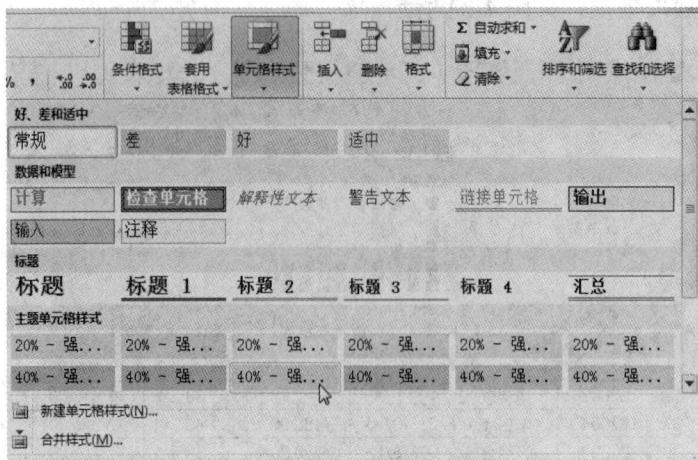

图 4-84　单元格样式

(3) 如果要对整个表格套用格式，则在"样式"组中打开 按钮下方的下拉列表，选择一种表格格式即可，如图 4-85 所示。

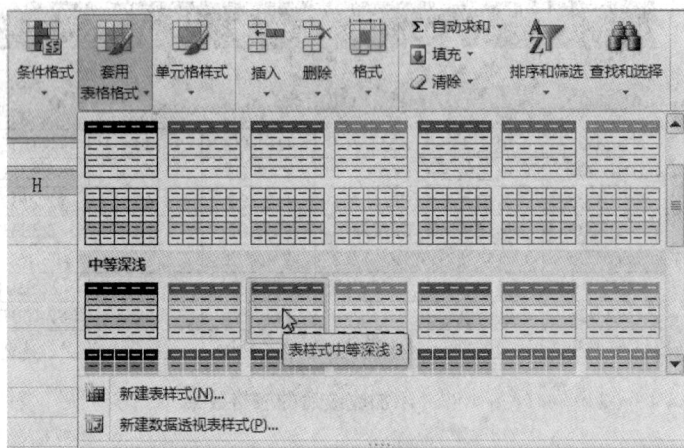

图 4-85　套用表格格式

小贴士

自动套用表格格式以后，将出现【设计】选项卡，在该选项卡中可以修改表样式、清除表样式、添加表样式等。

4.5　公式与函数

Excel 为用户提供了强大的数据处理能力，既可以对数据进行运算，也可以进行数据的统计与分析。其中最常用的数据运算方式是：公式和函数。公式可以更加方便地计算保存在工作表中的数据；函数功能最强大，用户可以使用函数快速地解决各种各样的数据运算问题。

4.5.1 单元格引用

单元格引用通常是指单元格地址引用，即用单元格地址引用单元格到公式中。例如，显示在 B 列 8 行交叉处的单元格，其引用形式为"B8"，与单元格地址的名称完全相同。在 Excel 中使用函数或公式时都需要借助单元格引用完成数据运算。

1．相对地址引用

除非特别指明，Excel 一般使用相对地址来引用单元格位置。所谓相对地址引用，是指将一个含有单元格地址的公式复制到新位置时，公式中的单元格地址会自动随之发生变化，即单元格地址的行号和列标都会随着横向或纵向的移动而呈等差序列增减。

下面以"成绩表"为例，利用相对地址引用的方式进行填充，操作步骤如下：

(1) 选择要输入公式的单元格(这里选择 F2)，然后输入"=B2+C2+D2+E2"。

(2) 将光标指向单元格(F2)右下角的填充柄上，当光标变为黑十字形状时按住左键沿 F 列垂直向下拖动鼠标复制公式，这里拖动到 F10 单元格。

(3) 释放鼠标，则复制了公式后的单元格中自动填充了计算结果，如图 4-86 所示，并且单元格地址的行号随着纵向移动而呈等差序列递增。

下面，我们看一看复制公式后的单元格内到底发生了什么变化。首先在【文件】选项卡中单击【选项】命令，在打开的【Excel 选项】对话框中选择【在单元格中显示公式而非其计算结果(R)】选项，如图 4-87 所示。

图 4-86 利用相对地址引用填充公式　　图 4-87 【Excel 选项】对话框

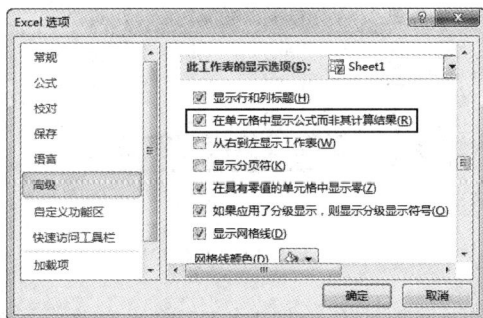

确认设置后，则 F 列中显示出公式，如图 4-88 所示。可以看出，公式中引用的单元格地址相应地发生了变化，这就是相对地址引用的特点。

	A	B	C	D	E	F
1	学生姓名	应用基础	高等数学	PASCAL	英语	总分
2	赵江一	64	75	80	77	=B2+C2+D2+E2
3	万春	86	92	88	90	=B3+C3+D3+E3
4	李俊	67	79	78	68	=B4+C4+D4+E4
5	石建飞	85	83	93	82	=B5+C5+D5+E5
6	李小梅	90	76	87	78	=B6+C6+D6+E6
7	祝燕飞	80	68	70	88	=B7+C7+D7+E7
8	周天添	50	64	80	78	=B8+C8+D8+E8
9	伍军	87	76	84	60	=B9+C9+D9+E9
10	付云霞	78	53	67	77	=B10+C10+D10+E10

图 4-88 F 列中的公式

2. 绝对地址引用

所谓绝对地址引用，是指将公式复制到新位置时那些被引用的单元格地址固定不变。书写的时候需要在单元格的行号和列标前面加一个"$"符号，如$B$8，表示该引用是绝对地址引用。

下面以"销售明细表"为例，计算出各月交纳的税金，以此比较相对地址引用与绝对地址引用的不同。具体操作步骤如下：

(1) 在 B8 单元格中输入公式"=B6*B7"，得到结果"8826.96"。

(2) 将光标指向 B8 单元格右下角的填充柄上，按住鼠标左键向右拖动鼠标复制公式到 D8 单元格，这时将得到错误的结果，如图 4-89 所示。

出现上述错误的原因是公式中使用了相对地址引用，将公式复制到 D8 单元格时，原公式就变成"=D6*D7"，而 D7 单元格内容为零，因此 D8 单元格内容为零。

(3) 修改 B8 单元格公式为绝对地址引用，即"=B6*B7"，得到相同结果"8826.96"。

(4) 将光标指向 B8 单元格右下角的填充柄上，按住鼠标左键向右拖动鼠标复制公式到 D8 单元格，这时就得到了正确的结果，如图 4-90 所示。

B8		fx	=B6*B7	
	A	B	C	D
1		销售明细表		
2		1月	2月	3月
3	空调	56874	49875	5526
4	冰箱	45868	23478	7854
5	电脑	7595	9854	9256
6	总计	110337	83207	22636
7	税率	0.08		
8	税金	8826.96	0	0
9				

图 4-89　错误的结果

B8		fx	=B6*B7	
	A	B	C	D
1		销售明细表		
2		1月	2月	3月
3	空调	56874	49875	5526
4	冰箱	45868	23478	7854
5	电脑	7595	9854	9256
6	总计	110337	83207	22636
7	税率	0.08		
8	税金	8826.96	6656.56	1810.88
9				

图 4-90　正确的结果

由于修改后的公式中将 B7 单元格改成了绝对地址引用，所以当公式复制到 D8 单元格时，原公式中的"B7"不发生改变，因此 D8 单元格内容为"=D6*B7"。

3. 混合引用与三维引用

混合引用是指同一个公式中既有相对地址引用，又有绝对地址引用。如果公式所在单元格的位置发生变化，相对引用将改变，绝对引用则不变。

如公式"=B$6*B$7"中对单元格的引用就是混合引用，复制公式后，列标改变是因为对列标使用了相对引用，行号不发生变化是因为对行号使用了绝对引用，这种引用就是混合引用，如图 4-91 所示。

三维引用是指对跨越工作簿的两个或多个工作表区域的引用。三维引用的格式为"工作表名称！单元格地址"。如公式"=sheet1!B3+sheet2!B1"表示计算 Sheet1 工作表中的 B3 单元格与 Sheet2 工作表中的 B1 单元格内容的和，如图 4-92 所示。

图 4-91　使用混合引用填充结果 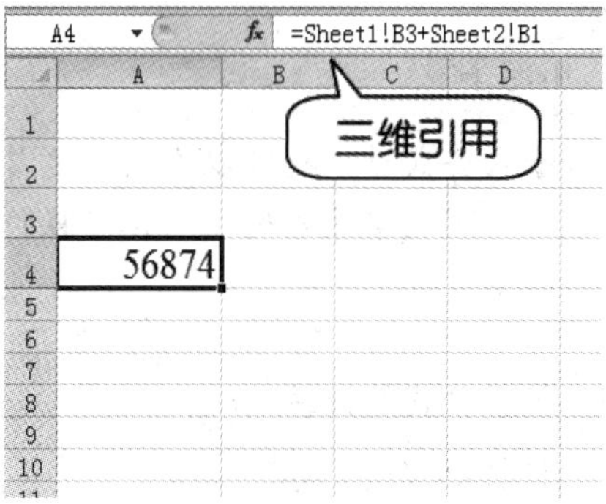　　　　　　图 4-92　使用三维引用单元格地址

4.5.2　公式

在 Excel 中，公式是一个很重要的角色，可以说没有公式的工作表只能算作是一个"表格"，不能称其为"电子表格"。

Excelc 中的公式是由数字、运算符、括号、单元格引用位置、工作表函数等组成的有效字符串，使用公式可以计算工作表中的各种数据，而且计算结果准确无误，使我们从繁杂无序的数字中解放出来，大大提高了工作效率。

1. 公式的输入

输入公式的操作类似于输入字符型数据，不同的是输入公式时要以等号"="开头，指明后面的字符串是一个公式，然后才是公式的表达式。

通过以下两种方式可以输入公式：

❖　直接在单元格中输入公式。

❖　在编辑栏右侧的编辑框中输入公式。

下面以"成绩表"为例，介绍在单元格中输入公式的基本操作步骤：

(1) 单击要输入公式的单元格，使其成为活动单元格，如 F2。

(2) 在活动单元格中输入"="，然后输入公式内容，如"= B2+C2+D2+E2"。

(3) 输入完公式后按下回车键，或者单击编辑栏中的 ✔ 按钮，这时单元格中将直接显示计算结果，而编辑框中显示的是公式，如图 4-93 所示。

(4) 如果要修改公式，可以选择含有公式的单元格，在编辑栏中进行修改，如图 4-94 所示。

图 4-93　输入公式后的运算结果 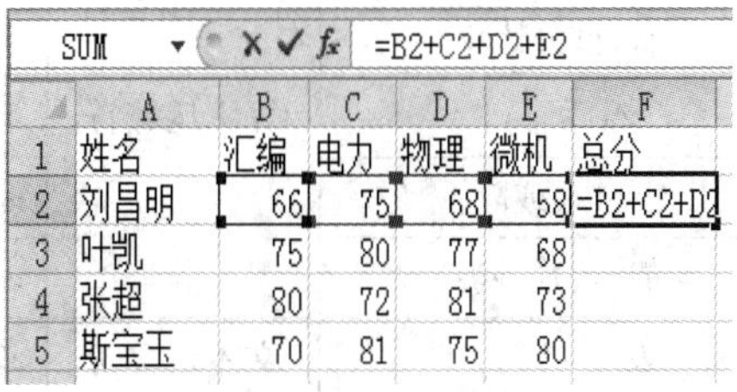　　　　　　　图 4-94　修改公式

小贴士

　　输入公式时，也可以在输入运算符以后，单击要参与运算的单元格，这时将在公式中出现该单元格地址。这种操作方法比完全使用手工录入要快一些，读者可以尝试一下。

---

2. 关于公式的计算

(1) 计算结果的显示。

在 Excel 中使用公式时，单元格中直接显示运算结果，一旦公式使用有误，就不会显示正确的结果，而是在单元格中给出错误提示。

错误提示和产生原因如下：

❖ #DIV /0!　表示除数为零。

❖ #N/A　　　表示引用了当前不能使用的值。

❖ #NAME? 表示使用了 Exccl 不能识别的名字。

❖ #NULL!　表示指定了无效的"空"内容。

❖ #NUM!　　表示使用数字的方式不正确。

❖ #REF!　　表示引用了无效的单元格。

❖ #VALUE! 表示使用了不正确的参数或运算对象。

❖ #####　　表示运算结果太长，应增加列宽。

(2) 运算符与运算顺序。

在 Excel 中有多种运算符，主要分为 4 种类型，分别是引用运算符、算术运算符、文本运算符和比较运算符。如果一个公式中同时使用了多个运算符，Excel 会按照"括号优先、从左到右、根据运算符的特定顺序进行计算"的原则进行计算。下面以表格的形式列出运算顺序，如表 4-2 所示。

表 4-2　运算符与运算顺序

运算符	分类	说 明 举 例
:(冒号)		=SUM(A2:A4) 表示对 A2～A4 等 3 个单元格求和
(空格)	引用运算符	=SUM(A2:C2　B1:B3)表示对相交单元格求和
, (逗号)		=SUM(A2,A4) 表示对 A2 和 A4 两个单元格求和
− (负号)		
%(百分比)		
^(乘幂)	算术运算符	=A1^3 表示对 A1 单元格求 3 次幂
*或/(乘或除)		=A1*B2 表示对 A1 和 B2 两个单元格求积
+ 或 − (加或减)		=A1+B2 表示对 A1 和 B2 两个单元格求和
&(连接符)	文本运算符	连接两个文本字符串，生成一个连续的文本值
= < > <= >= <>	比较运算符	

Excel 中没有大括号、中括号，需要括号时一律使用小括号，运算规则是先内后外；如果公式中包含相同优先级的运算符，将按照从左到右的顺序进行计算。

4.5.3　函数

函数就是预先编写的公式，它可以对一个或多个单元格数据进行运算，并返回一个或多个值，函数可以简化和缩短工作表中的公式。例如公式"=A1+A2+A3+A4+A5"，使用函数表示则为"=SUM(A1:A5)"，显示既简短又直观。

1. 插入函数

函数的结构为：=函数名称(参数，参数，……)。

函数中的参数可以是数字、文本、逻辑值、数组、错误值或单元格引用，也可以是常量、公式或其他函数。如果函数以公式的形式出现，需要在函数名称前面输入等号。

1) 手工输入函数

在工作表中使用函数计算数据时，如果对所使用的函数和该函数的参数类型非常熟悉，可以直接在单元格中输入函数。要注意，函数是嵌套在公式中使用的，参数使用括号"()"括起来，如"=SUM(B3:F6)"。

2) 使用分类向导

Excel 2010 将函数分为若干类型，分布在功能区【公式】选项卡的"函数库"组中，使用它可以快速地插入函数，前提是需要明确所使用的函数属于哪一类。下面以逻辑函数 IF 为例，介绍插入函数的方法。

(1) 选择要插入函数的单元格，这里选择 G2。

(2) 在【公式】选项卡的"函数库"组中打开 ⬛ 按钮下方的下拉列表，选择【IF】函数，如图 4-95 所示。

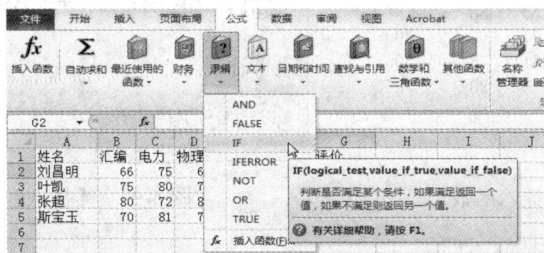

图 4-95　选择 IF 函数

(3) 在打开的【函数参数】对话框中设置函数的相应参数，如图 4-96 所示。

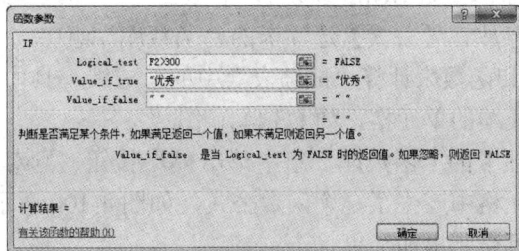

图 4-96　【函数参数】对话框

（4）单击 确定 按钮，完成插入函数操作。

（5）参照前面的操作方法，利用填充柄将 G2 单元格中的函数向下复制到 G5 单元格，判断结果如图 4-97 所示。

	A	B	C	D	E	F	G
	姓名	汇编	电力	物理	微机	总分	评价
2	刘昌明	66	75	68	58	267	
3	叶凯	75	80	77	68	300	
4	张超	80	72	81	73	306	优秀
5	斯宝玉	70	81	75	80	306	优秀
6							

图 4-97　判断结果

插入函数时，也可以在【公式】选项卡的"函数库"组中单击【插入函数】按钮 fx，如图 4-98 所示，打开【插入函数】对话框，如图 4-99 所示，在该对话框中选择要使用的函数，这里的函数与功能区中的分类函数完全一样。

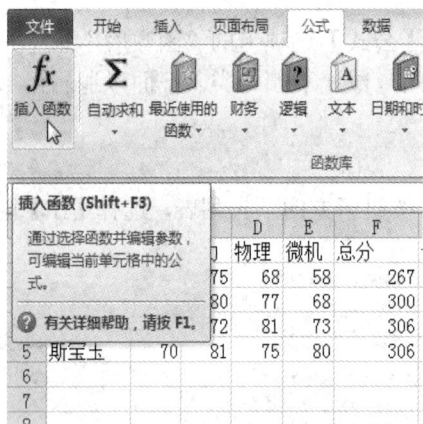

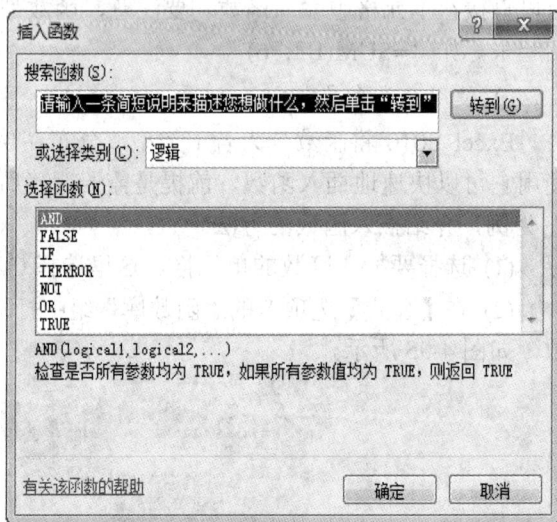

图 4-98　插入函数　　　　　　图 4-99　【插入函数】对话框

2．常用函数

Excel 提供了大量的函数，如常用函数、统计函数、三角函数、时间函数等。在日常表格计算中，最常用的是求和函数 SUM(参数 1，参数 2，……)。因此，Excel 将其设定成一个自动求和按钮 Σ，存放在【公式】选项卡的"函数库"组中。

下面，利用自动求和函数来计算"成绩表"中的总成绩，具体操作步骤如下：

（1）选择要存放总成绩的单元格，如 G3 单元格。

（2）在【公式】选项卡的"函数库"组中单击 Σ 按钮，则对其左侧的数据区域进行自动求和，并在 G3 单元格中产生了一个函数公式，如图 4-100 所示。

（3）按下回车键即可得到求和结果。

（4）利用填充柄将 G3 单元格中的函数向下复制到 G14 单元格，如图 4-101 所示。

图 4-100 使用自动求和按钮进行函数运算

图 4-101 自动复制函数计算结果

除了自动求和函数以外，Excel 还提供了一些常用的函数，整合在自动求和函数之下，如求平均值、计数、求最大值与最小值等，如图 4-102 所示，它们的使用方法与自动求和函数是一样的，下面介绍它们的作用。

图 4-102 其他常用函数

- ❖ 平均值(AVERAGE)：返回指定单元格区域中各数值的平均值(算术平均值)。
- ❖ 计数(COUNT)：计算单元格区域中不为空的单元格的个数。
- ❖ 最大值(MAX)：比较指定单元格区域中的数值，返回最大值。
- ❖ 最小值(MIN)：比较指定单元格区域中的数值，返回最小值。

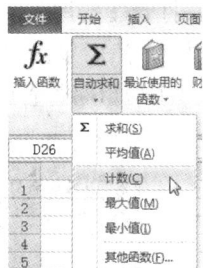

4.6 数 据 处 理

Excel 为用户提供了强大的数据处理能力，既可以对数据进行运算，也可以进行数据的统计与分析。而 Excel 的数据分析能力也十分卓越，不仅可以对数据进行排序、筛选、分类汇总，还可以创建数据透视表、模拟运算表等。

4.6.1 数据排序

数据排序是指根据指定的条件对数据清单中的记录重新排列顺序。在 Excel 中可以根据一列或几列中的数据进行排序，并且可以按照升序或降序进行排序。

1. 快速排序

快速排序即使用功能区中的按钮进行排序，这种方法适合于只对一列进行排序，具体操作步骤如下：

(1) 在要排序的列中单击任意一个单元格。

(2) 在【数据】选项卡的"排序和筛选"组中单击 按钮或 按钮，则该列按升序或降序排列，如图 4-103 所示。

图 4-103　排序后的结果

2．特殊排序

Excel 2010 可以根据多个关键字进行排序，即自定义排序。例如在"职员登记表"中先按"性别"进行排序，当性别相同时再按"工资"进行排序，这就是多条件排序，具体操作方法如下：

(1) 在工作表单击任意一个单元格。

(2) 在【数据】选项卡的"排序和筛选"组中单击 按钮。

(3) 打开【排序】对话框，在【主要关键字】下拉列表中选择"性别"，设置【次序】为"降序"，然后单击 添加条件(A) 按钮，可以添加【次要关键字】选项，并在其下拉列表中选择"工资"，设置【次序】为"升序"，如图 4-104 所示。

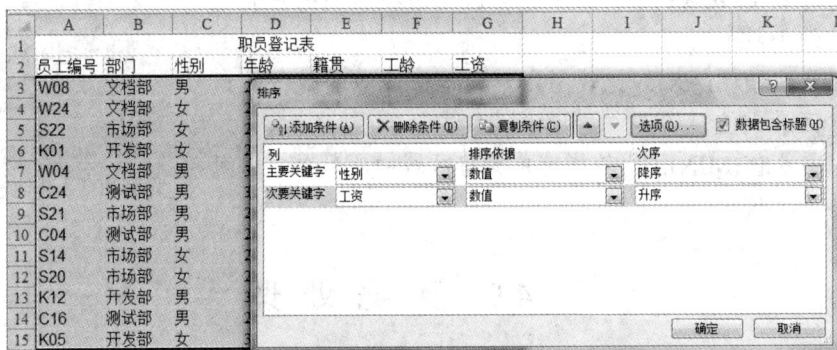

图 4-104　【排序】对话框

(4) 单击 确定 按钮，则排序结果如图 4-105 所示。

图 4-105　排序结果

　　数据间的顺序只有两种：升序与降序。不同类型的数据在参与排序时，它们的优先级也是不同的。如果降序排列，依次是符号、数值、文本。对于数值，Excel 按数值大小排序；对于文本，Excel 将根据字母顺序、首写拼音顺序或笔画顺序来排序，空格将始终被排在最后。

4.6.2　数据筛选

　　数据筛选是指从工作表中选出符合条件的记录，把不符合条件的记录暂时隐藏起来。这是一种查找数据的快速方法。在 Excel 中，用户可以使用自动筛选、自定义筛选和高级筛选等方式筛选数据。

1．自动筛选

　　自动筛选是一种快速方法，它可以方便地将满足条件的记录显示在数据表中，将不满足条件的记录隐藏。一般情况下，使用自动筛选就可以满足大部分工作的需要。

　　(1) 在工作表中单击任意一个单元格。

　　(2) 在【数据】选项卡的"排序和筛选"组中单击 按钮，则工作表中每个字段名称的右侧都将出现一个筛选按钮，如图 4-106 所示。

　　(3) 单击"部门"字段右侧的筛选按钮，则打开一个下拉列表，只选择其中的【市场部】选项，如图 4-107 所示。

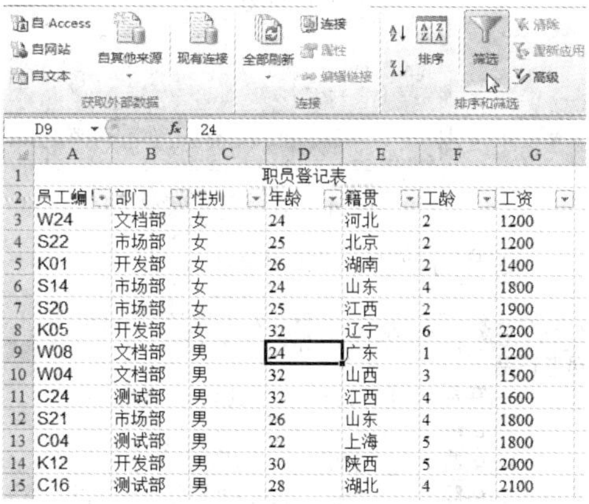

图 4-106　筛选按钮　　　　　　　　　图 4-107　选择筛选条件

　　(4) 单击 确定 按钮，则根据条件筛选出符合要求的数据，如图 4-108 所示。

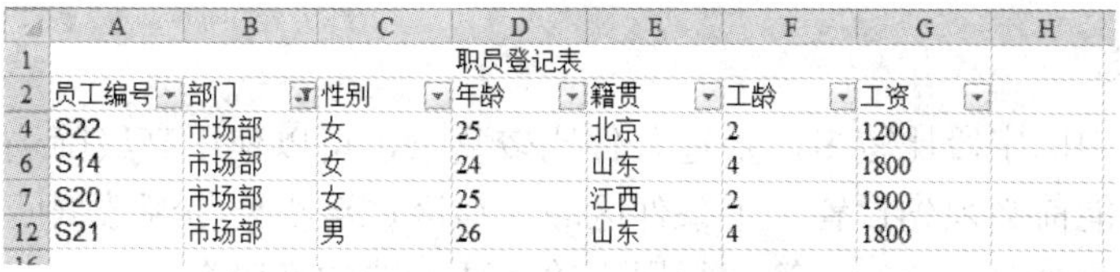

图 4-108　筛选出的数据

小贴士

　　使用自动筛选方式筛选数据时，一次只能对一个字段进行筛选，如果要对多个字段进行筛选，可以分次筛选，即在前一次的筛选结果中再进行筛选。另外，如果要关闭自动筛选，再次在【数据】选项卡的"排序和筛选"组中单击 🍸 按钮即可。

2．自定义筛选

　　使用自动筛选只能满足一个条件，假设要筛选出"工资"在1500～1800的员工，这时就要进行自定义筛选，具体操作步骤如下：

　　(1) 单击"工资"字段右侧的筛选按钮，则打开一个下拉列表，指向【数字筛选】，在打开的子列表中选择【自定义筛选】选项，如图4-109所示。

　　(2) 在打开的【自定义自动筛选方式】对话框中根据要求设置筛选条件，如图4-110所示。

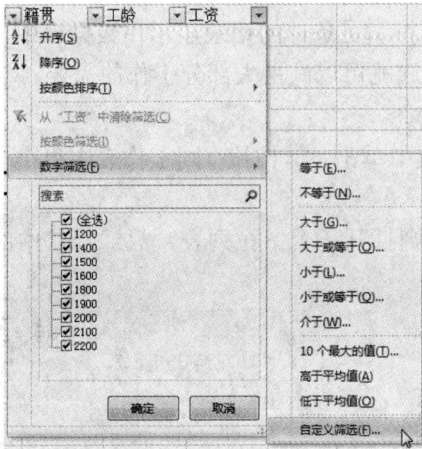

图4-109　选择【自定义筛选】选项

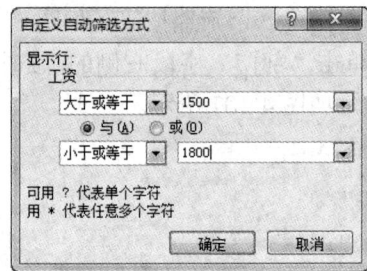

图4-110　设置筛选条件

　　(3) 单击 确定 按钮，即可筛选出符合要求的数据，如图4-111所示。

⬜	A	B	C	D	E	F	G	H
1				职员登记表				
2	员工编号	部门	性别	年龄	籍贯	工龄	工资	
6	S14	市场部	女	24	山东	4	1800	
10	W04	文档部	男	32	山西	3	1500	
11	C24	测试部	男	32	江西	4	1600	
12	S21	市场部	男	26	山东	4	1800	
13	C04	测试部	男	22	上海	5	1800	

图4-111　筛选出的记录

3．高级筛选

　　如果工作表中的字段比较多，筛选条件比较复杂，可以使用高级筛选功能进行筛选。使用高级筛选功能前必须先设置一个条件区域，该区域至少要与源数据间隔一行和一列的距离。条件区域至少要有两行，第一行用于输入要筛选的字段名，第二行以下用于输入要查找的条件，在同一行中的条件为"与"的关系，在不同行中的条件为"或"的关系。下面通过实例分别讲解"与"和"或"条件的高级筛选方法。

(1) 在工作表的下方输入筛选条件，创建条件区域，如图 4-112 所示。由于条件在同一行中，因此它们之间是"与"的关系，即要筛选出性别为"男"、年龄>25，并且工资>1600 的员工。

(2) 在【数据】选项卡的"排序和筛选"组中单击 〔▽ 高级〕按钮，在打开的【高级筛选】对话框中设置选项如图 4-113 所示。

图 4-112　输入筛选条件　　　　　图 4-113　【高级筛选】对话框

在【高级筛选】对话框中各选项的作用如下：

❖ 【方式】：用于确定筛选结果的显示位置。

❖ 【列表区域】：单击右侧的 按钮，可以选择要筛选的数据区域。

❖ 【条件区域】：单击右侧的 按钮，可以选择条件区域。

❖ 【复制到】：单击右侧的 按钮，可以指定筛选结果的位置。

(3) 单击 确定 按钮，则筛选结果如图 4-114 所示。

图 4-114　筛选结果

4.6.3　数据分类汇总

使用工作表时，经常需要从大量的数据中概括出某种汇总信息，以便作出分析判断。Excel 提供的分类汇总是一种管理数据的重要工具，它可以将数据表中的数据分门别类地分级显示，并可以对它们自动进行求和等计算。

1. 创建分类汇总

分类汇总是指将工作表中关键字相同的一些记录合并为一组，并对每组记录按列进行求和等统计运算。在对某字段进行分类汇总之前，需要对该字段进行排序，做到先分类，后汇总。例如，要对职员表中的"性别"进行分类汇总，具体操作步骤如下：

(1) 在要分类汇总的"性别"一列中单击鼠标，然后在【数据】选项卡的"排序和筛选"组中单击 ↓ 按钮或 ↑ 按钮，对"性别"一列进行排序，如图 4-115 所示。

(2) 在【数据】选项卡的"分级显示"组中单击 按钮，打开【分类汇总】对话框，根据要求设置相应的选项，如图 4-116 所示。

図 4-115　对"性别"一列进行排序　　　图 4-116　【分类汇总】对话框

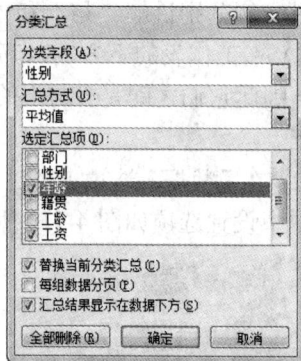

在【分类汇总】对话框中各选项的作用如下：

❖ 【分类字段】：用于选择分类的依据。

❖ 【汇总方式】：用于设置汇总方式，如求和、计数等。

❖ 【选定汇总项】：用于确定对哪些字段进行汇总。

❖ 【替换当前分类汇总】：选择该选项，新的汇总结果将替换原数据，否则产生新的汇总结果。

❖ 【每组数据分页】：选择该选项，汇总结果将分页显示。

❖ 【汇总结果显示在数据下方】：选择该选项，汇总结果将在数据下方显示，否则在数据上方显示。

(3) 单击 确定 按钮，则分类汇总的结果如图 4-117 所示。

图 4-117　分类汇总结果

对工作表数据进行分类汇总以后，在显示分类汇总结果的同时，分类汇总表的左侧出现了分类层次的选择按钮和概要线。分类汇总的结果包含细节数据，但可以根据需要单击相应的按钮显示或隐藏细节数据。

❖ 单击 ⊞ 按钮，可以显示细节数据。

❖ 单击 ⊟ 按钮，可以隐藏细节数据。

❖ 单击 1 按钮，将只显示总的汇总结果。

❖ 单击 2 按钮，将显示第二级数据。

❖ 单击 3 按钮，将显示第三级数据。

❖ 在【数据】选项卡的"分级显示"组中单击 显示明细数据 按钮，可以展开一组折叠的单元格。单击 隐藏明细数据 按钮，可以隐藏一组展开的单元格。

2．删除分类汇总

如果用户对设置的分类汇总不满意，可以删除工作表中的分类汇总，重新设置新的分类汇总，具体操作步骤如下：

(1) 单击含有分类汇总的任意单元格。

(2) 在【数据】选项卡的"分级显示"组中单击 按钮，打开【分类汇总】对话框，单击 全部删除(R) 按钮即可删除分类汇总。

4.7　图　　表

使用图表可以让用户直观、全面地判断数据的变化和发展趋势，极大地增强了数据变化的表现力，它可以将数据以各种图表的形式表现出来，为用户进一步分析数据和进行决策分析提供依据。

4.7.1　图表的类型

Excel 提供了多种图表类型，每一种类型中还提供了多种不同的子类型。因此，用户要根据实际工作需要选择不同的图表类型。

1．柱形图

柱形图是 Excel 中默认的图表类型，也是日常生活中经常使用的一种图表类型，根据它的形状又称它为"直方图"，柱形图用于显示不同数据之间的数量比较，如图 4-118 所示。

2．折线图

折线图用于显示一段时间内事物的变化趋势，是用直线将许多的数据点连接起来组成的，可以显示数据间的变化趋势。通常用 X 轴表示时间的变化，用 Y 轴表示各时间段的数据大小，如图 4-119 所示。

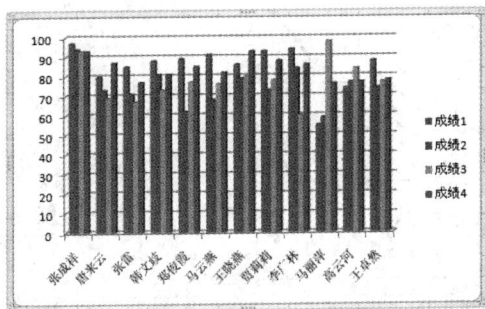

图 4-118　柱形图

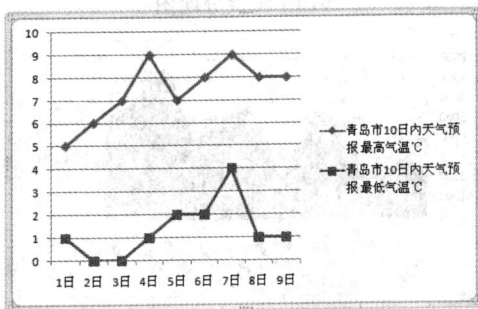

图 4-119　折线图

3．饼图

饼图是将一个圆饼分成若干的扇形面，每个扇面代表一项数据值，用于显示一个整体中不同部分之间的比例关系。例如，学生成绩及格比例图、商品销售统计图等，如图 4-120 所示。

4．条形图

条形图强调各个数据项之间的差别，用水平的横条或立体的水平横条的长度来表示数据值的大小情况。它与柱形图不同，分类项放在垂直轴上，而数据项则放在水平轴上，这样突出了数据的比较，如图 4-121 所示。

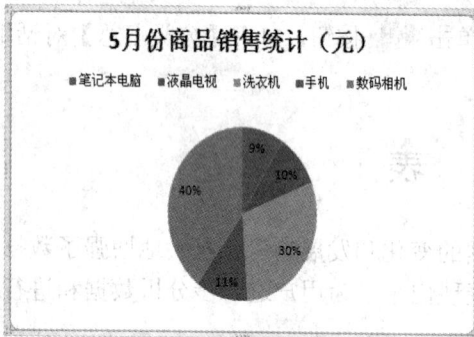

图 4-120　饼图

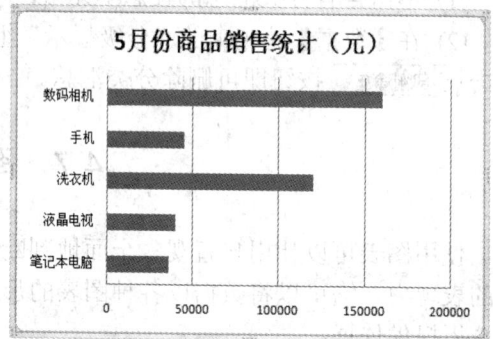

图 4-121　条形图

5．面积图

面积图强调数量随时间而变化的关系，用于引起人们对总值变化趋势的注意，例如，表示随时间而变化的利润数据。另外，通过显示值的总和，面积图还可以显示部分与整体的关系，如图 4-122 所示。

6．散点图

散点图显示若干数据系列中各数值之间的关系，或者将两组数绘制为 X、Y 坐标的一个系列。散点图有两个数值轴，沿水平轴(X 轴)方向显示一组数值数据，沿垂直轴(Y 轴)方向显示另一组数值数据。散点图通常用于显示和比较数值，例如科学数据、统计数据和工程数据等，如图 4-123 所示。

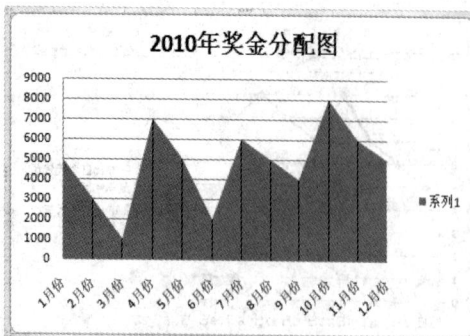

图 4-122　面积图

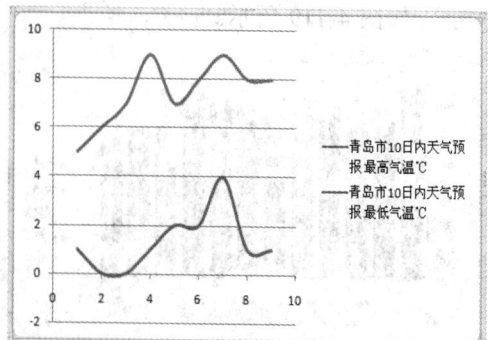

图 4-123　散点图

7．股价图

股价图一般用来描述一段时间内股票价格的变化情况。它包括 4 种子图表类型：盘高－盘低－收盘图、开盘－盘高－盘低－收盘图、成交量－盘高－盘低－收盘图、成交量－开盘－盘高－盘低－收盘图，如图 4-124 所示。

8．曲面图

在比较两组数据之间的最佳组合时，曲面图是很有用的。它类似于拓扑图形，曲面图中的颜色和图案表示在同一取值范围内的区域，如图 4-125 所示。

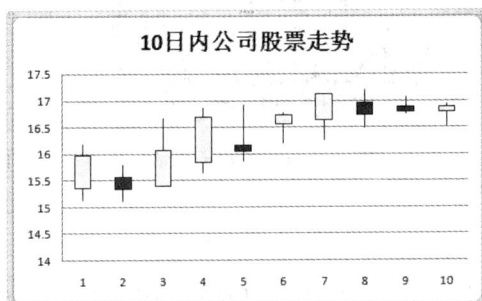

图 4-124　股价图

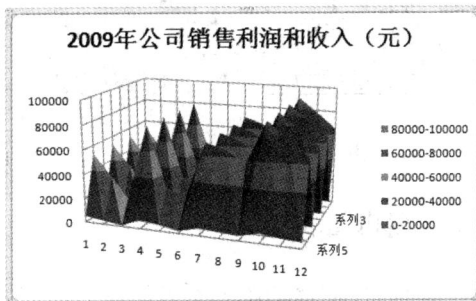

图 4-125　曲面图

9．圆环图

圆环图与饼图非常相似，它把一个圆环划分为若干个圆环段，每个圆环段代表一个数据值在相应数据系列中所占的比例，如图 4-126 所示。

10．雷达图

雷达图由中心向四周辐射出的多条数值坐标轴所构成。每个分类都拥有自己的数值坐标轴，把同一数据系列的值用折线连接起来就形成了雷达图。雷达图用来比较若干数据系列的总体水平值，如图 4-127 所示。

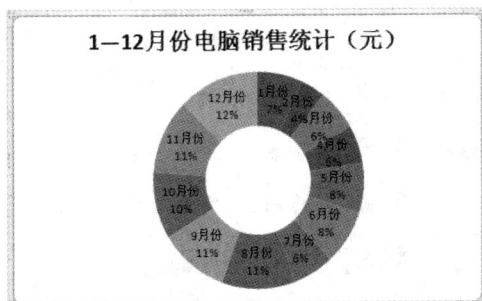

图 4-126　圆环图

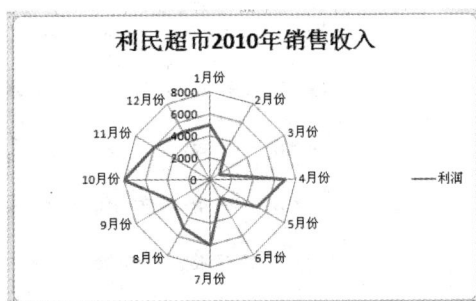

图 4-127　雷达图

4.7.2　创建图表

创建图表之前，需要先确定创建图表的数据源，再选择相应的图表类型，即可快速地创建图表。具体操作步骤如下：

(1) 打开数据源，在工作表中的任意单元格上单击鼠标。

(2) 在【插入】选项卡的"图表"组中单击 ▮▮ 按钮，在打开的下拉列表中选择一种柱形图，如图 4-128 所示。

(3) 选择了图表样式以后，立刻生成一个图表，如图 4-129 所示。

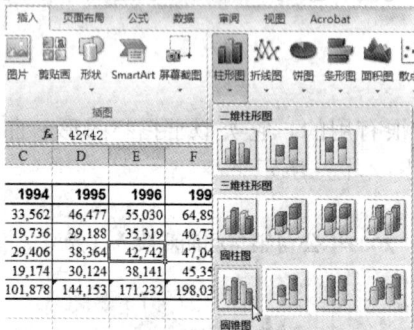

图 4-128　选择柱形图

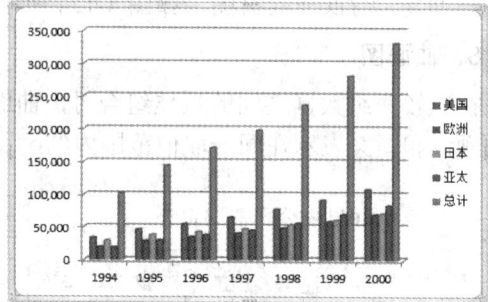

图 4-129　创建的图表

4.7.3　编辑图表

如果直接创建的图表不能满足工作需要，可以对其进行修改和编辑。图表中的任意部分都可以修改，包括图表的位置、大小、绘图区、图例、分类轴和数据系列等。

1．设置图表样式

如果创建的图表不能满足用户的实际需求，通常还需要对图表的样式进行设置，在 Excel 2010 中包含了多种内置的图表样式，用户可以直接选择并应用。设置图表样式的具体操作步骤如下：

(1) 选择图表。

(2) 在【设计】选项卡的"图表样式"组中单击右下角的 ▾ 按钮，在打开的下拉列表中选择要使用的样式即可，如图 4-130 所示。

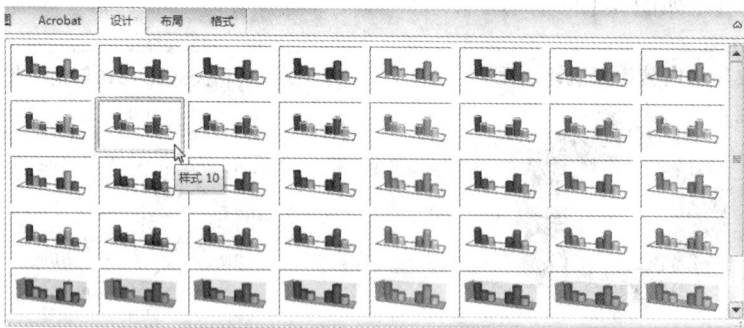

图 4-130　选择图表样式

(3) 选择样式之后，图表立即应用所选择的图表样式。

2．设置图表的布局

图表的布局决定了图表的实质外观，例如，是否包括图例、图表标题、坐标轴等。在 Excel 2010 中包含了多种图表布局，用户可以选择图表布局来设置图表，另外，还可以单独设置图表的标题、坐标轴标题、图例等。设置图表布局的具体操作步骤如下：

（1）选择图表。

（2）在【设计】选项卡的"图表布局"组中单击右下角的 ▾ 按钮，在打开的下拉列表中选择要使用的图表布局即可，如图 4-131 所示。

（3）选择了图表布局之后，则图表自动更新为新的图表布局，如图 4-132 所示。

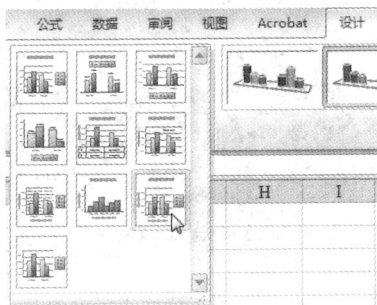

图 4-131　选择图表布局

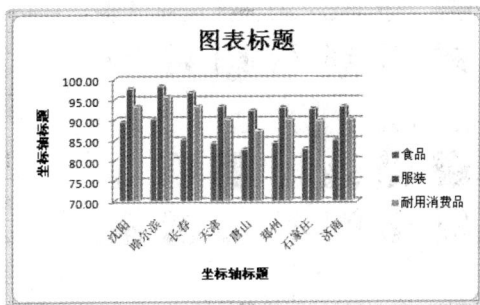

图 4-132　新的图表布局

（4）在图表中单击"图表标题"，更改为"主要城市消费统计"；用同样的方法，更改"坐标轴标题"，结果如图 4-133 所示。

（5）在【布局】选项卡的"标签"组中单击 ▦ 按钮，在打开的下拉列表中选择【显示模拟运算表】选项，结果如图 4-134 所示。

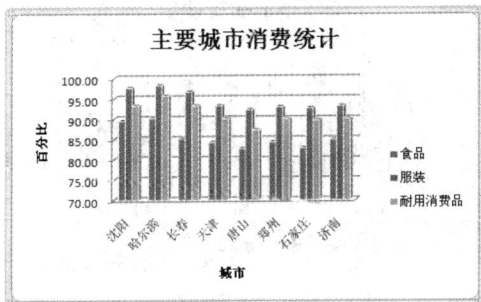

图 4-133　更改图表标题和坐标轴标题

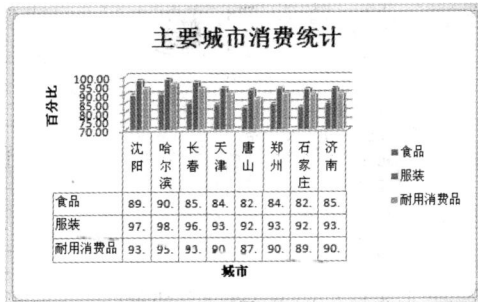

图 4-134　显示模拟运算表后的效果

> **小贴士**
>
> 　　插入图表以后会出现【图表工具】选项卡，在该选项卡下还有【设计】、【布局】、【格式】等 3 个选项卡，其中在【布局】选项卡中，可以设置图表的各组成部分，如图表标题、图例、坐标轴标题、网格线等。

3. 设置图表的格式

为了使图表更加美观，满足用户的需求，需要对图表格式进行相应的设置，如填充图表区和绘图区、设置坐标轴等。设置图表格式的具体操作步骤如下：

（1）选择图表。

（2）在【格式】选项卡的"形状样式"组中单击右下角的 ▾ 按钮，在打开的下拉列表中选择要使用的样式即可，如图 4-135 所示。

(3) 选择了形状样式之后，则图表立即显示新的外观，如图 4-136 所示。

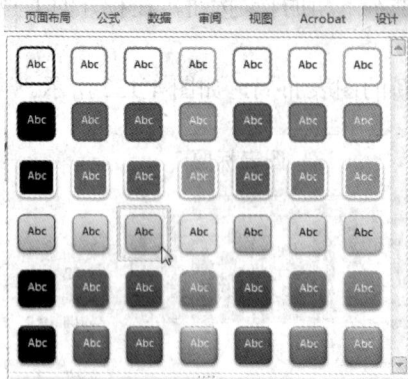

图 4-135　选择形状样式

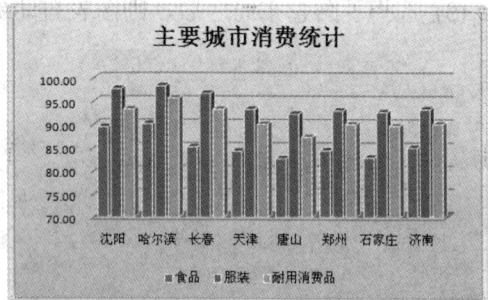

图 4-136　应用了形状样式后的图表

(4) 在【格式】选项卡的"当前所选内容"组中单击 `绘图区` 按钮右侧的小箭头，在打开的下拉列表中可以选择图表的组成部分，例如选择"绘图区"，如图 4-137 所示。

(5) 重复前面的步骤，在"形状样式"组中选择一种样式，则图表的效果如图 4-138 所示。

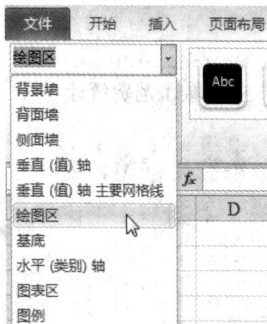

图 4-137　选择图表的组成部分

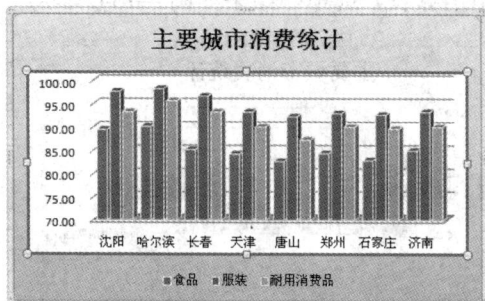

图 4-138　图表效果

(6) 用同样的方法，可以设置其他组成部分的样式。

小贴士

实际上，设置图表格式与设置形状或文本框格式完全一致，很多内容的设置可以参考它们，如样式、填充、轮廓、效果等，除此之外，还包括艺术字的样式，也就是说，图表中的文字可以设置为艺术字。

4．移动图表的位置

默认情况下，插入的图表是嵌入在当前的工作表中，用户可以直接拖动它在当前工作表中移动其位置，也可以在工作表之间移动图表，具体操作步骤如下：

(1) 选择图表。

(2) 在【设计】选项卡的"位置"组中单击 按钮，弹出【移动图表】对话框，如图 4-139 所示。

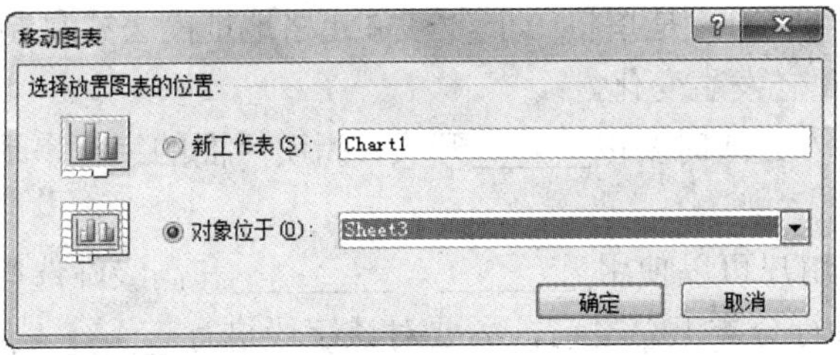

图 4-139　【移动图表】对话框

(3) 选择【新工作表】选项，可以将图表移动到一个新的工作表中；而选择【对象位于】选项，可以将工作表移动到其他工作表中，设置好选项后，单击 确定 按钮，即可移动工作表的位置。

※ 学习感悟

_____

_____

_____

_____

_____

_____

_____

_____

_____

_____

本 章 习 题

一、填空题

1. 编辑栏是 Excel 特有的工具栏，主要由两部分组成：_____和_____。

2. 在 Excel 中，工作簿、工作表、单元格三者之间的关系是_____关系，一个 Excel 文档就是一个_____。

3. Excel 有一个特殊的工具_____，将光标指向它，然后拖动鼠标可以自动填充相应的内容。

4. 所谓_____引用，是指将一个含有单元格地址的公式复制到新位置时，公式中的单元格地址会自动随之发生变化。

5. 在单元格中输入公式时要以_____开头，指明后面的字符串是一个公式，然后才是公式的表达式。

6. 在 Excel 中，用户可以使用_____、_____和高级筛选等方式筛选数据。

7. 在对某字段进行分类汇总之前，需要对该字段进行_____，然后才能进行汇总。

8. _____是 Excel 中默认的图表类型，根据它的形状又称它为"直方图"。

二、简述题

1. 如何调整行高和列宽？

2. 怎样解决下面的错误提示？

(a) #####　　　　(b) #DIV /0!　　(c) #VALUE!　　(d) #NAME?

3. 怎样在单元格中输入下列内容？

(a) 当前时间　　(b) 数字字符串　　(c) 负数　　(d) 分数　(e) 当前日期

4. 如何在工作表中同时插入 5 行单元格？

5. 如果要同时在多个单元格输入相同的内容，可以有几种操作方法？

三、操作题

1. 新建一个空白的工作簿文件，命名为"学生成绩汇总"，将其中的 3 个工作表分别命名为"一班""二班""四班"，然后在"四班"工作表的左侧再插入一个新的工作表，命名为"三班"。

2. 自定义一个序列"清华、北大、人大、复旦、同济"，然后在工作表中进行填充练习。

3. 在一行单元格中分别输入"1""2""4""7""10"，然后在一个空白的单元格中应用函数分别进行求和、计数、求最大值、求平均值计算。

4. 输入一个学生成绩表，然后分别计算出每个学生的总成绩，并对总成绩按降序排列，当成绩相同时，按姓名字母进行升序排列。

第 5 章　PowerPoint 2010 演示文稿

✦✦✦✦✦✦✦✦✦✦✦✦✦✦✦✦✦✦✦✦✦✦✦✦✦✦✦✦✦✦✦✦

　　PowerPoint 2010 也是 Office 办公软件中的重要一员，主要用于制作幻灯片、演示文稿、课件、会议简报、产品展示等，还可以在演示文稿中插入图表、图形、音频、视频等对象，以增强文稿的演示效果。由 PowerPoint 制作的演示文稿通常称为 PPT。该软件与 Word、Excel 等办公软件具有极其相似的外观，功能实用，操作简单，所以极易上手，本章将学习 PowerPoint 2010 的基本知识。

※ 目标规划

1. 熟悉幻灯片知识
2. 掌握 PowerPoint 2010 基础操作技能

5.1　PowerPoint 2010 概述

　　PowerPoint 2010 是一款用于制作、维护、播放演示文稿的应用软件，可以在演示文稿中插入并编辑文本、图片、声音、视频、艺术字、SmartArt 图形等对象，并且可以设置动画效果与幻灯片切换效果。

5.1.1　PowerPoint 2010 的新增功能

　　与 PowerPoint 2007 版本相比，PowerPoint 2010 拥有比以往更多的方式来创建动态演示文稿并与观众共享，新增的视频和图片编辑功能是 PowerPoint 2010 的最大亮点，主要的新增功能包括以下几个方面。

1. 强大的视频、图像处理功能

　　在视频方面，PowerPoint 2010 除了可以直接插入视频以外，还可以对插入的视频进行剪裁、更正颜色、设置样式等操作，从而为演示文稿增添了专业的多媒体体验。另外，还可以将演示文稿保存为视频格式，并且可以控制多媒体文件的大小和视频的质量。

　　在图像方面，一是对于插入的图像可以进行裁剪、抠图、设置艺术效果、着色、添加纹理、高级更正与颜色调整等，从而使图像看起来效果更佳；二是增加了一个屏幕截图工具，可以随时获得屏幕上的绚丽效果；三是新增了大量自定义主题和 SmartArt 图形布局。除此以外，对于插入的形状可以进行组合、联合、交点、剪除等操作。

2．动画与幻灯片切换效果更丰富

关于动画，PowerPoint 2010 给予了足够的重视，其最大的特点是将"幻灯片切换"效果从【动画】选项卡中独立出来，命名为【切换】选项卡，如图 5-1 所示。

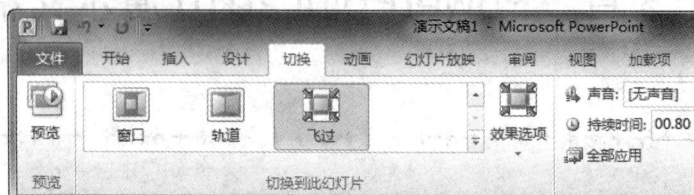

图 5-1　独立出来的【切换】选项卡

【切换】选项卡主要用于设置幻灯片的切换效果，并且增加了很多绚丽的特效，原有的切换效果也变得更加华丽。【动画】选项卡主要针对幻灯片元素加入各种动画特效，并且新增了"动画刷"工具，功能类似于 Word 或 Excel 中的"格式刷"工具，可以让用户快速地把一个对象上的动画移植到另一个对象上。

3．使用广播幻灯片联机共享演示文稿

PowerPoint 2010 的"共同创作"功能可以让多个用户通过网络同时编辑一个演示文稿，并借助该软件进行即时通信。

另外，PowerPoint 2010 还新增了"广播幻灯片"功能，不论对方的计算机上是否安装了 PowerPoint，也不需要进行其他任何设置，就可以借助网络浏览器观看幻灯片放映。

5.1.2　PowerPoint 2010 界面简介

PowerPoint 2010 用于创建与放映演示文稿，通过它可以快速地创建极具感染力的动态演示文稿。参照启动 Word 2010 的方法启动 PowerPoint 2010 即可，由于它与 Word、Excel 同属于微软的 Office 办公系列，所以拥有同样美观的界面，而且界面组成大同小异，除了拥有统一的功能区以外，它还具有独特的组成部分，如图 5-2 所示。

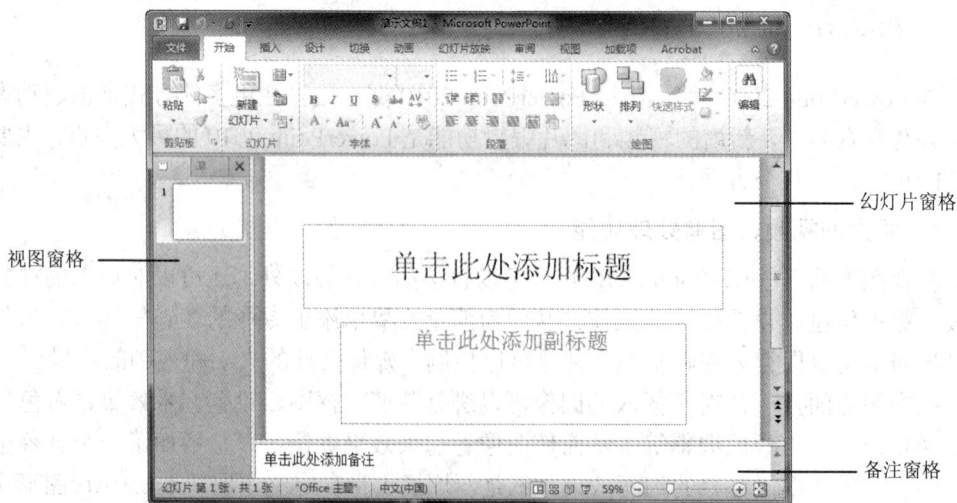

图 5-2　PowerPoint 2010 的界面组成

由图 5-2 可以看到，PowerPoint 2010 的工作窗口除了拥有标题栏、功能区、状态栏之外，还有幻灯片窗格、视图窗格与备注窗格。

1. 幻灯片窗格

在 PowerPoint 工作窗口中，幻灯片窗格占据了最大的区域，中间的白色部分就是要编辑的幻灯片，它是演示文稿的核心部分，在幻灯片上可以添加文本，插入图片、图形、表格、SmartArt 图形、图表、文本框、电影、动画、视频、音频、超链接等，从而形成图文并茂、声像纷呈的幻灯片效果。

2. 视图窗格

视图窗格中有两个选项卡：【幻灯片】与【大纲】选项卡，默认情况下显示的是【幻灯片】选项卡。

在【幻灯片】选项卡中，当前演示文稿中的所有幻灯片都以缩略图的形式显示，以便查看幻灯片的设计效果，如图 5-3 所示。在【大纲】选项卡中，当前演示文稿中的所有幻灯片都以大纲的形式列出，如图 5-4 所示。

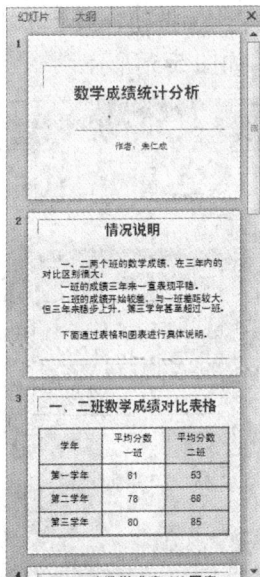

图 5-3　【幻灯片】选项卡　　　　　图 5-4　【大纲】选项卡

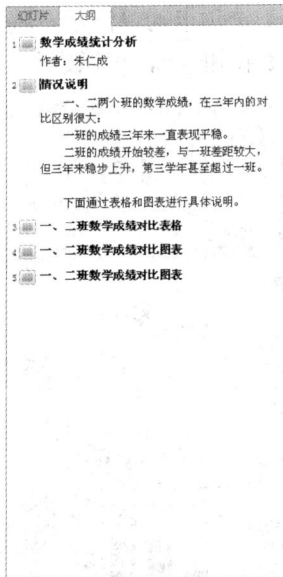

3. 备注窗格

备注窗格位于幻灯片窗格的下方，通常用于为幻灯片添加注释说明，如幻灯片的内容摘要等。用户可以打印备注，也可以在展示演示文稿时进行参考。

将光标指向视图窗格或备注窗格与幻灯片窗格的边界线上时，光标将变成双向箭头，这时拖动鼠标，可以调整各窗格的大小。

5.1.3　PowerPoint 2010 视图模式

视图是演示文稿在屏幕上的显示方式。PowerPoint 2010 的状态栏右侧有 4 种视图按钮，分别是普通视图、幻灯片浏览视图、阅读视图和幻灯片放映视图；而在【视图】选项卡的演示文稿视图组中也有 4 种视图，分别是普通视图、幻灯片浏览视图、备注页视图和阅读视图，所以 PowerPoint 2010 共有普通视图、幻灯片浏览视图、备注页视图、阅读视图、幻灯片放映视图 5 种视图模式，其中普通视图中还包含了【幻灯片】和【大纲】两个选项卡。

1．普通视图

启动 PowerPoint 2010 以后，系统将自动进入普通视图，它是设计演示文稿的主要场所。如果当前视图为其他视图，可以在【视图】选项卡的"演示文稿视图"组中单击 按钮，或者单击状态栏右侧的【普通视图】按钮，将其切换到普通视图中。

普通视图共包括 3 个窗格，即视图窗格、幻灯片窗格和备注窗格。默认状态下，普通视图中的幻灯片窗格最大，其余两个窗格较小。在实际操作时，为了满足工作的需要，用户可以随意改变它们的大小。

2．幻灯片浏览视图

使用幻灯片浏览视图可以将演示文稿中的幻灯片以缩小的视图方式排列在屏幕上，以帮助用户整体浏览演示文稿中的幻灯片。

在【视图】选项卡的"演示文稿视图"组中单击 按钮，或者单击状态栏右侧的【幻灯片浏览】按钮，可以进入幻灯片浏览视图，如图 5-5 所示。

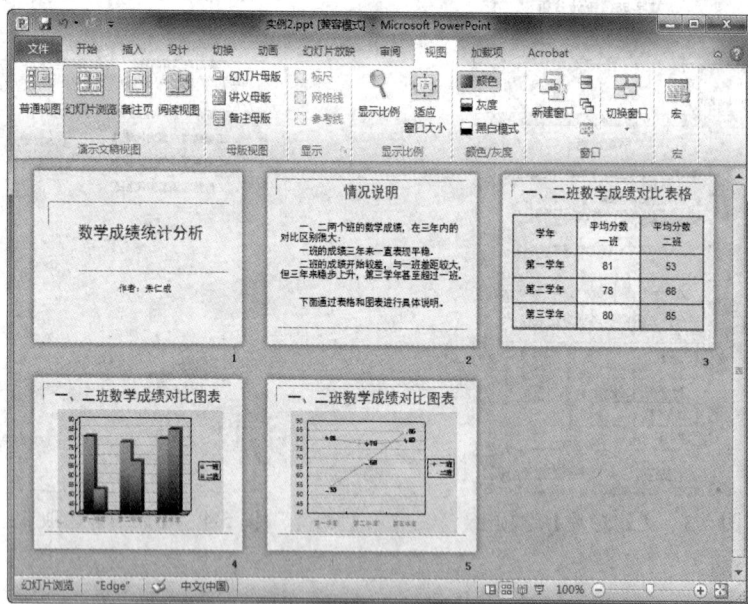

图 5-5　幻灯片浏览视图

在幻灯片浏览视图中可以直观地查看所有的幻灯片，如果幻灯片较多，可以拖动屏幕右侧的滚动条进行浏览。另外，在该视图中还可以方便地查找幻灯片、调整幻灯片的顺序、添加或删除幻灯片、移动或复制幻灯片等。

3．备注页视图

在【视图】选项卡的"演示文稿视图"组中单击 按钮，可以从其他视图模式切换到备注页视图中，如图 5-6 所示。

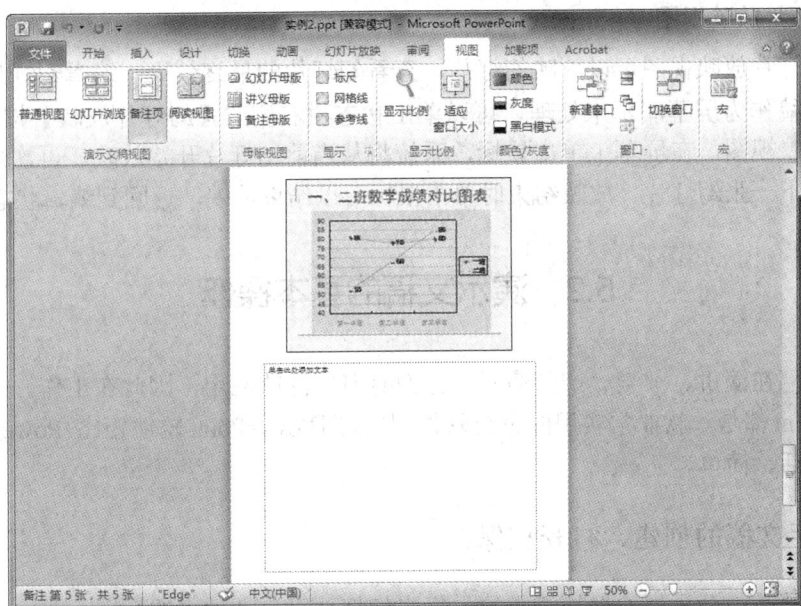

图 5-6　备注页视图

由图 5-6 可以看到，备注页视图分为上下两部分：上半部分用于显示幻灯片，下半部分用于添加幻灯片的备注。一般情况下，为幻灯片添加备注可以在普通视图中完成，因此备注页视图并不经常使用。

4．阅读视图

在【视图】选项卡的"演示文稿视图"组中单击 按钮，可以从其他视图模式切换到阅读视图中，如图 5-7 所示，幻灯片在阅读视图中只显示标题栏、状态栏和幻灯片的放映效果，因此该视图一般用于幻灯片的简单预览。

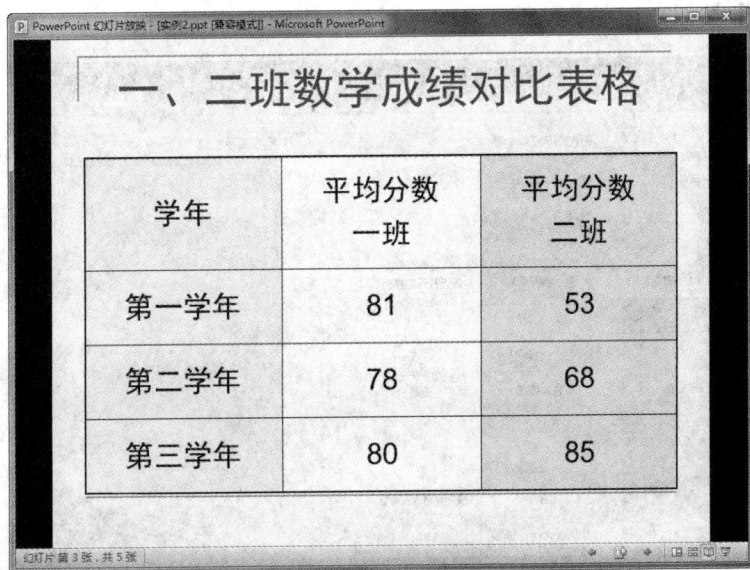

图 5-7　阅读视图

5. 幻灯片放映视图

通过幻灯片放映视图可以放映幻灯片，查看幻灯片的最终效果。编辑幻灯片时，如果要将演示文稿作为屏幕演示来处理，可以单击状态栏右侧的【幻灯片放映】按钮 ☐，进入幻灯片放映视图。在屏幕上单击鼠标，系统将从当前幻灯片开始放映，再次单击鼠标时可以切换到下一张幻灯片。放映结束时单击鼠标可以结束放映，返回到编辑状态。

5.2 演示文稿的基本操作

演示文稿在演讲、教学、产品演示等方面有着广泛的应用，因此在工作、学习和生活中，PowerPoint 都是一款非常实用的办公软件。与早期 PowerPoint 软件相比，PowerPoint 2010操作更加灵活、简单。

5.2.1 演示文稿的创建、打开和保存

演示文稿是由一系列幻灯片组成的，每张幻灯片可包括独立的标题、文本、图片等对象。创建、打开和保存演示文稿是 PowerPoint 最基础的操作，下面详细介绍演示文稿的创建、打开和保存方法。

1. 创建演示文稿

在 PowerPoint 中，可以使用多种方式创建演示文稿，启动 PowerPoint 2010 会自动创建一个空白演示文稿，默认名称为"演示文稿1"。如果在这种状态下还要创建新的演示文稿，可以直接单击"快速访问栏"中的 ☐ 按钮进行创建，也可以按如下步骤操作：

(1) 切换到【文件】选项卡，单击其中的【新建】命令。

(2) 这时窗口的中间部分将显示可用的模板和主题，选择"空白演示文稿"，然后在右侧单击【创建】按钮，如图 5-8 所示，即可新建一个空白演示文稿。

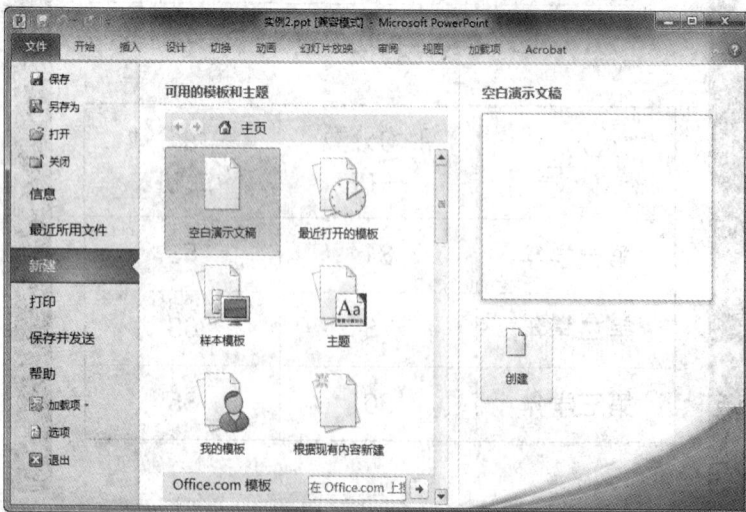

图 5-8　创建空白演示文稿

　　实际上 PowerPoint 中创建演示文稿主要分为两种情况：一是创建空白演示文稿；二是利用设计模板创建演示文稿。PowerPoint 2010 中的模板分为内置模板和在线模板，在新建窗口中如果单击的是"样本模板"，这时将显示内置模板，选择一种模板(如"培训")，如图 5-9 所示，然后在右侧单击【创建】按钮，即可基于模板创建演示文稿。

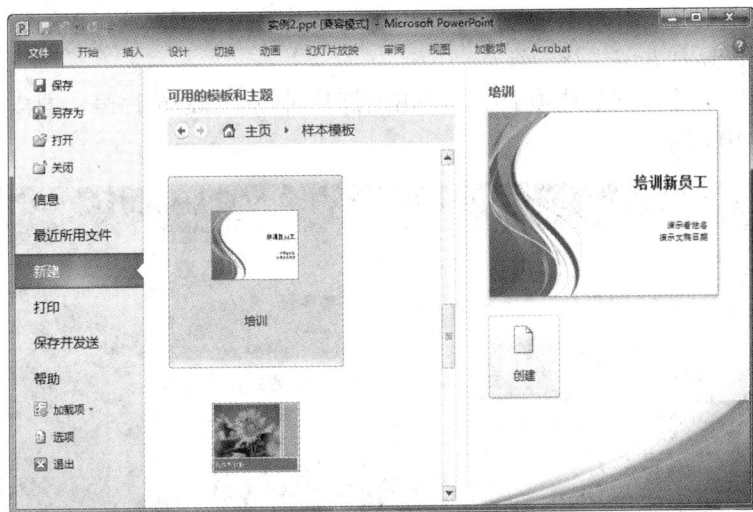

图 5-9　基于模板创建演示文稿

　　如果要从网络获取模板，可以从"Office.com 模板"中选择模板类别，再选择所需要的模板，单击【下载】按钮，将模板下载到本地计算机，然后再创建演示文稿。

2．打开演示文稿

　　双击演示文稿文件，可以自动运行 PowerPoint 2010 并打开文稿。也可以切换到【文件】选项卡，单击【打开】命令，在弹出的【打开】对话框中选择要打开的演示文稿，然后单击 打开(O) 按钮。

3．保存演示文稿

　　演示文稿的保存与 Word 文档的保存方法一样，可以采用下面几种方法：

❖　切换到【文件】选项卡，单击【保存】命令。

❖　在"快速访问栏"中单击 按钮。

❖　按下 Ctrl + S 键或者 Shift + F12 键。

　　如果是第一次保存该演示文稿，将弹出【另存为】对话框，操作方法与保存 Word 文档相同。默认情况下，PowerPoint 2010 演示文稿的扩展名为 .pptx，如果要保存为 .ppt 格式，需要在【另存为】对话框的【保存类型】列表中进行选择。

5.2.2　幻灯片的基本操作

　　幻灯片是组成演示文稿的基本单元，是演示内容的主要载体。每一个演示文稿都是由若干幻灯片组成的，本节主要介绍幻灯片的基本操作，包括向演示文稿中添加新幻灯片、选择幻灯片、删除不需要的幻灯片、复制幻灯片或调整幻灯片的顺序等。

1. 选择幻灯片

对幻灯片进行操作之前必须先选择幻灯片，下面重点介绍在普通视图中选择幻灯片的几种情况。

(1) 选择单张幻灯片。

在普通视图的【幻灯片】选项卡中，单击幻灯片缩略图可以选择该幻灯片，同时在幻灯片窗格中可以显示并编辑该幻灯片。

在普通视图的【大纲】选项卡中，单击幻灯片对应的标题或序号，同样可以选择该幻灯片，如图 5-10 所示。

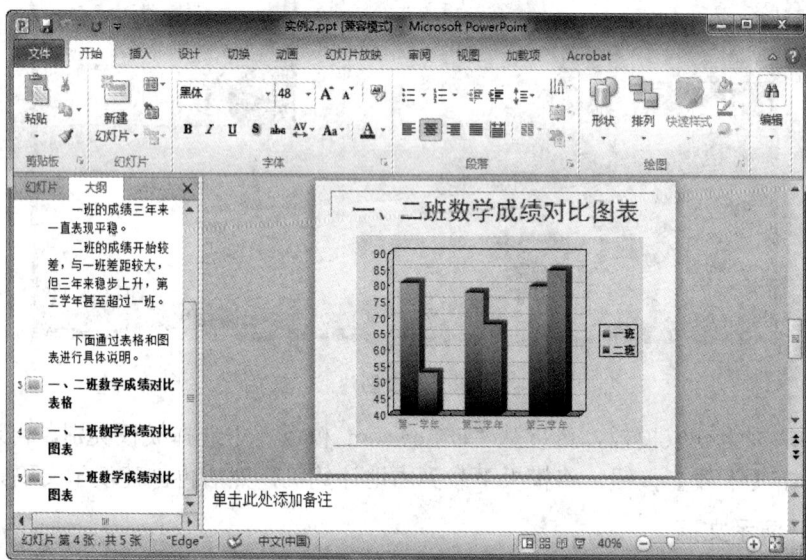

图 5-10　利用【大纲】选项卡选择幻灯片

(2) 选择多张幻灯片。

如果要选择多张幻灯片，可以按住 Ctrl 键的同时在【幻灯片】选项卡中连续单击幻灯片缩略图，或者在【大纲】选项卡中连续单击幻灯片对应的标题，这样就可以选择多张不连续的幻灯片；如果按住 Shift 键的同时进行选择，则可以选择多张连续的幻灯片。

小贴士

在幻灯片浏览视图中也可以选择一张或多张幻灯片，操作方法类似。但是，如果要对幻灯片进行编辑，则需要在普通视图中进行选择；如果要对幻灯片进行移动、删除等操作，在幻灯片浏览视图中选择更为方便。

2. 插入新幻灯片

在编辑演示文稿的过程中或演示文稿制作完成以后，如果发现遗漏了部分内容，则需要插入一个新的幻灯片。在 PowerPoint 2010 中，无论是在普通视图还是幻灯片浏览视图中都可以插入新幻灯片，具体操作步骤如下：

(1) 选择一个幻灯片，确定插入新幻灯片的位置。

(2) 在【开始】选项卡的"幻灯片"组中打开 ▢ 按钮下方的下拉列表，选择一种幻灯片版式，如"比较"，如图 5-11 所示。

(3) 执行选择操作后，在所选幻灯片的后面将插入一张指定版式的幻灯片。

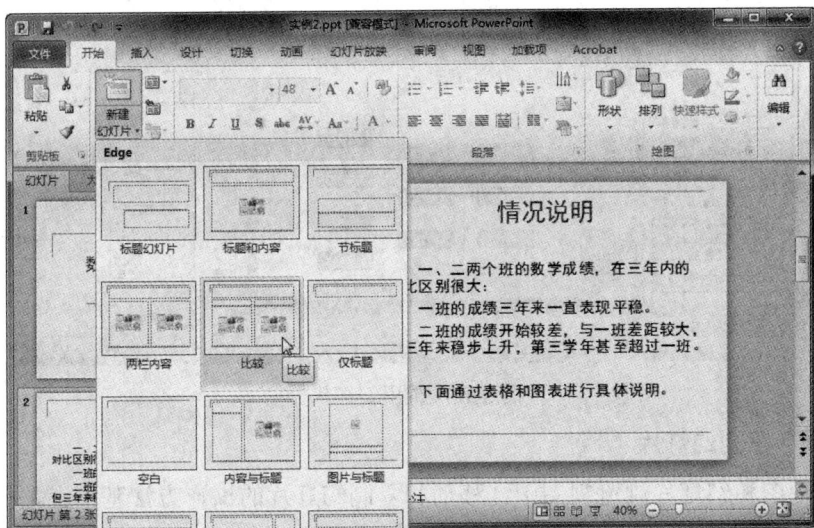

图 5-11　选择幻灯片版式

小贴士

在普通视图的【幻灯片】选项卡或【大纲】选项卡中单击鼠标右键，从弹出的快捷菜单中选择【新建幻灯片】命令，也可以插入新幻灯片。另外，新幻灯片插入到演示文稿中以后，演示文稿中的幻灯片编号将自动改变。

3．导入外部已有的幻灯片

制作演示文稿时，为了有效利用外部资源，提高工作效率，可以将外部已有的幻灯片导入到当前演示文稿中。实际上，导入外部已有幻灯片的操作就是在不同的演示文稿之间复制幻灯片。

导入外部已有幻灯片的操作步骤如下：

(1) 打开一个演示文稿。

(2) 在【开始】选项卡的"幻灯片"组中打开 ▢ 按钮下方的下拉列表，选择【重用幻灯片】选项，打开【重用幻灯片】任务窗格。

(3) 在【重用幻灯片】任务窗格中单击 浏览▾ 按钮，在打开的下拉列表中选择【浏览文件】选项，在弹出的【浏览】对话框中选择要导入的幻灯片所在的演示文稿，则该文件出现在【重用幻灯片】任务窗格中。

(4) 需要重用哪张幻灯片，只要在【重用幻灯片】任务窗格中单击该幻灯片即可，这时该幻灯片将插入到当前幻灯片的下方，如图 5-12 所示。

(5) 如果在【重用幻灯片】任务窗格中选择【保留源格式】选项，重用的幻灯片将保持原来的格式，否则将使用当前演示文稿的主题格式。

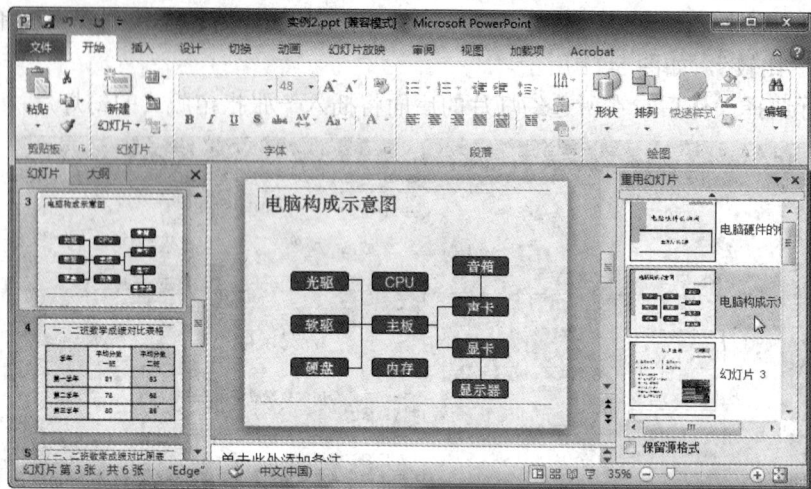

图 5-12　重用幻灯片

4．移动和复制幻灯片

在普通视图和幻灯片浏览视图中，移动和复制幻灯片的操作方法基本上是一致的。下面以在幻灯片浏览视图中移动和复制幻灯片为例来讲解。

在幻灯片浏览视图中移动幻灯片的操作步骤如下：

(1) 在幻灯片浏览视图中选择要移动的幻灯片。

(2) 在【开始】选项卡的"剪贴板"组中单击 ✂剪切 按钮，剪切选择的幻灯片。

(3) 选择目标位置，然后在【开始】选项卡的"剪贴板"组中单击 📋 按钮，即可移动幻灯片的位置。

在幻灯片浏览视图中复制幻灯片的操作步骤如下：

(1) 在幻灯片浏览视图中选择要复制的幻灯片。

(2) 在【开始】选项卡的"剪贴板"组中单击 📋复制 按钮，复制选择的幻灯片。

(3) 选择目标位置，然后在【开始】选项卡的"剪贴板"组中单击 📋 按钮，即可以将复制的幻灯片粘贴到最后的位置。

在普通视图的【幻灯片】选项卡中，也可以采用上述方法移动和复制幻灯片，只是不如在幻灯片浏览视图中操作方便。

小贴士

在幻灯片浏览视图中，选择一张或多张幻灯片，直接将其拖动到目标位置处释放鼠标，即可移动幻灯片的位置；如果按住 Ctrl 键的同时将其拖动到目标位置处释放鼠标，则可以复制幻灯片。

5．删除幻灯片

在普通视图的【幻灯片】选项卡中或者在幻灯片浏览视图中，选择要删除的幻灯片，直接按下 Delete 键，或者单击鼠标右键，从弹出的快捷菜单中选择【删除幻灯片】命令，都可以删除幻灯片。幻灯片被删除后，PowerPoint 2010 会重新对其余的幻灯片进行编号。

6．利用节管理幻灯片

节是 PowerPoint 2010 的新增功能，在演示文稿中增加不同的节，可以将其划分成多个独立的部分进行管理，这样可以更好地规划演示文稿结构，为幻灯片的整体编辑和维护提供便利。在演示文稿中增加节的操作方法如下：

(1) 在普通视图或幻灯片浏览视图中选择新节开始所在的幻灯片。

(2) 在【开始】选项卡的"幻灯片"组中单击 □节▾ 按钮，在打开的下拉列表中选择【新增节】选项，这时将增加一个无标题节，如图 5-13 所示。

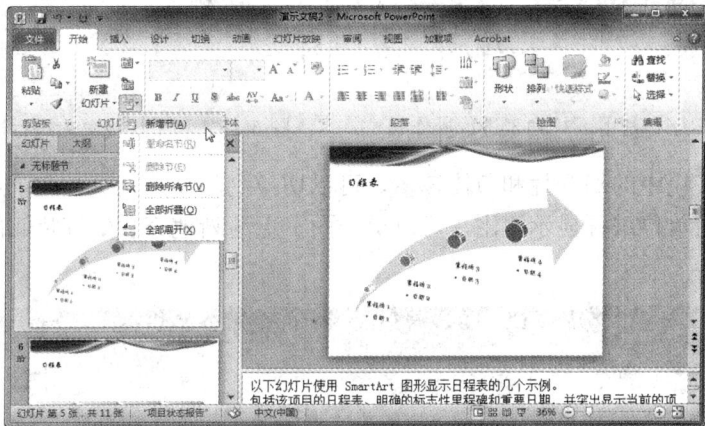

图 5-13　新增加的节

(3) 增加节以后，为了方便管理，可以为其重命名。选择新增的节，在【开始】选项卡的"幻灯片"组中再次单击 □节▾ 按钮，在打开的下拉列表中选择【重命名节】选项，这时将弹出【重命名节】对话框，如图 5-14 所示，在这里重命名即可。

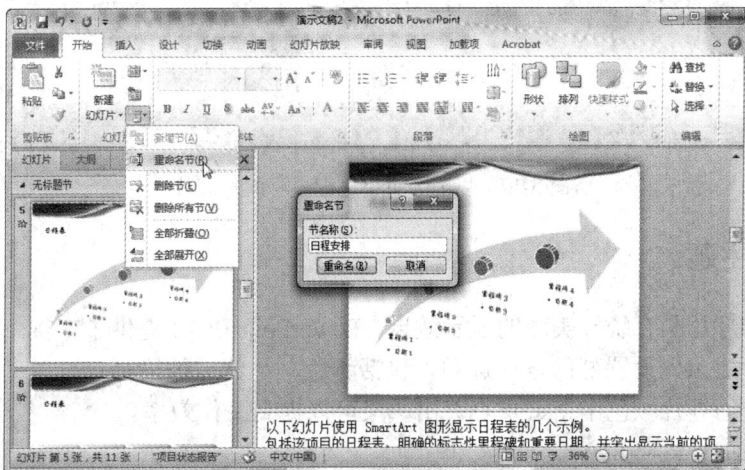

图 5-14　重命名节

(4) 根据需要，可以增加多个节。增加节以后，单击其左侧的小三角形，节将折叠；再次单击，节将展开，这一点与 Windows 中的文件夹操作非常类似。

在演示文稿中增加节以后，还可以删除节、删除节和幻灯片、移动节等。要执行这些操作,可以在【开始】选项卡的"幻灯片"组中单击 [图节▾] 按钮,在打开的下拉列表中选择相关选项,如图 5-15 所示;也可以在节的名称上单击鼠标右键,在弹出的快捷菜单中进行操作,如图 5-16 所示。

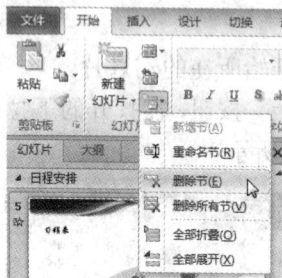

图 5-15 利用下拉列表进行操作   图 5-16 利用快捷菜单进行操作

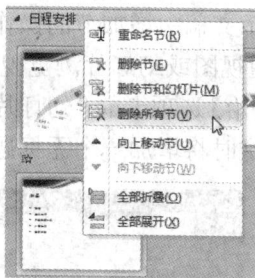

如果演示文稿中的幻灯片和节比较多,可以切换到幻灯片浏览视图中进行浏览,这时幻灯片将以节为单位进行显示,用户可以更全面、更清晰地查看幻灯片间的逻辑关系,如图 5-17 所示。

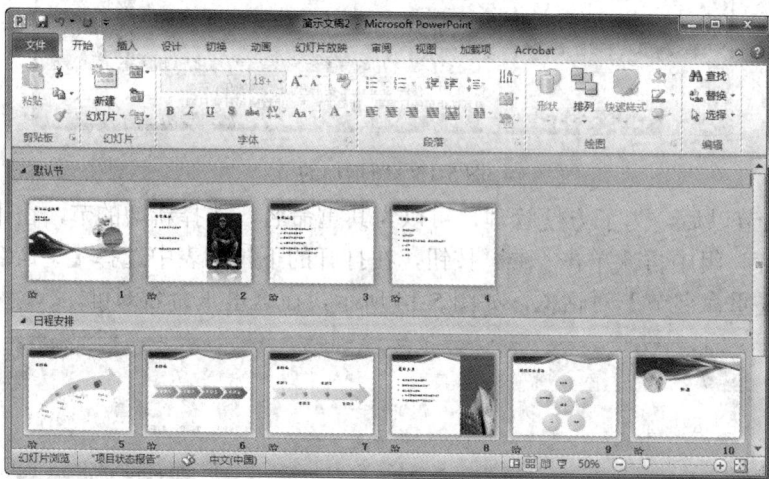

图 5-17   以节为单位进行显示的幻灯片

5.2.3 应用主题

为了使幻灯片具有统一美观的显示效果,PowerPoint 2010 提供了丰富的主题供用户选择。主题是一组预先设置好的格式选项,包括颜色、字体、效果等,可以直接应用于幻灯片,既可以使幻灯片颜色丰富、重点突出,又可以提高工作效率。

1. 应用主题

应用主题的操作非常简单,具体步骤如下:

(1) 打开要应用主题的演示文稿。

(2) 在【设计】选项卡的"主题"组中单击要使用的文档主题即可,单击 [▾] 按钮可以打开主题列表,查看所有可用的文档主题,如图 5-18 所示。

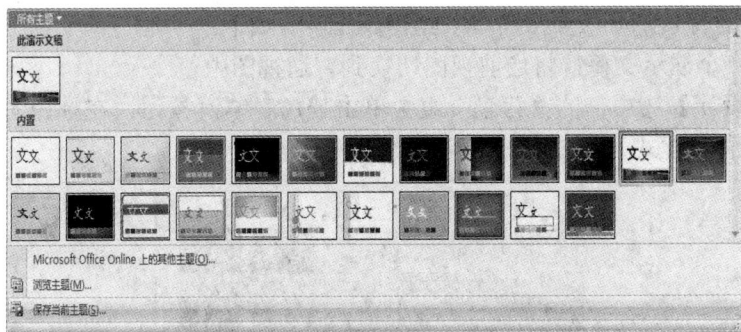

图 5-18　所有可用的文档主题

(3) 选择了一种主题以后，演示文稿中所有的幻灯片会自动更新。

2．自定义主题

如果用户不喜欢系统提供的主题，可以根据个人意愿自定义主题。如果要自定义主题，可以从更改颜色、字体或线条和填充效果开始。当更改了一个或多个主题组件之后，将影响文档中已经应用了该主题的幻灯片。自定义主题的具体操作步骤如下：

(1) 打开一个演示文稿。

(2) 在【设计】选项卡的"主题"组中选择一种主题，例如选择"夏至"主题，则整个文档应用了该主题。

(3) 在"主题"组中单击 颜色▼ 按钮，在打开的下拉列表中可以选择一种配色方案，例如选择"华丽"，如图 5-19 所示，则幻灯片中的配色方案就会发生改变。

(4) 如果要自己配置主题颜色，选择列表下方的【新建主题颜色】选项，这时将弹出【新建主题颜色】对话框，如图 5-20 所示。

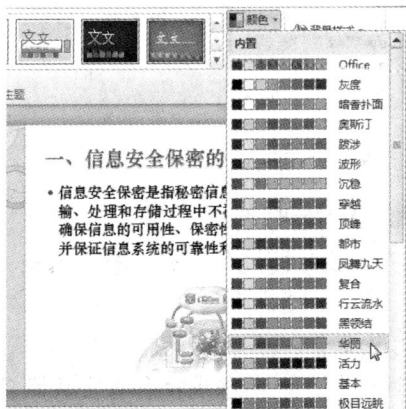

图 5-19　选择配色方案

图 5-20　【新建主题颜色】对话框

(5) 在对话框中修改各项颜色，然后单击 保存(S) 按钮，新定义的主题颜色将应用到演示文稿的所有幻灯片上。

(6) 用同样的方法，还可以更改主题字体与效果。

5.2.4　设置背景

在 PowerPoint 2010 中，用户既可以为幻灯片设置单一的背景颜色，也可以使用填充效果作为幻灯片的背景，方法非常简单，具体操作步骤如下：

(1) 打开一个演示文稿，将当前视图切换到普通视图中。

(2) 在【设计】选项卡的"背景"组中单击 背景样式 按钮，在打开的下拉列表中可以选择所需的背景样式，如图 5-21 所示。

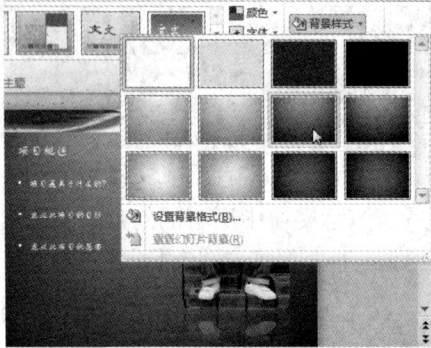

图 5-21　选择背景样式

(3) 如果系统提供的背景格式不符合设计要求，可以选择【设置背景格式】选项，在弹出的【设置背景格式】对话框中设置背景，如图 5-22 所示。

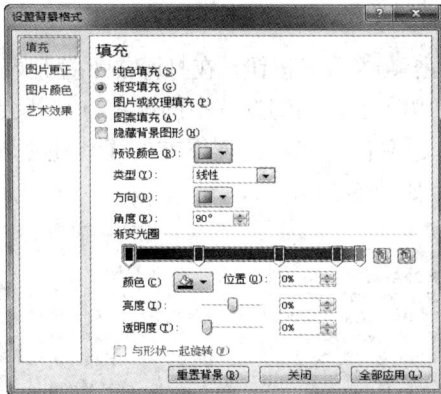

图 5-22　【设置背景格式】对话框

在【设置背景格式】对话框中有 4 种背景填充方式，即纯色填充、渐变填充、图片或纹理填充、图案填充。

❖　纯色填充：使用一种单一的颜色作为幻灯片背景。

❖　渐变填充：可以将幻灯片的背景设置为过渡色，即两种或两种以上的颜色，并且可以设置不同的过渡类型，如线性、射线、矩形、路径等。

❖　图片或纹理填充：可以将指定的图片或纹理作为背景。

❖　图案填充：将一些简单的线条、点、方框等组成的图案作为背景。

我们以图片或纹理填充为例介绍设置幻灯片背景的操作方法，其操作可接着上面的步骤继续操作。

(4) 选择【图片或纹理填充】选项，单击 文件(F)... 按钮，弹出【插入图片】对话框，选择一幅图片，然后单击 插入(S) ▼ 按钮，如图 5-23 所示，这时将返回【设置背景格式】对话框。

图 5-23　【插入图片】对话框

(5) 在【设置背景格式】对话框中切换到【图片更正】选项，对图片进行锐化和柔化、亮度和对比度的调整，如图 5-24 所示；切换到【图片颜色】选项，可以调整图片的颜色、饱和度或者重新着色，如图 5-25 所示。同样，还可以设置艺术效果。

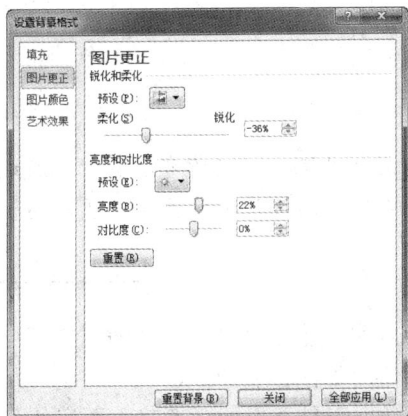

图 5-24　设置图片属性

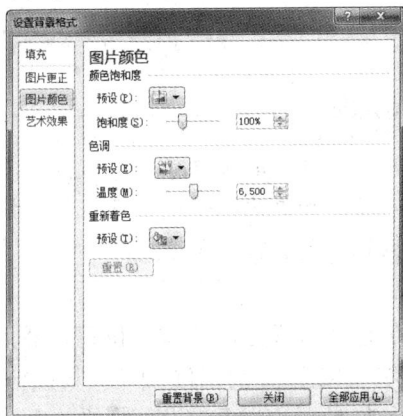

图 5-25　调整图片颜色

(6) 根据要求设置了所需要的背景以后，单击 全部应用(L) 按钮，可以将所设置的背景应用到演示文稿中的所有幻灯片上；单击 关闭 按钮，可以将所设置的背景应用到当前幻灯片上。

5.2.5　使用母版

在 PowerPoint 2010 有 3 种类型的母版，分别是幻灯片母版、讲义母版和备注母版，使用它们可以统一标志和背景内容、设置标题和文字的格式。

幻灯片母版是模板的一部分，它存储的信息包括文本和对象在幻灯片上的放置位置、文本和对象占位符的大小、文本样式、背景、颜色主题、效果和动画等。

讲义母版用于控制讲义的格式。如果要更改讲义中页眉和页脚内的文本、日期或页码的外观、位置和大小，可以只更改讲义母版。

备注母版主要用于控制备注页的版式和格式。

下面以幻灯片母版为例介绍如何编辑母版。对幻灯片母版所作的任何修改都将影响到所有基于该母版的幻灯片。编辑母版的具体操作步骤如下：

(1) 在【视图】选项卡的"母版视图"组中单击 按钮，可以进入幻灯片母版视图，并显示幻灯片母版，如图 5-26 所示。

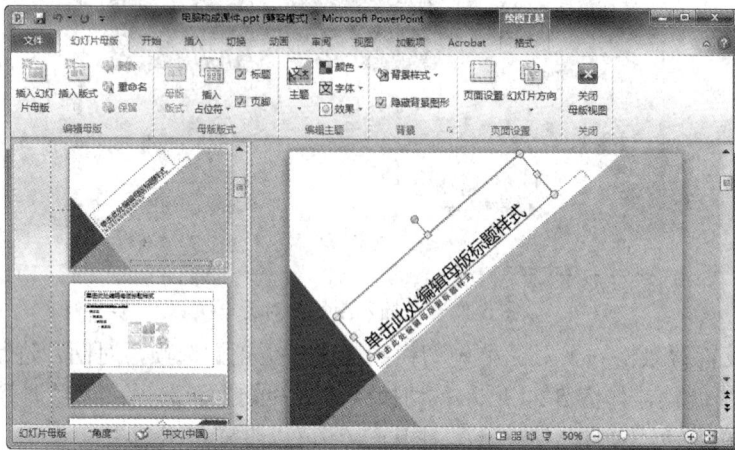

图 5-26　幻灯片母版视图

小贴士

在幻灯片母版中有 5 个占位符，其实就是 5 个对象，它们都可以进行重新编辑和处理，如更改字体或项目符号，插入要显示在多个幻灯片上的图片，更改占位符的位置、大小和格式等。

(2) 选择母版标题样式占位符，然后在【幻灯片母版】选项卡的"编辑主题"组中单击 按钮，在打开的下拉列表中选择一种字体，如图 5-27 所示。

(3) 如果下拉列表中没有需要的字体，可以选择列表最下方的【新建主题字体】选项，在弹出的【新建主题字体】对话框中设置更丰富的字体，如图 5-28 所示。

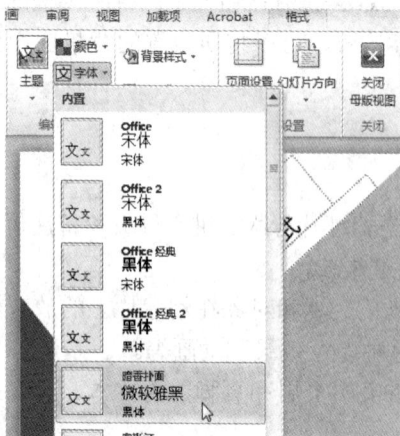

图 5-27　选择母版标题字体

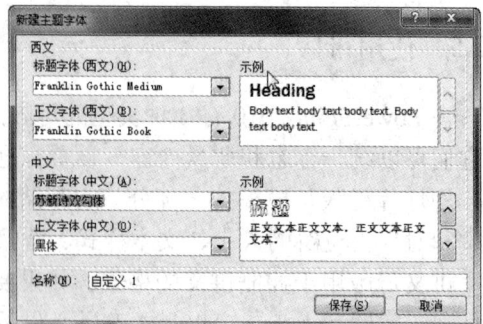

图 5-28　【新建主题字体】对话框

(4) 修改母版以后，在【幻灯片母版】选项卡的"关闭"组中单击 ▣ 按钮，退出幻灯片母版视图，则所有应用了该母版的幻灯片都随之发生变化。

5.3　向幻灯片中插入对象

演示文稿的主要功能是向用户传达一些简单而重要的信息，而这些信息是由文本、表格及图形等元素构成。在 PowerPoint 2010 中，可以向幻灯片中插入文本、图形、艺术字、图表、表格、SmartArt 对象、音频、视频等多种对象，从而完成幻灯片的制作与编辑。

5.3.1　在占位符中输入文本

创建一个新演示文稿以后，PowerPoint 会自动插入一张标题幻灯片。在该标题幻灯片中有两个虚线框，即占位符。在占位符中可以输入标题和正文，还可以插入图片和表格等。

在占位符中输入文本非常方便。输入文本之前，占位符中有一些提示性的文字，单击该占位符后，提示信息将自动消失，这时直接输入文本内容即可，如图 5-29 所示。

在输入文本的过程中，如果需要调整占位符的大小，具体操作步骤如下：

(1) 选择要调整的占位符，这时占位符的边框上将出现 8 个控制点。

(2) 将光标指向任意一个控制点，当光标变成黑色的双向箭头时按住鼠标左键并拖动鼠标，占位符将沿着箭头的方向扩展或收缩。

(3) 释放鼠标，即可调整占位符的大小，如图 5-30 所示。

图 5-29　在占位符中输入文字　　　　　　图 5-30　调整占位符的大小

5.3.2　插入艺术字

在制作幻灯片的过程中，为了美化幻灯片，使其更加引人注目，可以向其中插入艺术字来增强演示效果。

插入艺术字的操作步骤如下：

(1) 在【插入】选项卡的"文本"组中单击 ◢ 按钮，在打开的下拉列表中选择一种艺术字样式，如图 5-31 所示。

(2) 选择了艺术字样式后，幻灯片中将出现艺术字占位符，在占位符中输入内容即可，如图 5-32 所示。

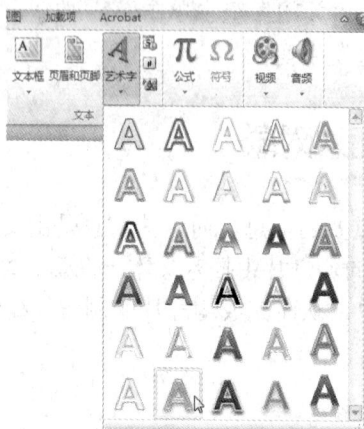

图 5-31 选择艺术字样式

图 5-32 输入的艺术字

向幻灯片中添加了艺术字后，为了使其更加美观、有个性，还可以编辑艺术字，如改变艺术字的样式、设置形状效果等，这些操作需要在【格式】选项卡中来完成。

5.3.3 插入图片、剪贴画或 SmartArt 对象

为了让幻灯片中的内容更加丰富，用户可以向幻灯片中插入图片、剪贴画或 SmartArt 对象等，而这些操作与 Word 中的操作完全相同，下面仅介绍插入剪贴画的方法，其他内容可以参照 Word 部分进行学习。

在幻灯片中插入剪贴画的操作步骤如下：

(1) 在【插入】选项卡的"图像"组中单击 按钮，打开【剪贴画】任务窗格，单击其中的 搜索 按钮，任务窗格中将出现系统内置的剪贴画，如图 5-33 所示。

(2) 单击所需的剪贴画，即可将其插入到幻灯片中，如图 5-34 所示。

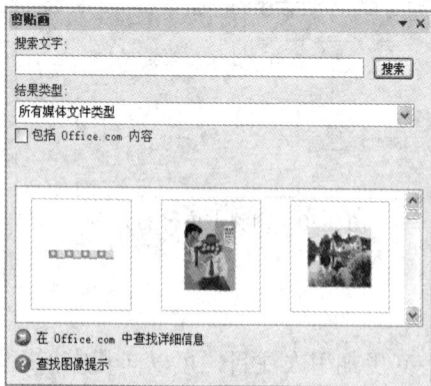

图 5-33 搜索结果

图 5-34 插入的剪贴画

5.3.4 插入表格和图表

在 PowerPoint 中，表格和图表是一种以图形方式表达数据的方法。在众多的总结报告、投标演示文稿中经常用到这种形式，它可以使数据更加清晰、容易理解。

在幻灯片中插入表格和图表的操作步骤如下：

(1) 在【插入】选项卡的"表格"组中单击 ▦ 按钮，在打开的下拉列表中拖动鼠标，确定表格的行数与列数，如图 5-35 所示。

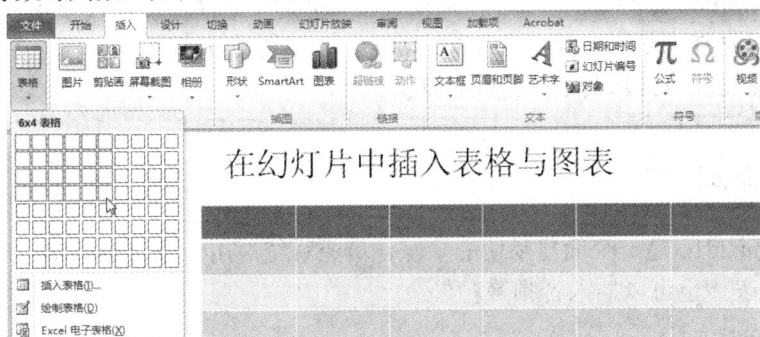

图 5-35　确定表格的行数与列数

(2) 释放鼠标，则在幻灯片中插入了表格，在【设计】选项卡和【布局】选项卡中可以对插入的表格进行格式化设置。

(3) 在表格中输入文本内容即可。

(4) 在【插入】选项卡的"插图"组中单击 ▊▊ 按钮，在弹出的【插入图表】对话框中选择一种图表类型，如图 5-36 所示。

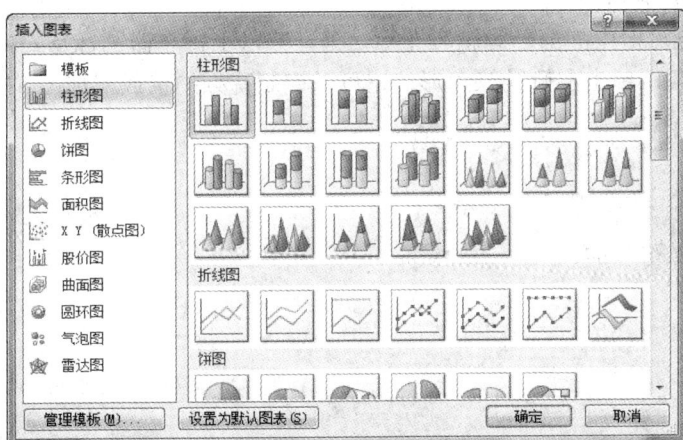

图 5-36　【插入图表】对话框

(5) 单击 确定 按钮，则在幻灯片中插入了图表，同时打开 Excel 用于编辑数据。修改数据后关闭 Excel，则完成了图表的插入，如图 5-37 所示。

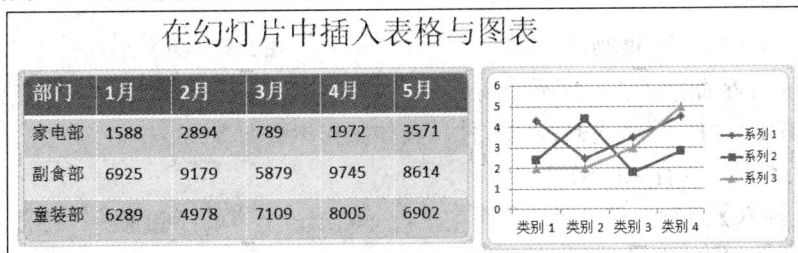

图 5-37　插入的表格与图表

小贴士

在 PowerPoint 中插入图表时，将弹出 Excel 工作窗口，这时只有 4 行 4 列的模拟数据，用户可以根据实际情况修改这些数据。另外，如果用户的数据多于 4 行 4 列，可以拖动数据区域的右下角进行改变。

5.3.5　插入音频

PowerPoint 2010 是一个简捷易用的多媒体集成系统，用户既可以在其中插入文本、图形、图片或图表，也可以插入音频等对象。

1．插入音频

在 PowerPoint 中可以插入剪贴画音频，还可以插入文件中的音频，并可以根据演示文稿的内容录制音频等。在演示文稿中插入剪贴画音频的操作步骤如下：

(1) 切换到要插入剪贴画音频的幻灯片中。

(2) 在【插入】选项卡的"媒体"组中单击 🔊 按钮下方的三角箭头，在打开的下拉列表中选择【剪贴画音频】选项。这时将打开【剪贴画】任务窗格，并自动显示系统内置的剪贴画音频，如图 5-38 所示。

(3) 单击任务窗格中的剪贴画音频图标，则音频以小扬声器图标形式插入到幻灯片中，并显示播放控制条，单击左侧的三角形按钮可以控制音频的播放，如图 5-39 所示。

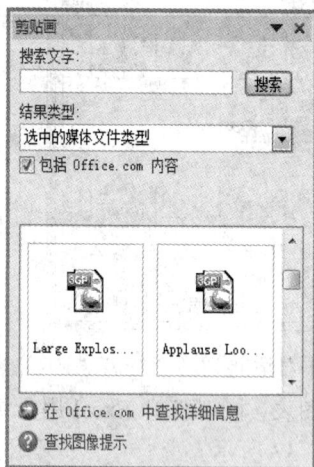

图 5-38　内置的剪贴画音频　　　　　　　　图 5-39　插入的音频

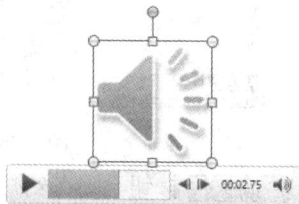

如果系统内置的剪贴画音频不能满足演示文稿的要求，用户可以插入外部音频文件，如 AIFF、MIDI、MP3 等格式的音频文件，具体操作步骤如下：

(1) 切换到要插入音频的幻灯片中。

(2) 在【插入】选项卡的"媒体"组中单击 🔊 按钮下方的三角箭头，在打开的下拉列表中选择【文件中的音频】选项。

(3) 在打开的【插入音频】对话框中选择所需的音频文件，如图 5-40 所示。

图 5-40　【插入音频】对话框

（4）单击 ![插入(S)] 按钮右侧的小三角形，在打开的下拉列表中可以选择音频的插入方式，如图 5-40 所示。

❖ 选择【插入】选项，可以将音频文件插入到幻灯片中，幻灯片放映时不必担心音频文件丢失。

❖ 选择【链接到文件】选项，将在幻灯片中插入指向音频的地址而不是文件本身，这种插入方式可以减小演示文稿的文件大小，但是要使音频在幻灯片中正常播放，必须保证音频文件的存储位置不发生改变。

2．录制音频

用户可以为幻灯片录制音频，以产生更好的音频效果。如果需要，还可以为整个演示文稿录制旁白。在演示文稿中录制音频的操作步骤如下：

（1）选择要录制音频的幻灯片。

（2）在【插入】选项卡的"媒体"组中单击 ![] 按钮下方的三角箭头，在打开的下拉列表中选择【录制音频】选项，则弹出【录音】对话框，如图 5-41 所示。

图 5-41　【录音】对话框

（3）在【名称】文本框中输入录制音频的文件名称后，单击 ● 按钮，即可开始录制音频，这时 ■ 按钮将变为 ■ 形状。

（4）播放要录制的音频或者通过麦克进行录音。

（5）单击 ■ 按钮可以结束录音，然后单击 ![确定] 按钮返回幻灯片，则新录制的音频以扬声器图标显示。

3．编辑音频

PowerPoint 2010 支持音频的简单编辑，当在幻灯片中插入或录制音频以后，切换到【播放】选项卡，如图 5-42 所示，可以对音频进行简单的编辑。

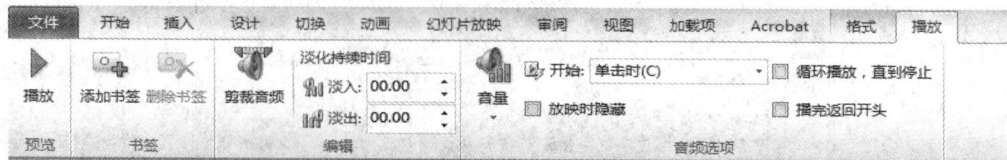

图 5-42 【播放】选项卡

❖ "预览"组主要用于播放与暂停声音。

❖ "书签"组主要用于在音频的某个位置插入标记点,以便于准确定位。

❖ "编辑"组主要用于编辑音频,可以对音频进行简单的剪裁,也可以设置淡入与淡出效果。

❖ "音频选项"组主要用于设置音频播放方式与触发方式,例如音量的大小、是否循环播放、触发音频的方式等。

(1) 添加和删除书签。

PowerPoint 2010 在剪辑音频文件时可以借助"书签"来标识某个时刻,以便剪辑中能快速准确地跳转到该位置。

要添加书签,可以先播放音频并暂停到希望添加书签的位置,然后单击 按钮,即可在该位置添加一个书签,在播放控制条上显示为一个小圆点,如图 5-43 所示。

选择添加的书签,这时【删除书签】按钮 变为可用状态,单击该按钮,可以删除选择的书签,如图 5-44 所示。

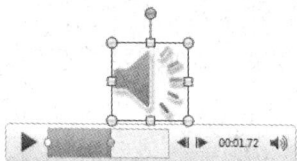

图 5-43 添加的书签

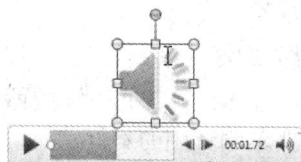

图 5-44 删除选择的书签

(2) 剪裁音频。

通过剪裁音频可以删除不需要的部分,但是只能进行简单的首尾剪裁。在【播放】选项卡的"编辑"组中单击【剪裁音频】按钮 ,弹出【剪裁音频】对话框,如图 5-45 所示,通过拖动滑块可以改变开始时间和结束时间,从而完成音频的剪裁。

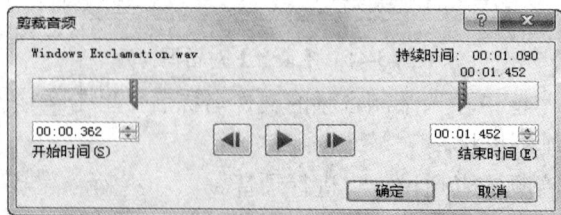

图 5-45 【剪裁音频】对话框

5.3.6 插入视频

在 PowerPoint 演示文稿的幻灯片中,除了可以插入音频对象,还可以插入视频,使幻灯片由静态变为动态。与插入音频相似，用户可以插入系统内置的视频，也可以插入其他文件中的视频。

如果要在演示文稿中插入系统内置的视频，可以在【插入】选项卡的"媒体"组中单击 按钮下方的三角箭头，在打开的下拉列表中选择【剪贴画视频】选项，这时【剪贴画】任务窗格将显示系统内置的剪贴画视频，如图 5-46 所示。在任务窗格中单击所需的视频，即可将该视频插入幻灯片中，如图 5-47 所示。

图 5-46　内置的剪贴画视频

图 5-47　插入的视频

插入到幻灯片中的视频是静止的，可以像编辑其他图形对象一样改变它的大小，或者移动它的位置。将光标指向视频画面时，将显示播放控制条。

小贴士

在 PowerPoint 的剪贴画中，GIF 格式的图像被视为视频文件，在幻灯片中插入这类文件时，视频画面的下方不显示播放控制条，因为 GIF 格式的文件本质上并不是视频文件。

如果剪贴画视频不能满足需要，用户可以添加其他文件中的视频。PowerPoint 支持的影片文件格式有 AVI、ASF、MPEG、WMV 等。

要在演示文稿中插入外部视频文件，需要在【插入】选项卡的"媒体"组中单击 按钮下方的三角箭头，在打开的下拉列表中选择【文件中的视频】选项，这时将弹出【插入视频文件】对话框，从中选择要插入的视频即可，如图 5-48 所示。

图 5-48　【插入视频文件】对话框

与音频类似，在幻灯片中插入视频文件后，切换到【播放】选项卡，在这里可以对视频文件进行简单的编辑，如图 5-49 所示。视频的编辑方法与音频完全类似，这里不再赘述。

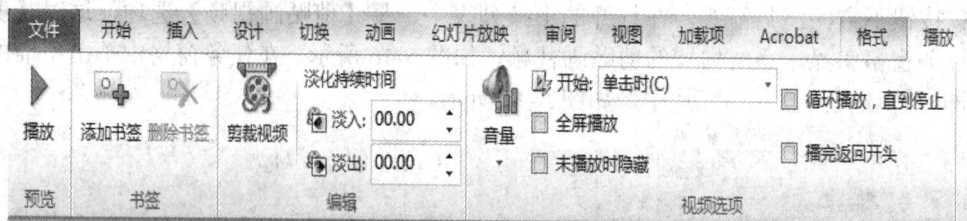

图 5-49　【播放】选项卡

5.4　设置幻灯片切换及动画效果

PowerPoint 文稿的最大特点是动态演示，既可以设置丰富的幻灯片切换效果，也可以为幻灯片中的对象添加各种动画效果，从而提高演示文稿的趣味性与观赏性，吸引用户的注意力。

5.4.1　设置幻灯片切换效果

幻灯片切换效果是指放映时幻灯片进入和离开屏幕时的方式。使用 PowerPoint 制作演示文稿时，一般情况下需要为幻灯片添加切换效果，这样，幻灯片在放映时将以多种不同的切换效果出现在屏幕上，动态效果显著。

1．添加幻灯片切换效果

在 PowerPoint 2010 中，用户可以为任何一张、一组或全部幻灯片添加切换效果。为幻灯片添加切换效果的操作步骤如下：

(1) 选择要添加切换效果的幻灯片。

(2) 在【切换】选项卡的"切换到此幻灯片"组中单击相应的切换效果，如图 5-50 所示，则所选幻灯片将应用该效果，并在当前视图中可以预览到该效果，也可以单击"预览"组中的按钮预览切换效果。

图 5-50　选择切换效果

(3) 如果对所选的切换效果不满意，还可以重新选择。单击"切换到此幻灯片"组右侧的按钮，在打开的下拉列表中可以选择更多的切换效果，如图 5-51 所示。

图 5-51　可选择的切换效果

小贴士

在普通视图和幻灯片浏览视图中都可以为幻灯片添加切换效果，但是普通视图更便于观察效果，而在幻灯片浏览视图中则更有利于同时操作多张幻灯片。

2. 设置幻灯片切换选项

为幻灯片添加了切换效果以后，还可以设置切换选项，如切换声音、持续时间、换片方式等，具体操作步骤如下：

(1) 选择添加了切换效果的幻灯片。

(2) 在【切换】选项卡的"切换到此幻灯片"组中打开【效果选项】下拉列表，可以设置所选切换效果的方向、形状等选项。不同的切换效果，其效果选项也不同，如图 5-52 所示为"形状"效果的选项。

(3) 在"计时"组中打开【声音】下拉列表，如图 5-53 所示。在该列表中选择一种系统内置的音效，当幻灯片过渡到所选幻灯片时将播放该声音；除此之外还可以设置声音的播放方式，如无声音、停止前一声音、播放下一段声音之前一直循环等。

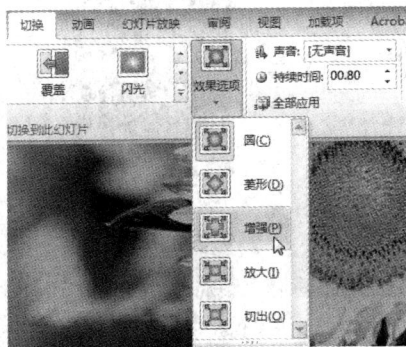

图 5-52　效果选项

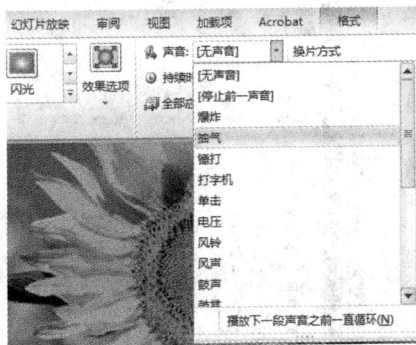

图 5-53　系统内置的音效

(4) 通过更改【持续时间】，可以设置幻灯片切换的时间长度，单位为"秒"。

(5) 如果要将所有幻灯片应用统一的切换效果，可以单击 全部应用 按钮。

(6) 在【换片方式】选项中可以设置幻灯片是手工切换还是自动切换。选择【单击鼠标时】选项，可以在放映时单击鼠标切换幻灯片；选择【设置自动换片时间】选项，在其右侧的文本框中输入数值，则放映时将每隔所设定的时间就自动切换幻灯片。

5.4.2 设置动画效果

为幻灯片中的对象添加动画效果后，当播放幻灯片时，其中的对象将以动画的形式出现，非常生动，例如可以让幻灯片的标题文字逐字出现。

1. 添加动画效果

在 PowerPoint 2010 中，几乎可以为幻灯片中的所有对象添加动画效果，如标题、文本、图片等。添加动画效果后，这些对象将以动态的方式出现在屏幕中。

为幻灯片中的对象添加动画效果的操作方法如下：

(1) 在幻灯片中选择要添加动画效果的对象。

(2) 在【动画】选项卡的"动画"组中显示了一部分动画效果，单击相应的动画效果，即可将其应用到选择的对象上，如图 5-54 所示。

图 5-54 应用运动效果

(3) 在【动画】选项卡的"动画"组中单击右侧的 ▼ 按钮，打开动画效果的下拉列表，在这里可以看到更多的动画效果，PowerPoint 提供了进入、强调、退出和动作路径等 4 种动画类型。在列表中单击所需的动画效果即可，如图 5-55 所示。

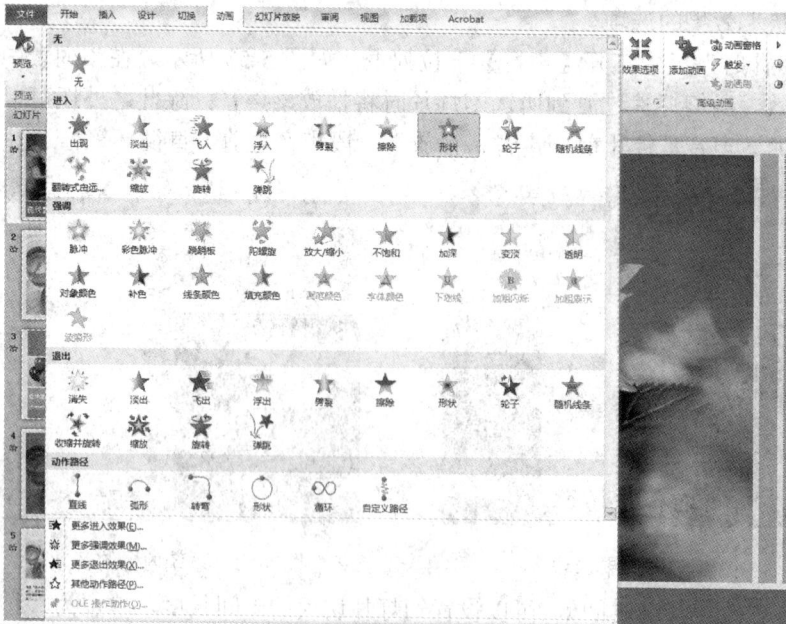

图 5-55 系统内置的动画效果

❖ 在 "进入" 组中选择动画效果，可以设置对象进入屏幕时的动画形式，即对象以何种形式切入到屏幕中。

❖ 在 "强调" 组中选择动画效果，则对象进入屏幕后将以该效果突出显示。

❖ 在 "退出" 组中选择动画效果，可以设置对象退出幻灯片时的动画形式。

❖ 在 "动作路径" 组中选择动画效果，可以为对象应用动作路径，使对象根据选择的动作路径出现。如果系统内置的动作路径不能满足设计需要，可以选择【自定义路径】选项，然后在幻灯片中绘制所需的动作路径。

(4) 如果还要得到更多的动画效果，可以在动画列表的下方选择相应的选项，这时将打开相应的对话框，图 5-56 所示分别是更多的进入、强调、退出动画效果。

图 5-56　更多的进入、强调、退出动画效果

2．编辑动画

为幻灯片中的对象添加了动画效果以后，在【动画】选项卡中可以对动画效果进行相应的编辑操作，如设置动画开始时间、调整动画的播放顺序、添加/删除动画效果等，如图 5-57 所示。

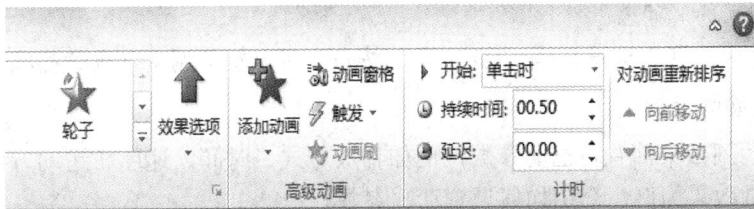

图 5-57　【动画】选项卡

❖ 【效果选项】：用于更改所选动画效果的运动方向、颜色或图案等选项，不同的动画效果，其选项也不一样。

❖ 【添加动画】: 单击该按钮,可以为所选对象添加一个新的动画效果,这个动画将应用到该幻灯片上现在动画的后面。

小贴士

为了让幻灯片中对象的动画效果丰富、自然,可以为其添加多个动画效果。例如,可以同时添加进入、强调、退出与动作路径动画,从而控制对象进入、退出与在屏幕中显示的动画状态。

❖ 【动画窗格】: 单击该按钮,可以打开【动画窗格】,这里以列表的形式显示了当前幻灯片中所有对象的动画效果,包括动画类型、对象名称、先后顺序等。在【动画窗格】中选择一个动画效果,单击鼠标右键,在弹出的快捷菜单中可以重新设置动画的开始方式、效果选项、计时等,如图5-58所示。

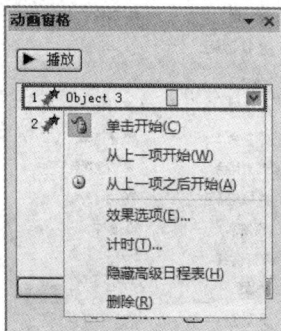

图5-58 【动画窗格】

❖ 【触发】: 单击该按钮,可以设置动画的触发条件,既可以设置为单击某个对象播放动画,也可以设置为当媒体播放到书签时播放动画。

❖ 【动画刷】: 这是 PowerPoint 2010 新增的动画功能,该工具类似于 Word 或 Excel 中的格式刷,可以复制一个对象的动画,并将其应用到另一个对象上。双击该按钮,可以将同一个动画应用到演示文稿的多个对象中。

❖ 【开始】: 用于设置动画效果的开始方式。

❖ 【持续时间】: 用于设置动画的时间长度。

❖ 【延迟】: 用于设置经过几秒后开始播放动画,即上一个动画结束到本动画开始之间的时间差。

❖ 【对动画重新排序】: 单击其下方的按钮,可以重新调整动画的播放顺序。

3. 设置动画参数

每一个动画效果都有自己的参数,例如播放方式、时间、速度、运动方向等,下面以"飞出"动画效果为例,介绍如何设置动画参数。

(1) 确保为对象添加了"飞出"动画效果。

(2) 在【动画】选项卡中单击 动画窗格 按钮,打开【动画窗格】。

(3) 单击"飞出"动画右侧的小箭头,在打开的下拉列表中可以设置开始方式、效果选项、计时等,如图5-59所示。

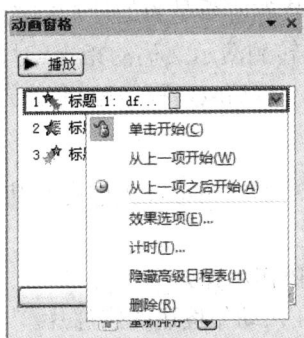

图 5-59　动画选项下拉列表

❖ 选择【单击开始】、【从上一项开始】、【从上一项之后开始】选项时，可以设置动画的开始方式。

❖ 选择【效果选项】选项时，打开【飞出】对话框，在【效果】选项卡中可以设置动画的运动方向、平滑开始和平滑结束时间、是否添加音效等选项，如图 5-60 所示。

❖ 选择【计时】选项时，打开【飞出】对话框，在【计时】选项卡中可以设置动画的开始时间、延迟时间、运动速度及重复次数等选项，如图 5-61 所示。

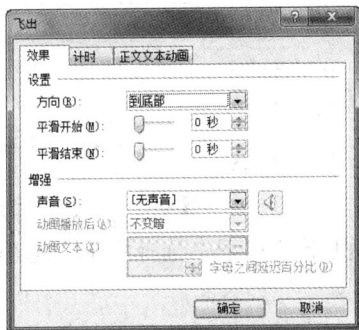

图 5-60　【效果】选项卡

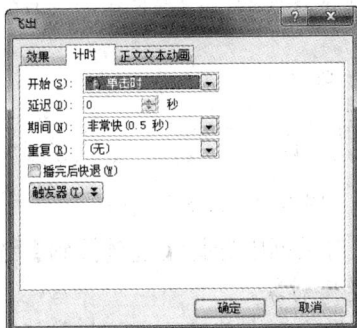

图 5-61　【计时】选项卡

❖ 选择【隐藏高级日程表】选项时，可以隐藏【动画窗格】下方的日程表，它类似于 Flash 中的时间轴，用来设置动画顺序、动画时间等。

❖ 选择【删除】选项时，将删除该动画效果。

小贴士

　　以上介绍了动画参数的设置，但并不是每次都需要设置全部参数，用户可以根据动画需要进行设置。另外，不同的动画，参数也有所区别，但设置方法是一样的，读者要做到举一反三。

5.4.3　创建交互式演示文稿

　　在 PowerPoint 2010 中，利用系统提供的动作按钮可以轻松地创建交互式的演示文稿，而且操作方法非常简单。这种操作的实质是为幻灯片中的动作按钮建立超级链接，当放映幻灯片时，单击这些按钮可以跳转到演示文稿的指定幻灯片上，甚至可以链接到 Internet 上。另外，还可以控制音频播放、启动应用程序等。

1．添加动作按钮

在演示文稿中为幻灯片添加动作按钮可以创建交互功能，放映时直接单击这些按钮可以跳转到指定的目的地。

在幻灯片中添加动作按钮的操作步骤如下：

(1) 在普通视图中切换到要插入动作按钮的幻灯片。

(2) 在【插入】选项卡的"插图"组中单击 按钮下方的三角箭头，在打开的下拉列表中选择一种动作按钮，如图 5-62 所示。

(3) 在幻灯片中拖动鼠标绘制一个按钮，弹出【动作设置】对话框，如图 5-63 所示。

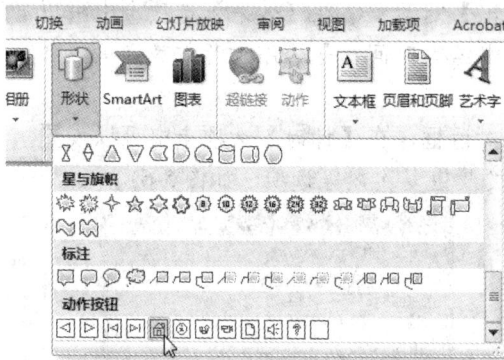

图 5-62　选择动作按钮　　　　　　　图 5-63　【动作设置】对话框

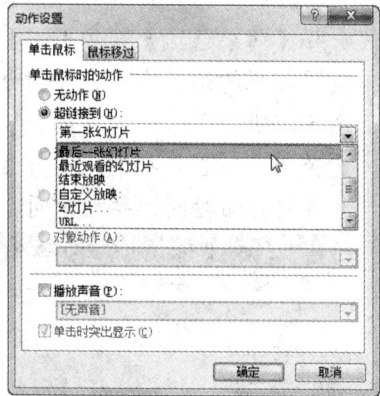

(4) 在对话框中选择【超链接到】选项，并在其下拉列表中选择合适的选项，可以设置不同的链接对象。

❖ 如果要在当前演示文稿的幻灯片之间跳转，可以选择【幻灯片...】选项，弹出【超链接到幻灯片】对话框，如图 5-64 所示，在该对话框中可以选择要跳转到的幻灯片。

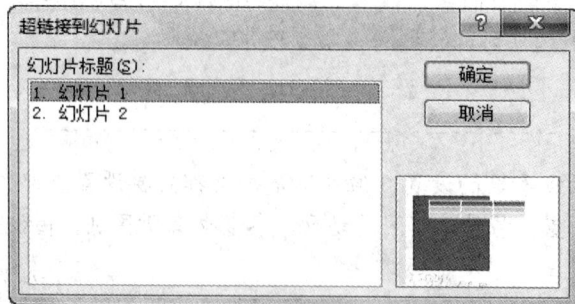

图 5-64　【超链接到幻灯片】对话框

❖ 如果要链接到某个网站，可选择【URL...】选项，在弹出的【超链接到 URL】对话框中输入要跳转到的目标 URL 即可，如图 5-65 所示。

图 5-65　【超链接到 URL】对话框

❖ 如果要链接到其他文件，可选择【其他文件】选项，在弹出的【超链接到其
他文件】对话框中选择目标文件即可。

❖ 如果要退出当前 PPT 演示，可选择【结束放映】选项。

(5) 在对话框中选择【运行程序】选项，在其下面的文本框中输入应用程序的路径，
则单击动作按钮时将启动应用程序，如图 5-66 所示。

(6) 如果需要为动作按钮添加声音效果，可以选择【播放声音】选项，并在其下拉列
表中选择一种声音效果，如图 5-67 所示。

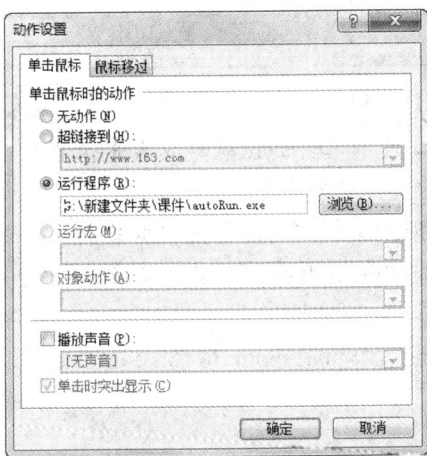

图 5-66　输入应用程序的路径

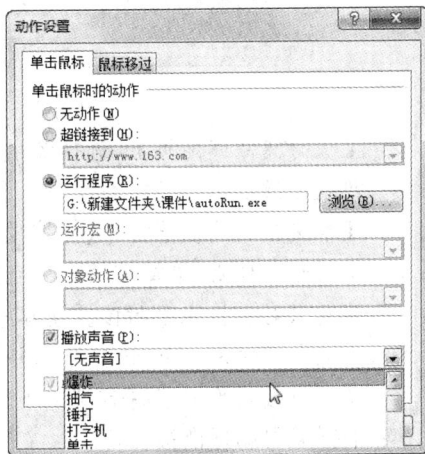

图 5-67　选择声音效果

(7) 单击 确定 按钮，即可完成动作的设置。

小贴士

　　【动作设置】对话框中有两个选项卡，【单击鼠标】选项卡表示只有当鼠标单击
按钮时才能链接；【鼠标移过】选项卡表示只要将光标移动到按钮上便可自动链接目
标。建议使用"单击鼠标"的方式来激发动作。

2．添加超链接

使用动作按钮添加超链接固然很方便，但是用作链接的对象只能是按钮。如果想利用
文字、图片或者其他对象创建超链接，又该如何设置呢？方法很简单，使用【超链接】按
钮即可。

为文字、图片等对象创建超链接的操作步骤如下：

(1) 选定要添加超链接的对象，可以是文字、剪贴画、图片、文本框等。

(2) 在【插入】选项卡的"链接"组中单击 ⬤ 按钮。

(3) 在打开的【插入超链接】对话框左侧提供了 4 种链接目标，分别是"现有文件或网页""本文档中的位置""新建文档"和"电子邮件地址"，如图 5-68 所示。

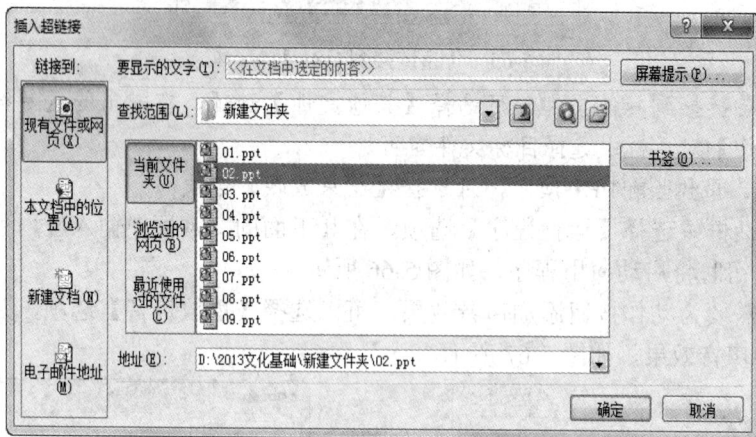

图 5-68　【插入超链接】对话框

❖ 【现有文件或网页】：选择该项时，需要指定现有文件的位置，或者直接输入网址，当单击超链接对象时，将打开指定的文件或网页。
❖ 【本文档中的位置】：选择该项时，可以在演示文稿内的幻灯片之间跳转。
❖ 【新建文档】：选择该项时，可以指定新文档的名称和存储位置，当单击超链接对象时，将在存储位置新建一个文档。
❖ 【电子邮件地址】：选择该项并输入邮箱地址，如 mailto:qdra@163.com，当单击超链接对象时，将启动电子邮件工具。

(4) 根据需要选择链接目标。

(5) 单击 屏幕提示(P)... 按钮，在打开的【设置超链接屏幕提示】对话框中设置屏幕提示，如图 5-69 所示，当光标指向链接对象时会出现一行提示文字。

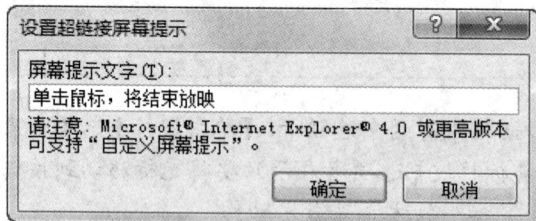

图 5-69　【设置超链接屏幕提示】对话框

(6) 依次单击 确定 按钮，完成超链接设置。

5.5　放映演示文稿

PowerPoint 是世界上最流行的演示文稿制作工具，适合于大型会议的幻灯片演示、展览会的电子演示、教学过程的课件演示等，所以创建 PowerPoint 演示文稿的最终目的是放映，让观众通过视觉或听觉获取有效信息。

5.5.1　4 种放映方式

幻灯片的放映方式主要有 4 种，分别是从头开始放映、从当前幻灯片开始放映、广播幻灯片和自定义幻灯片放映。

1．从头开始放映

如果希望从演示文稿的第一张幻灯片开始依次播放演示文稿中的幻灯片，可以通过以下两种方法实现。

方法一：在功能区中切换到【幻灯片放映】选项卡，在"开始放映幻灯片"组中单击按钮，可以从头开始播放幻灯片。

方法二：按下 F5 键，可以从头开始播放幻灯片。

2．从当前幻灯片开始放映

如果希望从当前幻灯片开始播放演示文稿，可以通过以下方法实现。

方法一：在功能区中切换到【幻灯片放映】选项卡，在"开始放映幻灯片"组中单击按钮，可以从当前幻灯片开始播放演示文稿。

方法二：在状态栏的右侧单击按钮，也可以从当前幻灯片开始播放演示文稿。

方法三：按下 Shift + F5 键，可以从当前幻灯片开始播放演示文稿。

3．广播幻灯片

广播幻灯片放映方式是 PowerPoint 2010 的新增功能，广播幻灯片可以让 Windows Live ID 的用户利用 Microsoft 提供的 PowerPoint Broadcast Service 服务，将演示文稿发布为一个网址，网址可以发送给需要观看幻灯片的用户。用户获得网址后，即使计算机中没有安装 PowerPoint 程序，也可以借助 Internet Explorer 浏览器观看幻灯片。

4．自定义幻灯片放映

针对不同的场合或观众，演示文稿的放映顺序或内容也可能随之不同，因此，放映者可以自定义放映顺序或内容。下面介绍自定义放映幻灯片的操作方法：

(1) 打开要自定义放映幻灯片的演示文稿。

(2) 在【自定义幻灯片放映】选项卡的"开始放映幻灯片"组中打开按钮下方的下拉列表，选择【自定义放映】选项，如图 5-70 所示。

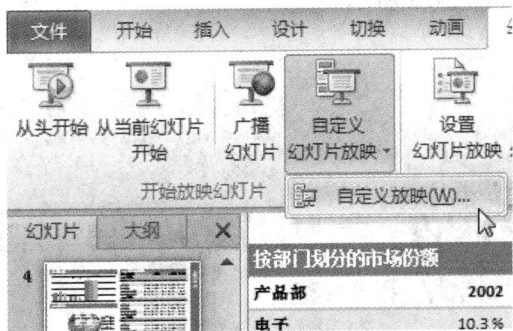

图 5-70　自定义放映幻灯片

(3) 在弹出的【自定义放映】对话框中单击 新建(N)... 按钮，如图 5-71 所示，弹出【定义自定义放映】对话框。

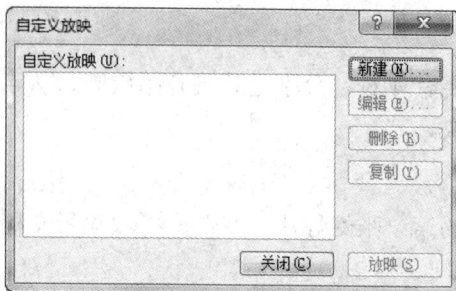

图 5-71 【自定义放映】对话框

(4) 在【定义自定义放映】对话框左侧的【在演示文稿中的幻灯片】列表中选择当前演示文稿中要放映的幻灯片，单击 添加(A) >> 按钮，将其添加到右侧的【在自定义放映中的幻灯片】列表中，单击其右侧的 ⬇ 按钮和 ⬆ 按钮，可以调整幻灯片的顺序，如图 5-72 所示。

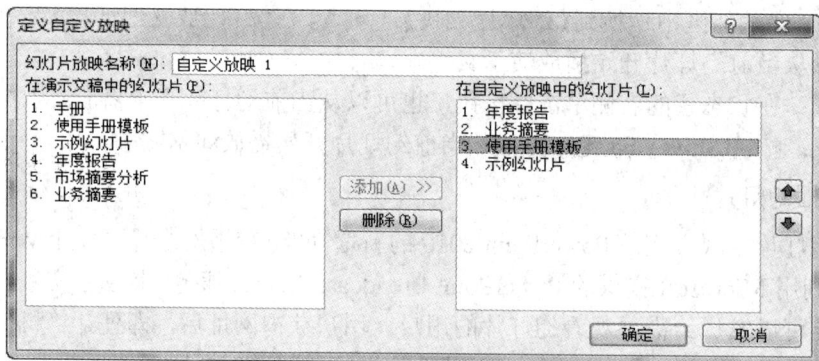

图 5-72 【定义自定义放映】对话框

(5) 单击 确定 按钮，完成自定义放映，返回到【自定义放映】对话框中。

(6) 单击 放映(S) 按钮，可以在屏幕中放映选定的幻灯片，单击 关闭(C) 按钮，可以退出【自定义放映】对话框。

通过这种方式可以建立多种自定义放映，这时在【幻灯片放映】选项卡的"开始放映幻灯片"组中单击 按钮，在打开的下拉列表中将出现所有的自定义放映，要使用哪一种放映，选择它即可，如图 5-73 所示。

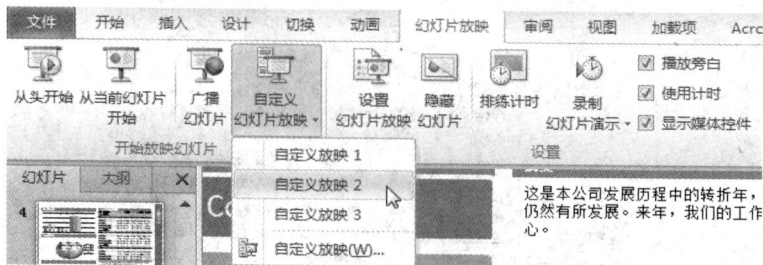

图 5-73 选择自定义放映

5.5.2　设置放映参数

　　PowerPoint 2010 提供了演讲者放映(全屏幕)、观众自行浏览(窗口)和在展台浏览(全屏幕)等 3 种放映类型。为了使演示文稿能够正常运行，必须正确设置演示文稿的放映参数。

1．设置放映方式

　　制作完成的演示文稿在放映前需要先设置放映方式，以确定幻灯片的放映类型、放映选项及换片方式等选项，具体操作步骤如下：

　　(1) 打开要设置放映方式的演示文稿。

　　(2) 在【幻灯片放映】选项卡的"设置"组中单击 ⬚ 按钮，弹出【设置放映方式】对话框，如图 5-74 所示。

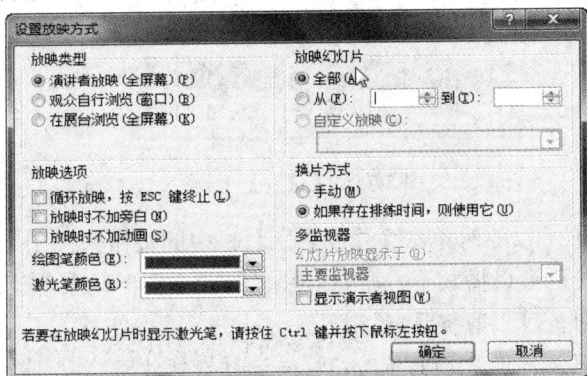

图 5-74　【设置放映方式】对话框

　　(3) 在【放映类型】选项组中选择幻灯片的放映类型。

❖　选择【演讲者放映(全屏幕)】选项时，将以全屏幕方式播放幻灯片，演讲者可以手动控制放映过程，这是最常用的放映方式。

❖　选择【观众自行浏览(窗口)】选项时，可以在屏幕中放映幻灯片，观众可以使用窗口中的菜单命令自己动手控制幻灯片的放映。

❖　选择【在展台浏览(全屏幕)】选项时，将以全屏幕方式播放幻灯片，这是一种自动运行的全屏幕幻灯片放映方式。

　　(4) 在【放映选项】选项组中确定放映时是否循环放映、加旁白或动画。

　　(5) 在【放映幻灯片】选项组中指定要放映的幻灯片。

❖　选择【全部】选项时，将放映演示文稿中的所有幻灯片。

❖　选择【从……到……】选项时，在其后的文本框中输入数值，可以确定要放映的幻灯片从第几张开始，到第几张结束。

　　(6) 在【换片方式】选项组中确定放映幻灯片时的换片方式。

❖　选择【手动】选项时，则放映幻灯片时必须手动切换幻灯片，同时系统将忽略预设的排练时间。

❖　选择【如果存在排练时间，则使用它】选项，将使用预设的排练时间自动运行幻灯片放映。如果没有预设的排练时间，则必须手动切换幻灯片。

　　(7) 单击 确定 按钮确认设置。

2．排练计时

幻灯片的放映有两种方式：人工放映和自动放映。当使用自动放映时，需要为每张幻灯片设置放映时间。设置放映时间的方法分为两种：一是由用户为每张幻灯片设置放映时间；二是使用排练计时，在排练放映的过程中，用户可以根据幻灯片的内容设置幻灯片在屏幕上的停留时间。排练计时结束后，这种放映方式将被系统记录下来，以后再放映时就可以自动按照排练时设置的时间进行幻灯片的切换。

使用排练计时的操作步骤如下：

(1) 打开要设置放映时间的演示文稿。

(2) 在【幻灯片放映】选项卡的"设置"组中单击 ⬚ 按钮，则系统进入录制放映界面，同时打开【录制】工具栏，如图 5-75 所示。在【录制】工具栏中，左侧时间用来显示当前幻灯片的放映时间；右侧时间显示整个演示文稿总的放映时间。

图 5-75 【录制】工具栏

(3) 在录制过程中可以随时单击【录制】工具栏中的按钮来控制排练计时。

❖ 单击 ➡ 按钮，可以播放下一张幻灯片，同时左侧时间重新计时。

❖ 单击 ⅠⅠ 按钮，可以暂停计时。

❖ 单击 ↺ 按钮，可以重新对当前幻灯片进行排练计时。

(4) 录制完毕后，系统将弹出一个提示框，如图 5-76 所示。

图 5-76 排练计时提示框

(5) 单击 是(Y) 按钮，可以保留新的幻灯片排练时间；单击 否(N) 按钮，可以重新设置排练计时。

小贴士

设置排练计时之后，再次放映演示文稿时，系统就会自动按照预演的时间进行放映。如果要恢复手动的切换方式，只需在【设置放映方式】对话框中选择【手动】换片方式即可。

5.6 输出演示文稿

根据不同的用途，可以为 PPT 文稿选择不同的输出方式，如打印、输出为视频、打包发布等。

5.6.1　打印演示文稿

演示文稿制作完成后，不仅可以在屏幕上演示，还可以把它打印到纸上进行更直观的查阅和备用。在打印演示文稿前，首先要对幻灯片进行页面设置。

1．页面设置

由于幻灯片主要用于在屏幕上放映，因此幻灯片大小并不是默认的 A4 纸张，而是在屏幕上显示的大小，用户可以根据实际需要更改页面设置，具体操作步骤如下：

(1) 切换到【设计】选项卡，在"页面设置"组中单击 □ 按钮，打开【页面设置】对话框，如图 5-77 所示。

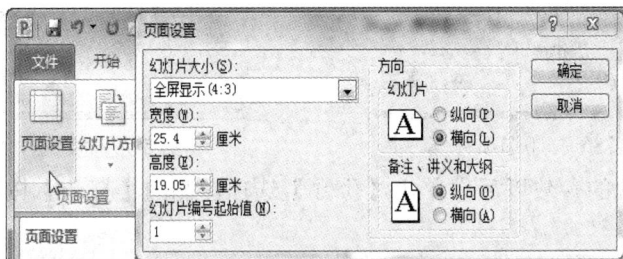

图 5-77　【页面设置】对话框

(2) 在对话框中设置相应的选项。

❖ 在【幻灯片大小】下拉列表中可以设置幻灯片的大小或纸张大小。

❖ 在【宽度】和【高度】文本框中可以自定义幻灯片的大小。

❖ 在【幻灯片编号起始值】文本框中可以设置幻灯片编号的起始值。

❖ 在【方向】选项组中可以设置幻灯片或备注、讲义和大纲的方向。

(3) 单击 确定 按钮完成页面设置。

2．打印演示文稿

完成了页面设置以后，如果要打印演示文稿，可以按如下步骤操作：

(1) 打开要打印的演示文稿。

(2) 切换到【文件】选项卡，选择【打印】命令，在中间位置可以设置打印选项，如图 5-78 所示。

❖ 在【份数】选项中可以设置要打印的份数。

❖ 单击【打印全部幻灯片】按钮，在打开的下拉列表中可以设置要打印幻灯片的范围，例如"打印全部幻灯片""打印所选幻灯片""打印当前幻灯片"等，如图 5-79 所示。

❖ 单击【整页幻灯片】按钮，在打开的下拉列表中可以设置要打印的内容，可以是幻灯片、讲义、备注页或大纲等。如果选择打印讲义，还可以在【讲义】选项组中设置讲义的打印版式。

❖ 单击【调整】按钮，在打开的下拉列表中可以设置要打印的顺序。

❖ 单击【颜色】按钮，在打开的下拉列表中可以选择彩色打印或黑白打印。

图 5-78　打印选项　　　　　　　　　　图 5-79　设置打印范围

(3) 设置好相应的参数以后，单击【份数】选项左侧的【打印】按钮，即可开始打印工作。

5.6.2　演示文稿的打包与异地播放

打包的目的就是使演示文稿可以跨平台展示，或者进行异地播放，即使计算机上没有安装 PowerPoint 也不影响幻灯片的放映。打包演示文稿的具体操作步骤如下：

(1) 打开要打包的演示文稿。

(2) 在【文件】选项卡中执行【保存并发送】命令，在中间的列表中选择【将演示文稿打包成 CD】命令，在右侧的列表中单击【打包成 CD】按钮，如图 5-80 所示。

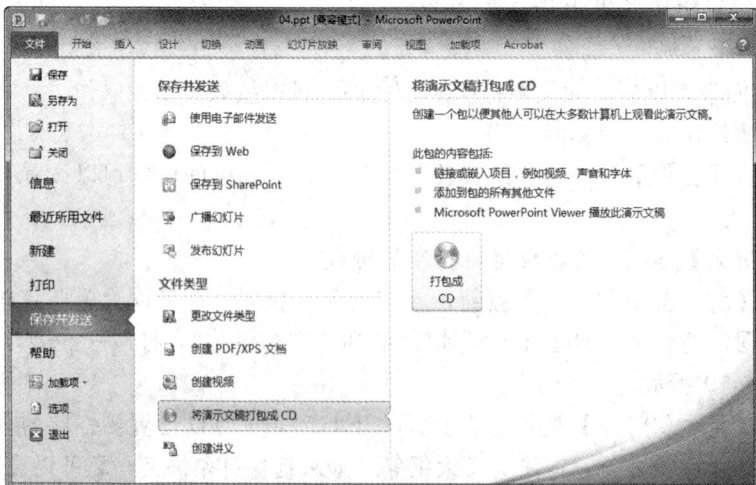

图 5-80　将演示文稿打包成 CD

(3) 在弹出的【打包成 CD】对话框中单击 添加(A)... 按钮，可以添加其他演示文稿或不能自动包括的文件；单击 [删除(R)] 按钮，可以删除已添加的演示文稿，如图 5-81 所示。

（4）单击 [选项(O)...] 按钮，在弹出的【选项】对话框中可以设置是否包含链接文件以及密码等打包选项，如图 5-82 所示。

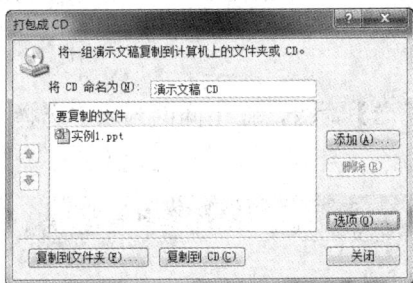

图 5-81　【打包成 CD】对话框

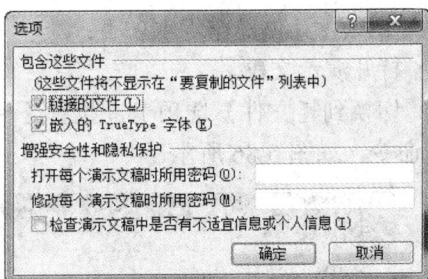

图 5-82　【选项】对话框

（5）完成选项设置后，单击 [确定] 按钮返回【打包成 CD】对话框。

（6）如果要将演示文稿打包到某一个文件夹下，则单击 [复制到文件夹(F)...] 按钮，这时将弹出【复制到文件夹】对话框。在该对话框中可以设置文件夹的名称和位置，如图 5-83 所示。

（7）单击 [确定] 按钮，则完成了演示文稿的打包，这时打开指定的文件夹，可以看到打包后的文件，如图 5-84 所示。

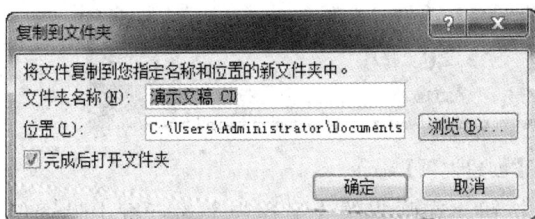

图 5-83　【复制到文件夹】对话框

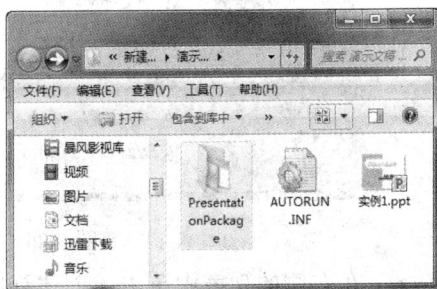

图 5-84　打包后的文件

（8）打包生成 PresentationPackage 文件夹，双击其中的"PresentationPackage.htm"文件打开网页，单击【Download Viewer】按钮下载 PowerPoint 播放安装程序，即可放映演示文稿，如图 5-85 所示。

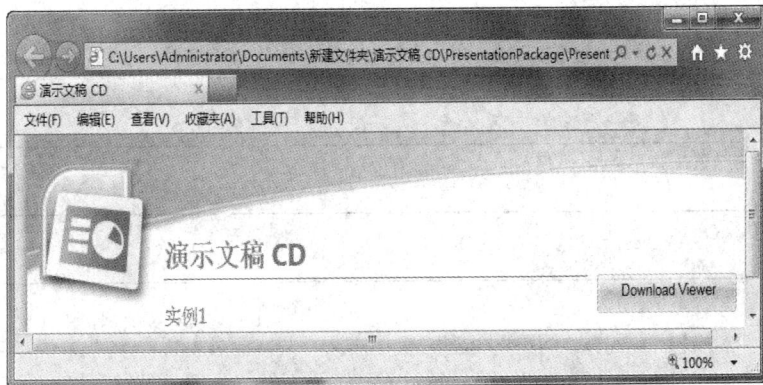

图 5-85　下载 PowerPoint 播放安装程序

5.6.3　保存为视频

PowerPoint 2010 可以将演示文稿输出为视频文件，默认格式为 wmv，如果要将演示文稿保存为视频，具体操作步骤如下：

(1) 打开演示文稿。

(2) 切换到【文件】选项卡，执行【保存并发送】命令，在中间的列表中选择【创建视频】命令，如图 5-86 所示。

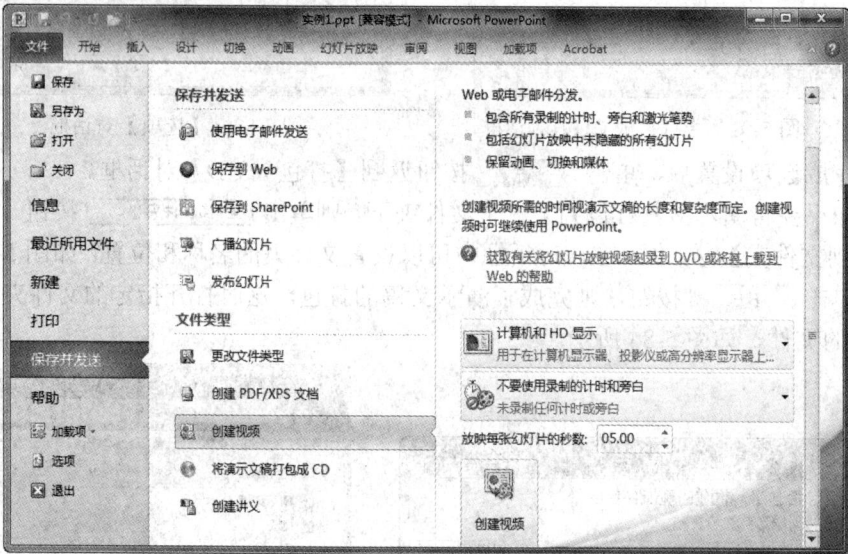

图 5-86　执行【创建视频】命令

(3) 在右侧的列表中单击【创建视频】按钮，在弹出的【另存为】对话框中设置保存位置并确认，即可将演示文稿导出为视频文件。

※ 学习感悟

本 章 习 题

一、填空题

1．PowerPoint 2010 共有 5 种视图模式，分别是普通视图、＿＿＿＿＿、阅读视图、备注页视图和＿＿＿＿＿，其中普通视图中还包含了【＿＿＿】和【大纲】两个选项卡。

2．＿＿＿＿＿是一组预先设置好的格式选项，包括颜色、字体、效果等，可以直接应用于幻灯片。

3．在【设置背景格式】对话框中有 4 种背景填充方式，即纯色填充、＿＿＿＿填充、图片或纹理填充、＿＿＿＿＿填充。

4．＿＿＿＿＿＿＿是指放映时幻灯片进入和离开屏幕时的方式。

5．在演示文稿中为幻灯片添加＿＿＿＿＿＿＿可以创建交互功能，放映时直接单击它可以跳转到指定的目的地。

6．幻灯片的放映方式主要有 4 种，分别是＿＿＿＿＿＿＿、从当前幻灯片开始放映、广播幻灯片和＿＿＿＿＿＿＿＿＿＿。

7．＿＿＿＿＿＿＿＿＿＿的目的就是使演示文稿可以跨平台展示，或者进行异地播放。

二、简答题

1．如何自定义演示文稿的主题？

2．怎样自定义幻灯片的放映顺序？

3．如何为演示文稿录制旁白？

4．简述演示文稿的打包方法。

三、操作题

1．利用"现代型相册"模板新建一个演示文稿，在幻灯片浏览视图中复制第 2 和第 4 张幻灯片，然后将第 8 张幻灯片中的图片更换为自己喜欢的图片，并将演示文稿保存为"我的作品"。

2．制作一张幻灯片，向其中插入一个图片并添加切换效果，再插入一个视频文件，最后将文件打包。

3．在幻灯片中插入一个艺术字，然后为其添加 3 种不同的动画效果，并让 3 个动画逐个顺序播放。

4．在幻灯片中输入文字"新浪"，并为其创建超链接，当单击该文字时链接到新浪网站，并出现提示文字"单击鼠标，将跳转到新浪网"。

第 6 章　计算机多媒体基础

✦✧✦

　　从 20 世纪 80 年代起，随着计算机技术的发展，一门崭新的科学技术——多媒体技术迅速地发展起来。多媒体技术是当今信息技术领域发展最快、最活跃的技术之一，它将计算机技术与通信传播技术融为一体，综合处理、传送和储存多媒体信息，如声音、文本、图像、动画、视频等。目前我们使用的计算机、Internet、与通信相关数码产品等基本都集成了多媒体技术。21 世纪是多媒体技术飞速发展的年代，也是多媒体应用不断拓展的年代，随着科学技术的不断发展，视频压缩传输、模式识别、虚拟现实、视频通话等多媒体技术将逐步渗透到人类社会生活的各个领域。

※　目标规划

1. 熟悉多媒体知识
2. 掌握多媒体各个元素的知识
3. 熟练应用多媒体工具操作技能

6.1　多媒体技术概述

　　多媒体技术的飞速发展是近几年来最引人注目的事情。随着计算机硬件性能的整体提高以及软件功能的普遍增强，使得任何一台计算机都具备了处理多媒体信息的基础与前提。下面简单介绍多媒体技术的基本概况。

6.1.1　多媒体的有关概念

　　在学习多媒体的相关知识之前，首先要明确有关概念，如什么是媒体、什么是多媒体、什么是多媒体技术等。

1. 媒体

　　媒体(Medium)又常常称为媒介，是日常生活和工作中经常用到的词汇，如我们经常把报纸、广播、电视等称为新闻媒体，报纸通过文字、广播通过声音、电视通过图像和声音来传送信息。我们把传播信息的载体称为媒体。媒体有两层含义：一是指承载信息所使用的符号系统，如文本、图形、图像、音频、视频、动画等，媒体呈现时采用的符号系统将决定媒体的信息表达功能；二是指存储、加工和传递信息的实体，如书本、挂图、投影片、录像带、计算机以及相关的播放、处理设备等。

　　多媒体计算机中所说的媒体是指前者，即计算机不仅能处理文字、数值之类的信息，还能处理声音、图形、电视图像等各种不同形式的信息。

2．多媒体

关于"多媒体(Multimedia)"概念的标准定义目前还没有统一，"多媒体"一词译自英文 Multimedia，这是一个合成词，即由 Multiple(多种)和 Media(媒体)两个单词组成的合成词，所以一般理解为"多种媒体的综合"。

在计算机信息处理领域中，所谓多媒体是指计算机与人进行交流的多种媒体信息，包括文本、图形、图像、声音、动画、视频等信息。

- ❖ 文本：指以文字和各种专用符号表达信息的形式。它是现实生活中使用最多的一种信息存储和传递方式，用文本表达信息给人以充分的想象空间。
- ❖ 图形：一般指矢量图，如几何图形、统计图、工程图等。
- ❖ 图像：通常指位图，它是多媒体软件中最重要的信息表现形式之一，决定了一个多媒体软件的视觉效果。
- ❖ 声音：是多媒体中最容易被人感知的媒体形式，声音的格式主要有波形声音(WAVE)和乐器声音(MIDI)两种。
- ❖ 动画：指表现连续动作的图形或图像，如缩放、旋转、淡入淡出等。实际上动画是由一些表现连续动作的帧构成的。目前最典型的动画形式就是 Flash 动画、GIF 动画。
- ❖ 视频：指活动的影像，例如电影、电视、VCD 等都属于视频。视频文件的主要格式有 AVI、MPEG、MOV 等。

3．多媒体技术

多媒体技术(Multimedia Technology)不是各种信息媒体的简单复合，它是一种将文本、图形、图像、声音、动画、视频等形式的信息结合在一起，并通过计算机进行综合处理和控制，能支持完成一系列交互式操作的信息技术。概括地说，多媒体技术是利用计算机对文本、图形、图像、声音、动画、视频等多种信息综合处理、建立逻辑关系和人机交互作用的技术。多媒体技术有以下几个主要特点：

(1) 多样性：指信息载体的多样化，包括文本、图形、图像、视频、语音等多种媒体信息。

(2) 集成性：能够以计算机为中心综合处理多种信息媒体，包括信息媒体的获取、存储、组织与合成。

(3) 交互性：指用户可以与计算机的多种信息媒体进行交互操作，从而为用户提供更加有效地控制和使用信息的手段。

(4) 实时性：指当用户给出操作命令时，马上会得到相应的多媒体反馈信息。实时多媒体分布系统把计算机的交互性、通信的分布性和电视的真实性有机地结合在一起。

(5) 数字化：指多媒体中的各种媒体都是以数字形式存放在计算机中。

总之，多媒体技术是一门基于计算机技术的，包括数字信号的处理技术、音频和视频技术、多媒体计算机系统(硬件和软件)技术、多媒体通信技术、图像压缩技术、人工智能和模式识别等的综合技术。

4．多媒体计算机

多媒体计算机(Multimedia Computer)是能够对声音、图像、视频等多媒体信息进行综合处理的计算机。多媒体计算机一般指多媒体个人计算机(Multimedia Personal Computer，MPC)，目前来说，普通个人计算机都具有多媒体处理功能，只是在配置上增加一些相关的外设即可。

多媒体计算机的基本构成如下：

❖ 主机：即 PC。
❖ 视频、音频输入设备：包括摄像机、话筒、录音机等。
❖ 视频、音频输出设备：包括电视机、投影仪、扬声器、立体声耳机等。
❖ 功能卡：包括视频卡、声卡、显卡、网卡等。
❖ 存储设备：包括 CD-ROM、磁盘驱动器、刻录机等。
❖ 交互设备：包括键盘、鼠标等。
❖ 软件：包括操作系统、各种硬件驱动程序和各种应用程序。

下面用一个示意图来表示多媒体计算机的基本构成，如图 6-1 所示。

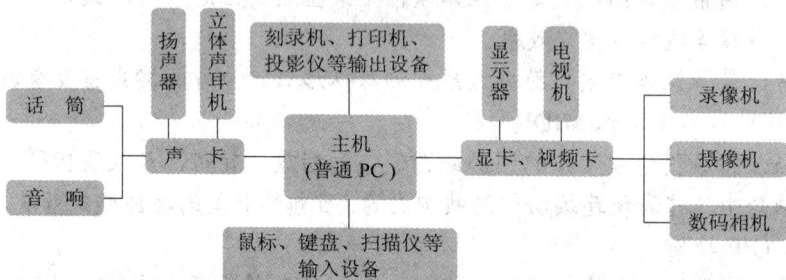

图 6-1　多媒体计算机构成示意图

6.1.2　多媒体技术的应用

随着科学技术的不断发展，多媒体技术已经渗透到了各行各业，特别是多媒体技术与网络通信技术的结合，进一步加速了多媒体技术在经济、科技、教育、医疗、文化、传媒、娱乐等各个领域的广泛应用。

1．家庭娱乐

数字影视和娱乐工具已进入我们的生活，例如，家庭有线电视可以通过增加机顶盒和铺设高速光纤电缆，将单向有线电视改造成为双向交互电视系统。这样用户看电视时就可以使用点播、选择等方式随心所欲地找到自己想看的节目。

另外，游戏是多媒体一个重要的应用领域，运用了三维动画、虚拟现实等先进多媒体技术的游戏软件变得更加丰富多彩，给日常生活带来了更多的乐趣。现在的大型网络游戏几乎都运用了多媒体技术，情节生动、声情并茂。此外，在网络上看电影、听音乐、视频聊天等都属于多媒体技术的具体应用。

2．教育培训

教育培训是多媒体技术最有前途的应用领域之一，世界各国的教育学家们正努力研究用先进的多媒体技术改进教学与培训。以多媒体计算机为核心的现代教育技术使教学变得丰富多彩，并引发教育的深层次改革。计算机多媒体教学已在较大范围内替代了基于黑板的教学方式，利用多媒体技术编制的教学课件、测试和考试课件能创造出图文并茂、绘声绘色、生动逼真的教学环境和交互式学习方式，从而大大激发学生的学习积极性和主动性，提高教学质量。另外，在行业培训方面，用于军事、体育、医学和驾驶等方面的多媒体培训系统不仅提供了生动的场景，而且能够设置各种复杂环境，非常有利于培训的进行。

3. 商业应用

多媒体技术的商业应用很广泛，它不仅给我们的日常生活带来了无限的便利和轻松，而且也给广大的商家带来了巨大的利润。例如，产品展示、企业宣传片、电视广告等多媒体作品在进行企业与产品推广的同时，为商家赢得了商机。

此外，还有一些便民性质的多媒体查询系统，在提高企业服务质量等方面起到了积极的作用。例如，医院、交通、电信、商业等部门可以将公共信息都存放在多媒体系统中，向公众提供多媒体咨询服务，用户可通过触摸屏进行操作，查询到所需的多媒体信息资料。

4. 电子出版物

电子出版物是指以数字代码方式将图、文、声、像等信息存储在磁、光、电介质上，通过计算机或类似设备阅读使用，并可复制发行的大众传播媒体。从内容上划分，电子出版物可分为电子图书、辞书手册、文档资料、报刊杂志、教育培训、娱乐游戏、宣传广告、信息咨询和简报等多种类型，例如，图书所附带的多媒体教学光盘实际上就是一种电子出版物。

多媒体电子出版物是一种存储在光盘、磁盘上的电子图书，它具有存储容量大、媒体种类多、携带方便、检索迅速、可长期保存、价格低廉等优点。

5. 广播电视、通信领域

计算机网络技术、通信技术和多媒体技术结合是现代通信发展的必然要求。多媒体通信技术可以把电话、电视、图文传真、音响、摄像机等各类电子产品与计算机融为一体，完成多媒体信息的网络传输、音频播放和视频显示。目前，多媒体技术在广播电视、通信领域的应用已经取得许多新进展，多媒体会议系统、多媒体交互电视系统、多媒体电话、远程教学系统和公共信息查询等一系列应用正在改变着我们的生活。

6. 其他领域中的应用

多媒体技术在办公自动化方面主要体现在对声音和图像的处理上。采用语音自动识别系统可以将语言转换成相应的文字，同时又可以将文字翻译成语音。通过光学字符识别(Optical Character Recognition，OCR)系统可以自动输入手写文字并以文字的格式存储。

利用多媒体技术可以进行多媒体测试，如心理测试、健康测试、设备测试、环境测试和系统测试等；还可以进行辅助设计、网络会议、虚拟现实等。另外，多媒体技术在工农业生产、旅游业、军事、航空航天等领域也有广泛应用。

目前，多媒体技术正朝着高分辨率、高速度、操作简单、智能化和标准化的方向发展，它将集娱乐、教学、通信、商务等功能于一体。从多媒体发展前景上看，家庭教育和个人娱乐是目前国际多媒体市场的主流，随着科学技术水平的不断提高和社会需求的不断增长，多媒体技术的覆盖范围和应用领域将会继续扩大。

6.1.3　多媒体技术的发展

多媒体技术是不断发展和不断完善的。如今，多媒体技术的发展已成为信息技术发展的重要组成部分。并不是有了计算机以后就产生了多媒体技术，多媒体技术的发展是从第四代计算机开始的。

20 世纪 50 年代诞生的计算机，只能识别 0、1 组合的二进制代码，后来逐渐发展成能处理文本和简单几何图形的计算机系统，并具备了处理复杂信息的技术潜力。

1972 年，第一款 8008 处理器问世，标志着第四代计算机的诞生。这时的计算机已经有了扬声器，能够发出嘟嘟声，例如，用户按错了某个键时，系统就会发出警告声音。这时内置的 PC 扬声器虽然简陋，但是却为多媒体技术的发展奠定了基础。

1984 年，美国 Apple 公司在研制苹果计算机时，为了改善人机交互界面，引入了位图(Bitmap)的概念来对图形进行处理，创造性地使用了图形窗口界面，标志着计算机多媒体时代的到来。

1985 年，微软公司推出了多窗口图形操作环境——Windows 操作系统。同年，美国 Commodore 个人计算机公司率先推出世界上第一台多媒体计算机系统。

1987 年，创新音乐系统(C/MS)出现，这是第一块被众多音乐软件支持的音效合成卡，它的出现标志着计算机具备了音频处理能力，也标志着多媒体技术的发展进入了一个崭新的阶段。

1988 年，运动图像专家小组(Moving Picture Experts Group，MPEG)的建立进一步推动了多媒体技术的发展。自从 MPEG 建立以来，多媒体技术的发展速度是惊人的，其中，硬件、软件的多媒体功能都得到了飞速的发展。

1990 年，由微软公司联合一些主要的个人计算机厂商组成了多媒体个人计算机市场联盟，简称 MPC 联盟。建立联盟的主要目的是建立多媒体个人计算机(MPC)的技术规范。它规定多媒体个人计算机的最低配置为：80386SX/16MHz 的 CPU，2MB 的 RAM 和 640×480 像素 16 色的图形显示，特别是它规定了 1X 的 CD-ROM 和 8 位的声卡，强调了多媒体计算机的基本组成要求。

1993 年，由 IBM 和 Intel 等数十家软硬件公司组成了多媒体个人计算机市场协会 (Multimedia PC Marketing Council，MPMC)，发布了 MPC 2.0 技术规范，提高了对 CPU 和 RAM 的配置要求，对声卡的配置要求达到了 16 位，对 CD-ROM 的速度要求也提高了一倍，图形显示达到 65 536 色。随后，MPMC 相继推出了 MPC 3.0 技术规范和 MPC 4.0 技术规范，对多媒体个人计算机的最低配置要求不断提升，并且采用 Windows 95 操作系统作为支持，形成了较完善的多媒体个人计算机系统。

多媒体技术的发展是一个复杂的过程，其中，既有硬件对多媒体技术的支持，也有软件对多媒体技术的扩展。但是总的来说，多媒体技术的发展主要遵循了两条主线：一是视频技术的发展；二是音频技术的发展。

多媒体计算机的关键技术是多媒体数据的压缩编码和译码技术。目前广泛使用的国际技术规范包括静态图像的压缩编码标准 JPEG、运动图像的压缩编码系列标准 MPEG 和面向可视电话与电视会议系统的视频压缩标准 H.26X 等，此外，还有音频的压缩编码、CD-ROM 和 DVD 存储编码等技术规范。

6.2　多媒体创作工具介绍

随着多媒体技术的迅猛发展，多媒体项目的创作也日新月异，丰富多彩的多媒体作品让人耳目一新。然而，创作多媒体作品并非是一件容易的事，一个大型的多媒体作品往往需要一个团队来完成，因为需要进行界面图形设计、多媒体编程语言、素材的采集与处理等，这涉及到多方面的知识与创作工具。

6.2.1　素材处理软件

在创作多媒体作品时会使用到大量的素材，如文字素材、图像素材、声音素材、视频素材等，所以要学会对这些素材的处理。

1．文字素材的处理

在多媒体信息载体中，文字是最重要的一种信息传播媒介。无论计算机技术发展到何种程度，文字依然是最重要的载体，因此，几乎所有的应用软件都有文字处理功能。如果多媒体作品对文字的要求不高，那么，多媒体创作软件本身就可以完成文字的录入、编辑。如果要对文字进行编辑与艺术加工，则要借助专业的文字处理软件 Word 或 WPS 等。

2．图像素材的处理

在多媒体作品中，图像素材占据了很大的比例。处理图像素材是制作多媒体作品之前的一项关键工作，主要分为两大类：一是多媒体作品的界面设计；二是多媒体内容中出现的图像。

设计多媒体作品的界面时，要处理主界面与次界面中的背景图像，还要制作艺术字、导航按钮等，而对于多媒体作品中的图像，主要是裁剪、调色、改变图像大小等。目前对于图像素材处理，最实用的软件是 Photoshop。

Photoshop 是美国 Adobe 公司开发的专业图像处理软件，是目前功能最强大、用户最多的图像编辑软件，它提供了色彩调整、图像修饰和各种滤镜效果等功能。利用其强大的图像编辑工具，可以有效地对图像进行处理、创意或者制作。

1990 年，Photoshop 版本 1.0 正式发行。1997 年，Photoshop 4.0 版本发行，力挫所有竞争对手，正式开启了全球 Photoshop 时代；2003 年，Adobe 将 Photoshop 8.0 更名为 Photoshop CS。目前的最新版本是 Photoshop CC 2019。

Photoshop 的应用领域很广泛，它已经成为图像处理领域中的行业标准，在广告设计、多媒体界面制作、网页设计、数码摄影、印刷出版等方面都有涉及。

3．声音素材的处理

创作多媒体作品时经常要用到音效、配音、背景音乐等。声音的格式很多，如基于 PC 系统的 WAV、MIDI 格式，基于 MAC 系统的 SND、AIF 格式，这些格式之间经常需要转换，因此，声音素材的采集整理需要更多软件的支持。

音频编辑软件很多，用户可以选择一款适合自己的。

(1) Creative Wave Studio "录音大师"：它是 Creative Technology 公司 Sound Blaster AWE64 声卡附带的音频编辑软件。在 Windows 环境下它可以录制、播放和编辑 8 位和 16 位的波形音乐。

(2) Cake Walk：是 Twelve Tone System 公司开发的音乐编辑软件，利用它可以创作出具有专业水平的"计算机音乐"。

(3) GoldWave：是 GoldWave 公司出品的一个声音编辑软件，体积小巧、功能强大，可以对音乐进行播放、录制、编辑以及转换格式等处理。它支持的音频格式很多，包括 WAV、OGG、VOC、AIF、AFC、SND、MP3、VOX、AVI、MOV、APE 等，并且可以从 CD、VCD 或 DVD 以及其他视频文件中提取声音，内含丰富的音频处理特效。

4．动画素材的处理

多媒体作品中使用的动画主要有两种：二维动画和三维动画。通常情况下，比较普及的二维动画软件是 Flash，而三维动画软件是 3DS max。当然也可以使用一些小型的制作工具，如 Swish、Cool3D 等。

Flash 前身是 Future Wave 公司开发的 FutureSplash Animator，是一个基于矢量的动画制作软件。1996 年被 Macromedia 收购后定名为 Flash，由于其本身的独特优势，很快成为主流网络动画制作软件。2007 年被 Adobe 公司收购并进行后续开发，目前最新版本是 Adobe Animate CC 2019。由于越来越强大的 AS 功能，Flash 不仅在二维动画制作方面表现突出，也常常用来开发多媒体项目，所以 Flash 既是一个动画制作软件，也是一个多媒体开发工具。

3DS max 是目前世界上应用最广泛的三维建模、动画、渲染软件，完全满足制作高质量的三维动画的需要。

3DS max 的前身是基于 DOS 操作系统的 3D Studio 系列软件，是 Discreet 公司开发的(后被 Autodesk 公司合并)基于 PC 操作系统的三维动画渲染和制作软件。它的出现降低了 CG 制作的门槛，使得普通用户也可以参与动画的制作。在多媒体制作领域，该软件主要用来制作片头、工业生产的过程模拟、商品模型等。

5．视频素材的处理

视频以其生动、活泼、直观的特点，在多媒体系统中得到了广泛的应用，并扮演着极其重要的角色。例如制作企业的多媒体宣传片、产品推广宣传片等要用到大量的视频文件，常用的视频素材是 AVI、MOV 和 MPG 格式的视频文件。视频处理软件主要有 Adobe Premiere 和会声会影。

Adobe Premiere 是 Adobe 公司推出的一个功能十分强大的处理影视作品的视频和音频编辑软件。目前最新版本为 Adobe Premiere Rush CC 2019，广泛应用于广告制作和电视节目制作中。它可以完成视频素材的组织与管理、剪辑处理、制作千变万化的过渡效果与滤镜效果、创建字幕、实现音频与视频的分离与合成等。

会声会影是美国友立公司推出的一款非常著名的视频编辑软件，具有图像抓取和编修功能，是操作简单、功能强悍的 DV、HDV 影片剪辑软件，它支持各类编码，包括音频和视频编码。会声会影不仅符合家庭或个人所需，甚至可以挑战专业级的影片剪辑软件，在国内的普及度较高，会声会影适合普通大众使用，界面简洁明快，上手容易。

6.2.2 多媒体开发软件

多媒体开发软件也称为多媒体集成工具。开发多媒体项目的手段很多，可以使用专业的编程软件，也可以使用可视化的多媒体开发工具，例如 Authorware、Director、Flash、方正奥思、蒙泰瑶光等，下面介绍几款主流的多媒体开发工具。

1．Director

Director 是 Macromedia 公司推出的一款交互式多媒体项目集成开发工具，具有强大的面向对象开发能力，用户可以根据需要将图片、声音、三维动画、视频电影、数据库访问、Internet 链接等技术集成在一个作品中，从而制作出复杂的多媒体交互程序，广泛应用于多媒体光盘、教学/汇报课件、触摸屏软件、网络电影、网络交互式多媒体查询系统、企业多媒体形象展示、游戏和屏幕保护程序等的开发制作。

1989 年，Macromedia 推出 Director 1.0，时过两年，升级到 Director 2.0，加入了 Lingo 语言，使 Director 具有了交互功能。随着版本的不断升级，Director 的功能越来越强大，不仅可以使用 Xtra 外部模块来扩展 Director 的功能，而且 Lingo 的功能也逐步强大，几乎可以完成各种编程要求。2005 年 Adobe 收购了 Macromedia 公司，3 年后推出了 Director 11.0，拥有更富弹性、更易使用的创作环境，利用它可以创作出更强大的交互式程序、三维虚拟游戏等多媒体作品，目前的最新版本是 Director 12.0。

Director 具有以下特点：

(1) 提供了专业的编辑环境，高级的调试工具以及方便易用的属性面板，使得 Director 的操作简单方便，大大提高了开发的效率。

(2) 支持广泛的媒体类型，包括多种图像格式以及 QuickTime、AVI、MP3、WAV、AIFF、高级图像合成、动画、同步和声音播放效果等 40 多种媒体类型。

(3) 强大的交互功能使创作者可以随心所欲地开发多媒体项目，不熟悉编程的用户可以通过拖放预设的 Behavior 完成交互的制作，而程序员则可以通过 Lingo 制作出更复杂的交互效果、数据跟踪及二维和三维动画效果。

(4) Director 独有的 Shockwave 3D 引擎可以轻松地创建互动的三维空间，实现虚拟现实，制作交互的三维游戏，提供引人入胜的用户体验。

(5) 可扩展性强。Director 采用了 Xtra 体系结构，可以为 Director 添加无限的自定义特性和功能。

2．Authorware

Authorware 是 Macromedia 公司开发的多媒体制作工具。它是一种解释型、基于流程的多媒体制作软件，被用于创建互动的程序，其中整合了声音、文本、图形、简单动画以及数字电影，是一款非常优秀的多媒体创作软件，易学易用，创作出来的作品效果好，非常适合初学多媒体创作的用户使用。但是，遗憾的是 2005 年 Adobe 收购 Macromedia 公司以后，停止了 Authorware 的升级与开发，但是仍然有很多 Authorware 爱好者使用该软件开发多媒体作品、汇报演示、教学课件等。

Authorware 具有以下特点：

(1) 具备强大的集成能力。Authorware 的优势在于支持多种格式的多媒体元素，可以将文本、图形图像、动画、视频、声音等多媒体素材集成到一起，并以特有的方式进行合理的组织安排，最终以适当的形式将各种素材交互地表现出来，形成一个交互性强、富有表现力的作品。

(2) 具备强大的交互能力。Authorware 具有强大的人机交互性，提供了按钮、热区域、热对象、目标区、下拉菜单、条件、文本输入、按键、重试限制、时间限制、事件等 11 种交互方式，基本上可以满足用户的不同需要。同时，为了加强程序的交互性，Authorware 还提供了许多与交互方式有关的系统变量和函数。

(3) 具备直观易用的开发界面。Authorware 的工作环境中提供了一个非常直观的"设计窗口"，窗口中有一条贯穿上下的直线，称为"流程线"，流程线上的图标称为"设计图标"。用户在流程线上按照一定的规则将设计图标组合起来，然后对设计图标的属性加以适当的设置，就可以实现多媒体的整合功能，这是 Authorware 的一个主要特点，是其他软件不具备的。

(4) 具备高效开发模块。Authorware 允许将以前的开发成果以模块或库的形式保存下来反复使用，这样便于分工合作，避免大量的重复劳动。同时，Authorware 还提供了一种智能化的设计模板——知识对象，开发者可以根据需要选用不同的知识对象，完成特定的多媒体功能，大大提高了工作效率。

(5) 强大的数据处理与编程能力。Authorware 虽然是可视化编程环境，但是它提供了丰富的变量与函数，而且还允许用户自定义变量与函数，以完成复杂的数据运算。另外，它支持开放式数据库的连接、ActiveX 技术、JavaScript 技术等，可扩展性极强。因此，正确运用 Authorware 的脚本语言，可以开发出专业多媒体应用程序。

3. 其他工具

除了前面介绍的两个比较流行的工具外，还有一些其他的可用于多媒体开发的工具，如 Flash、PowerPoint 等。

前面已经介绍过 Flash，它是目前最专业的网络动画软件之一。近几年，随着软件功能的不断增强，特别是 AS7.0 的出现，大大加强了其编程能力，被广泛地应用在多媒体开发、课件制作等领域。

PowerPoint 是微软公司 Office 中的成员之一，主要用于制作演示文稿、电子讲义等，是一款简单易学的多媒体软件，可以用来制作要求不高的演示类多媒体项目。

Dreamweaver 是目前最流行的站点开发与制作工具，能够处理多种媒体信息，可以用于开发基于 Web 页的媒体作品。

6.3   图像的基础知识

图像是信息传递的重要方式，也是多媒体技术研究中的重要媒体之一。它是人类视觉所感受到的一种形象化的信息，特点是生动形象、直观可见。使用计算机处理图像数据，首先要将图像数字化。

6.3.1   位图与矢量图

数字图像以文件的形式保存，即图像文件，从图像数据的表示方法上，可以将图像分为两大类——位图和矢量图。前者以点阵的形式描述图形图像，后者以数学方法描述由几何元素组成的图形图像。通常我们将点阵图称为图像，把矢量图称为图形。

1. 位图

位图又称为"栅格图或点阵图"，由描述图像的各个像素点的明暗强度与颜色的位数集合组成，工作方式类似于在画布上作画。将图像放大到一定的程度，就会发现它是由一个个小栅格组成的，这些小栅格称为像素，像素是图像中最基本的元素，位图图像的大小与质量取决于图像中像素的多少。Photoshop 编辑的图像就是位图，处理位图时，实际上是编辑像素而不是图像本身。因此，在表现图像中的阴影和色彩的细微变化方面或者进行一些特殊效果处理时，位图是最佳的选择，但是位图的清晰度与其分辨率有关，所以，利用 Photoshop 处理图像时，要根据实际情况设置分辨率，否则图像中将出现锯齿边缘，甚至会遗漏图像的细节，如图 6-2 所示。

图 6-2　位图

2. 矢量图

矢量图由一些几何图形，如点、线、矩形、多边形、圆和弧线等元素组成，在计算机中记录了这些几何图形的形状参数与属性参数，这些参数值决定了图形应如何显示在屏幕上。例如：一个圆可以表示成圆心在(x_1, y_1)上，半径为 r 的图形；一个矩形可以通过指定左上角的坐标(x_1, y_1)和右下角的坐标(x_2, y_2)的四边形来表示；线条可以用一个端点的坐标(x_1, y_1)和另一个端点的坐标(x_2, y_2)的连线来表示。当然还可以为每种元素再加上一些属性，如边框线的宽度、颜色，边框线是实线还是虚线，中间填充什么颜色等；然后把这些元素的代数式和它们的属性作为文件存盘，就生成了所谓的矢量图(也叫向量图)，所以矢量图文件相对比较小，而且图形颜色的多少与文件大小基本无关。

矢量图可以按任意分辨率进行打印，而不会丢失细节或降低清晰度。因此，矢量图形最适合表现醒目的图形。由于矢量图没有精度的概念，因而任意缩放图形都不会出现锯齿，如图 6-3 所示。

图 6-3　矢量图

一般来说，位图能够细致、真实地描述对象，但是放大图像时会失真；而矢量图无论如何放大都不会失真，但是难以表现色彩层次丰富的图像。表 6-1 是位图与矢量图特点的比较。

表 6-1 位图与矢量图特点的比较

类　别	特　　　点
位图	(1) 位图文件所占的存储空间大，对于高分辨率的彩色图像来说，消耗的硬盘空间、内存与显存都比较大 (2) 在色彩、色调方面的表现力丰富而且直观，尤其在表现图像的阴影和色彩的细微变化方面效果更佳 (3) 位图图像的大小、清晰度等与分辨率密切相关，分辨率越大，图像越清晰，占用的磁盘空间也越大 (4) 位图图像放大到一定倍数后，会产生失真(变模糊)，甚至出现锯齿
矢量图	(1) 文件小，保存的是图形文件的代数式与属性信息 (2) 矢量图形文件与分辨率无关，只与图形的复杂程度有关，对图形进行缩放、旋转或变形操作时，不产生锯齿效果 (3) 难以表现色彩层次丰富的逼真效果，不适合表示人物或风景照片等复杂图像 (4) 可以按最高分辨率显示到输出设备上

6.3.2 图像文件的属性

介绍了计算机中图像的两大类型以后，接下来了解一下图像文件的相关属性或技术指标，这里所说的图像是指位图，它有三个基本属性：分辨率、颜色深度和文件大小。

1. 分辨率

在位图中，图像的分辨率是指单位长度上的像素数，习惯上用每英寸中的像素数来表示(pixels per inch，ppi)。相同尺寸的图像，分辨率越高，单位长度上的像素数越多，图像越清晰；分辨率越低，单位长度上的像素数越少，图像越粗糙。例如，分辨率为 72 ppi 时，1×1 英寸的图像总共包含 5184 个像素(72 像素宽 $\times$ 72 像素高 = 5184)。同样是 1×1 英寸，但分辨率为 300 ppi 的图像总共包含 90 000 个像素，所以高分辨率的图像通常比低分辨率的图像表现出更精细的颜色变化。

这里介绍的是图像的分辨率。实际上，分辨率是一个很综合的概念，还代表着输入、输出或者显示设备的清晰度等级。我们在处理图像时，涉及到显示器的分辨率、图像的分辨率和打印机的分辨率三个方面。

显示器的分辨率是指在显示器屏幕上单位长度显示的像素数。通常显示器的分辨率是 96 ppi。在 Photoshop 中，图像的像素是直接转换为显示器的像素的。因此，96ppi、1厘米 $\times$ 1 厘米的图像在显示器上显示为原大小；但是 192 ppi、1 厘米 $\times$ 1 厘米的图像在显示器上则显示为 2 厘米 $\times$ 2 厘米。

打印机的分辨率是指输出图像时单位长度上的油墨点数，通常以 dpi 表示。打印机的分辨率决定了输出图像的质量。

一般地，图像的质量取决于图像自身的分辨率及打印机的分辨率，而与显示器的分辨率无关。

2. 颜色深度

颜色深度也称做位深,是指表示一个像素所需的二进制数的位数,以比特(bit)作为单位。颜色深度一般写成 2 的 n 次方,n 代表位数,反映了构成图像颜色的总数目,位数越高,图像的颜色越丰富。当用 1 位二进制数表示像素时,即单色(黑白)图像,这时只有黑色、白色两种颜色,如图 6-4 所示;当用 8 位二进制数表示像素时,即灰度图像,它可以由 0~255 不同灰度值来表示图像的灰阶,如图 6-5 所示;当位数达到 24 位时,可以表现出 1680 万种颜色。一般认为当采用 24 位色彩深度时就已经

图 6-4 黑白图像   图 6-5 灰度图像

达到人眼分辨能力的极限,因此 24 位颜色也称为"真彩色"。

3. 图像文件大小

计算机以字节(byte)为单位表示图像文件的大小,数据量大是图像数据的显著特点,即使使用压缩算法存储的文件格式,数据量也是相当大的,图像文件的大小与图像所表现的内容无关,与图像的尺寸、分辨率、颜色数量等文件格式有关。

一般地,图像文件越大,所占用的计算机资源就越多,处理速度就越慢。

6.3.3 颜色模式

在进行图形图像处理时,颜色模式以建立好的描述和重现色彩的模型为基础,每一种模式都有它自己的特点和适用范围,用户可以按照制作要求来确定颜色模式,并且可以根据需要在不同的颜色模式之间转换。

1. RGB 颜色模式

RGB 颜色模式是基于光色的一种颜色模式,所有发光体都是基于该模式工作的,例如,电视机、电脑显示器、幻灯片等都是基于 RGB 模式来还原自然界的色彩。

在该模式下,R 代表 Red(红色),G 代表 Green(绿色),B 代表 Blue(蓝色),这三种颜色就是光的三原色,每一种颜色都有 256 个亮度级别,所以三种颜色通过不同比例的叠加就能形成约 1680 万种颜色(真彩色),几乎可以得到大自然中所有的色彩。

通俗地理解 RGB 模式,可以把它想象成红、绿、蓝三盏灯,当它们的光相互叠加的时候,就会产生不同的色彩,如图 6-6 所示,并且每盏灯有 256 个亮度级别,当值为 0 时表示"灯"关掉,当值为 255 时表示"灯"最亮。

图 6-6 RGB 模型

2. CMYK 颜色模式

CMYK 颜色模式是针对印刷的一种颜色模式。印刷需要油墨,所以 CMYK 模式对应的媒介是油墨(颜料)。在印刷时,通过洋红(Magenta)、黄色(Yellow)、青色(Cyan)三原色油

墨进行不同配比的混合，可以产生非常丰富的颜色信息，我们使用从 0 至 100% 的浓淡来控制。从理论上来说，只需要 C、M、Y 三种油墨就足够了，它们三个 100% 地混合在一起就应该得到黑色。但是由于目前制造工艺还不能造出高纯度的油墨，所以 C、M、Y 混合后的结果实际是一种暗红色。因此，为了满足印刷的需要，单独生产了一种专门的黑墨(Black)，这就构成了 CMYK 印刷 4 分色，如图 6-7 所示。

图 6-7 CMYK 模型

制作用于印刷的图像时要使用 CMYK 颜色模式。RGB 颜色模式的图像转换成 CMYK 颜色模式的图像时会产生失色，因为 RGB 模式的色域更广。

3. HSB 颜色模式

HSB 颜色模式是一种从视觉的角度定义的颜色模式。基于人类对色彩的感觉，HSB 模型描述颜色的三个特征将色彩分为 H(Hue，色相)、S(Saturation，饱和度)和 B(Brightness，亮度)三个要素。

色相即颜色的名称，是指光经过折射或反射后产生的单色光谱，即纯色，它组成了可见光谱，并用 360° 的色轮来表现；饱和度指颜色的纯度或鲜浊度，表示色相中彩色成分所占的比例，用 0～100% 的百分比来度量；亮度指颜色的相对明暗程度，通常以 0～100% 的百分比来度量。

4. 索引颜色模式

索引颜色模式最多使用 256 种颜色，当将图像转换为索引颜色模式时，通常会构建一个调色板存放并索引图像中的颜色。如果原图像中的一种颜色没有出现在调色板中，程序会选取已有颜色中最相近的颜色或使用已有颜色来模拟该种颜色。

在索引颜色模式下，通过限制调色板中颜色的数目可以减小文件大小，同时保持视觉上的品质不变。在网页中常常需要使用索引模式的图像。

6.3.4 常见的图像文件格式

图像文件格式是指计算机表示和保存图像的方法。每一种图像处理软件几乎都有各自处理图像的方式，用不同的格式存储图像。为了利用已有图像文件，必须了解主要的图像格式，以便在需要时对它们进行图像格式的转换。

1. JPEG 格式

JPEG 是 Joint Photographic Experts Group(联合图像专家组)的缩写，文件后缀名为 .jpg 或 .jpeg，是使用最广泛的图像格式，是一种有损压缩格式，能够将图像压缩在很小的储存空间内，压缩技术十分优越，可以用最少的磁盘空间得到较好的图象质量。但是要注意，使用过高的压缩比例将会影响图像的质量，如果追求高品质图像，不宜采用过高的压缩比例。

JPEG 是一种很灵活的图像格式，具有调节图像质量的功能，允许用不同的压缩比例对图像文件进行压缩，支持多种压缩级别，压缩比率通常在 10∶1 到 40∶1 之间。压缩比越大，品质就越低；相反地，压缩比越小，品质就越好。

在 Photoshop 中以 JPEG 格式储存时，提供了 13 个压缩级别，以 0～12 表示。其中 0 级压缩比最高，图像品质最差；即使采用细节几乎无损的 12 级质量保存时，压缩比也可达 5：1。一幅大小为 4.28 Mb 的 BMP 格式的图像，采用 JPEG 格式保存时，其大小仅为 178 Kb，压缩比达到 24：1。正是由于采用 JPEG 格式压缩有损图像质量，所以我们在保存 JPEG 格式的图像时，需要在图像质量和文件尺寸之间寻找平衡点。

2．PSD 格式

PSD 是 Photoshop 图像处理软件的专用文件格式，文件扩展名是 .psd，可以支持图层、通道、蒙版和不同色彩模式的各种图像特征，是一种非压缩的原始文件保存格式，所以占据的磁盘空间较大。扫描仪不能直接生成该种格式的文件。PSD 文件有时容量会很大，但由于可以保留所有原始信息，在图像处理中对于尚未制作完成的图像，选用 PSD 格式保存是最佳的选择。

现在，Flash、Director 等多媒体软件开始支持 PSD 格式图像的导入，这为软件之间的配合工作提供了极大的方便。

3．PNG 格式

PNG 是 Portable Network Graphics(可移植性网络图像)的缩写，是网络上接受的最新图像文件格式。PNG 能够提供长度比 GIF 小 30%的无损压缩图像文件，同时提供 24 位和 48 位真彩色图像，并且 PNG 格式的图像支持背景透明，这为制作多媒体与网页中的导航按钮、标题图片等提供了非常好的支持，既可以保证图像颜色的层次，又能够做到背景透明。

由于 PNG 比较新，所以目前并不是所有的程序都支持这种格式，但 Photoshop 可以处理 PNG 图像文件，也可以用 PNG 图像文件格式进行存储。

4．BMP 格式

BMP 格式是 Windows 最早支持的位图格式，文件几乎不压缩，占用磁盘空间较大，它的颜色存储格式有 1 位、4 位、8 位及 24 位。该格式仍然是当今应用比较广泛的一种格式，但由于其文件尺寸比较大，所以多应用在单机上，不受网络欢迎。

5．AI 格式

AI 格式是 Adobe 公司开发的矢量图像处理软件 Illustrator 所使用的文件格式，也是当今最流行的矢量图像格式之一，广泛应用于印刷出版业等。**现已成为业界矢量图的标准，几乎所有的图形软件都能导入 AI 格式**。它的优点是占用硬盘空间小，打开速度快，方便格式转换。

6．CDR 格式

CDR 格式是绘图软件 CorelDRAW 的专用图形文件格式。由于 CorelDRAW 是矢量图形绘制软件，所以 CDR 可以记录文件的属性、位置和分页等。但它在兼容度上比较差，其他图像编辑软件打不开此类文件。

6.4　声音的基础知识

在多媒体作品中，声音是不可缺少的一种媒体形式，在人类传递信息的各种方式中，声音占了 20%的比例。本节主要介绍声音方面的基础知识。

6.4.1 声音的定义

声音是因物体的振动而产生的一种物理现象,振动使物体周围的空气绕动而形成声波,声波以空气为媒介传入人们的耳朵,于是人们就听到了声音。因此,从物理上讲,声音是一种波。用物理学的方法分析,描述声音特征的物理量有声波的振幅(Amplitude)、周期(Period)和频率(Frequency),因为频率和周期互为倒数,所以,一般只用振幅和频率两个参数来描述声音。

频率反映声音的高低,振幅反映声音的大小。声音中含有高频成分越多,音调就越高,也就是越尖;反之则越低。声音的振幅越大,声音则越大,反之则越小。

需要指出的是,现实世界的声音不是由某个频率或某几个频率组成的,而是由许多不同频率、不同振幅的正弦波叠加而成。

6.4.2 声音的分类

声音的分类有多种标准,根据客观需要可有以下三种分类标准。

(1) 按频率划分,可分为亚音频、音频、超音频和过音频。频率分类的意义主要是为了区分音频声音和非音频声音。

❖ 亚音频(Infrasound): 0 Hz～20 Hz。
❖ 音频(Audio): 20 Hz～20 kHz。
❖ 超音频(Ultrasound): 20 kHz～1 GHz。
❖ 过音频(Hypersound): 1 GHz～1 THz。

(2) 按原始声源划分,可分为语音、乐音和声响。按发出声音的声源分类,是为了针对不同类型的声音使用不同的采样频率进行数字化处理和依据它们产生的方法和特点采取不同的识别、合成和编码方法。

❖ 语音: 指人类为表达思想和感情而发出的声音。
❖ 乐音: 弹奏乐器时乐器发出的声音。
❖ 声响: 除语音和乐音之外的所有声音,如风声、雨声和雷声等自然界或物体发出的声音。

(3) 按存储形式划分,可分为模拟声音和数字声音。

❖ 模拟声音: 对声源发出的声音采用模拟方式进行存储,通常采用电磁信号对声音波形进行模拟记录,如用录音带录制的声音。
❖ 数字声音: 对声源发出的声音采用数字化处理,用 0、1 表示声音的数据流或者是计算机合成的语音和音乐。

6.4.3 声音的数字化

人们平时听到的声音是典型的连续信号,不仅在时间上是连续的,在幅度上也是连续的。我们把时间和幅度上都连续的信号称为模拟信号,由于计算机只能处理数字信息,所以声音进入计算机的第一步就是数字化,从技术上来说,就是将连续的模拟声音信息通过模/数转换器(A/D)转换为计算机可以处理的数字信息。

数字化声音的具体原理是：输入模拟声音信号，然后按照固定的时间间隔获取模拟声音信号的振幅值，再将获取的振幅值用若干二进制数表示，从而将模拟声音信号变成数字声音信号。衡量声音数字化的质量有以下三个指标。

(1) 采样频率。采样频率是指每秒钟对模拟信号采取样本的次数。采样频率越高，声音的质量也就越好。在多媒体技术中通常采用三种音频采样频率：11 kHz、22 kHz 和 44 kHz。一般在允许失真条件下，尽可能将采样频率选低些，以减少数据量。

常用的音频采样频率和适用情况如下：

❖ 8 kHz——适用于语音采样，能达到电话语音音质标准的要求。

❖ 11 kHz——可用于对语音和最高频率不超过 5 kHz 的声音采样，能达到电话语音音质标准以上，但不及调幅广播的音质要求。

❖ 16 kHz 和 22 kHz——适用于对最高频率在 10 kHz 以下的声音采样，能达到调幅广播(FM)的音质标准。

❖ 44 kHz 和 48 kHz——主要用于对音乐采样，可以达到激光唱盘的音质标准；对最高频率在 20 kHz 以下的声音，一般采用 44 kHz 的采样频率，可以减少对数字声音的存储开销。

(2) 量化位数。量化位数是指在采集声音时使用多少二进制位来存储数字声音信号。这个数值越大，分辨率就越高，录制和回放的声音就越真实。量化位数客观地反映了数字声音信号对输入声音信号描述的准确程度。目前常用的有 8 位、12 位和 16 位三种，位数越多，音质越好，但存储的数据量也越大。

(3) 声道数。声道数包括单声道和双声道(立体声)两种。

6.4.4　常见声音文件格式

一段声音经过数字化以后，所产生的编码信息可以用各种方式编排起来，形成一个个的文件存储在计算机中，与图像文件一样，声音文件也有各种各样的格式。

1. WAV 格式

WAV 格式是微软公司开发的一种声音文件格式，是最早的数字音频格式，被 Windows 平台及其应用程序广泛支持。

WAV 格式存放的是模拟声音波形经数字化采样、量化和编码后得到的音频数据，原本由声音波形而来，所以 WAV 文件又称波形文件。WAV 文件对声源类型的包容性强，只要是声音波形，不管是语音、乐音还是各种各样的声响，甚至于噪音都可以用 WAV 格式记录并重放。

WAV 格式采用 44 kHz 的采样频率，16 位量化位数，因此 WAV 的音质与 CD 相差无几，但 WAV 格式对存储空间需求太大不便于交流和传播。

2. MP3 格式

MP3 的全称是 Moving Picture Experts Group Audio Layer Ⅲ。简单地说，MP3 就是一种音频压缩技术，由于这种压缩方式的全称叫 MPEG Audio Layer 3，所以人们把它简称为 MP3，从本质上讲仍是波形文件。MP3 是利用 MPEG Audio Layer 3 技术，将音乐以 1：10 甚至 1：12 的压缩率压缩成容量较小的文件。换句话说，能够在音质丢失很小的情况下把文件压缩到更小的程度。

正是因为 MP3 体积小、音质高的特点使得 MP3 格式成为网上音乐的代名词。每分钟 MP3 格式的音乐只有 1 MB 左右大小。与一般声音压缩编码方案不同，MP3 主要是从人类听觉心理和生理学模型出发研究出的一套压缩比高、声音压缩品质又能保持很好的压缩编码方案。

3. WMA 格式

WMA 的全称是 Windows Media Audio，是微软力推的一种音频格式。WMA 格式以减少数据流量但保持音质的方法来达到更高的压缩目的，其压缩率一般可以达到 1：18，生成的文件大小只有相应 MP3 文件的一半。此外，WMA 还可以通过 DRM(Digital Rights Management)方案加入防止拷贝，或者限制播放时间和播放次数，甚至是播放机器的限制，可以有力地防止盗版。

4. MIDI 格式

MIDI 的含义是乐器数字接口(Musical Instrument Digital Interface)，它本来是由全球的数字电子乐器制造商建立起来的一个通信标准，以规定计算机音乐程序、电子合成器和其他电子设备之间交换信息与控制信号的方法。

MIDI 文件记录的是 MIDI 消息，它不是数字化后得到的波形声音数据，而是一系列指令。在 MIDI 文件中，包含着音符、定时和多达 16 个通道的演奏定义。每个通道的演奏音符又包括键、通道号、音长、音量和力度等信息。显然，MIDI 文件记录的是一些描述乐曲如何演奏的指令而非乐曲本身。

与波形声音文件相比，同样演奏长度的 MIDI 音乐文件比波形音乐文件所需的存储空间要少很多。例如，同样 30 分钟的立体声音乐，MIDI 文件大约只需 200 kB，而波形文件大约要 300 MB。MIDI 格式的文件一般用 .mid 作为文件扩展名。

6.5　视频的基础知识

视频在多媒体作品中是不可缺少的信息载体，它可以起到烘托气氛的作用，可以给人一种震撼力，是其他信息元素所无法替代的。同时也应看到，视频素材的采集与加工整理的难度最大。

6.5.1　视频的定义与分类

视频(Video)是由一幅幅单独的画面(称为帧 Frame)序列组成，这些画面以一定的速率(帧率 fps，即每秒播放帧的数目)连续地投射在屏幕上，与连续的音频信息在时间上同步，使观察者具有对象或场景在运动的感觉。所以就其本质而言，视频是内容随时间变化的一组动态图像，所以视频又叫运动图像或活动图像。

在视频文件中，一帧就是一幅静态画面，快速连续地显示帧就会形成运动的图像，每秒钟显示帧数越多，所显示的动作就会越流畅。根据实验，人们发现要想看到连续不闪烁的画面，帧与帧之间的时间间隔最少要达到二十四分之一秒。

视频与图像是两个既有联系又有区别的概念：静止的图片称为图像(Image)，运动的图像称为视频(Video)。视频与图像两者的信号源不同，视频的输入是摄像机、录像机、影碟机以及可以输出连续图像信号的设备；图像的输入靠扫描仪、数码相机等设备。

　　按照视频的存储和处理方式不同，视频可分为模拟视频和数字视频两大类。

　　(1) 模拟视频。模拟视频(Analog Video)属于传统的电视视频信号的范畴，模拟视频信号是基于模拟技术以及图像显示的国际标准来产生视频画面的。早期视频的记录、存储和传输都采用模拟方式，例如在电视上所见到的视频图像，它是以一种模拟电信号的形式来记录的，并依靠模拟调幅的手段在空间传播，再用盒式磁带录像机将其作为模拟信号存放在磁带上。模拟视频具有如下特点：

- ❖ 以模拟电信号的形式来记录信息。
- ❖ 依靠模拟调幅的手段在空间传播。
- ❖ 使用磁带录像机将视频作为模拟信号存放在磁带上。
- ❖ 模拟视频不适合网络传输，在传输效率方面先天不足，而且图像随时间和频道的衰减较大，不便于分类、检索和编辑。

　　(2) 数字视频。数字视频(Digital Video)是对模拟视频信号进行数字化后的产物，它是基于数字技术记录视频信息的。模拟视频可以通过视频采集卡将模拟视频信号进行 A/D(模/数)转换，这个转换过程就是视频捕捉(或采集)过程，将转换后的信号采用数字压缩技术存入计算机磁盘中就成为数字视频。数字视频具有如下特点：

- ❖ 数字视频可以不失真地进行无数次复制。
- ❖ 数字视频便于长时间的存放而不会有任何的质量降低。
- ❖ 可以对数字视频进行非线性编辑，并可增加特技效果等。
- ❖ 数字视频数据量大，在存储与传输的过程中必须进行压缩编码。

6.5.2　数字视频压缩标准

　　未压缩的数字视频数据量是非常大的，因而需要采用有效的途径对其进行压缩。人们从视频数据的冗余可能出发，分析研究出一系列编码压缩算法，其方法可分为帧内压缩和帧间压缩两种。

　　与音频压缩编码相类似，为了使图像信息系统及设备具有普遍的交互操作性，一些相关的国际化组织先后审议制定了一系列有关图像编码的标准，其中 MPEG 系列标准由运动图像专家组(Moving Picture Experts Group)制定。

　　MPEG 系列标准包含 MPEG-1、MPEG-2、MPEG-4、MPEG-7 和 MPEG-21 等 5 个具体标准，每种编码都有各自的目标问题和特点。

1. MPEG-1

　　MPEG-1 标准于 1988 年 5 月提出，1992 年 11 月形成国际标准。它的设计思想是在 1～1.5 Mb/s 的低带宽条件下提供尽可能高的图像质量(包括音频，以下所指图像均包括音频)。这是世界上第一个用于运动图像及其伴音的编码标准，主要应用于 VCD，图像尺寸为 352 像素 × 288 像素，标准带宽为 1.2 Mb/s，每秒 30 帧。

2. MPEG-2

　　MPEG-2 发布于 1994 年，设计目标是高级工业标准的图象质量以及更高的传输率，能提供的传输率在 3～10 Mb/s,其在 NTSC 制式下的分辨率可达 720 像素×486 像素,MPEG-2 可提供广播级的视频和 CD 级的音质。MPEG-2 的音频编码可提供左、右、中及两个环绕声道,以及一个加重低音声道和多达 7 个伴音声道。

由于 MPEG-2 在设计时的巧妙处理,使得大多数 MPEG-2 解码器也可播放 MPEG-1 格式的数据,如 VCD。MPEG-2 除了作为 DVD 的指定标准外,还可用于为广播、有线电视网、电缆网络以及卫星直播提供广播级的数字视频。

3. MPEG-4

MPEG-4 标准于 1993 年提出,1998 年发布。MPEG-4 是为了播放流式媒体的高质量视频而专门设计的,它可利用很窄的带宽,通过帧重建技术压缩和传输数据,以求使用最少的数据获得最佳的图像质量。

该标准是一种基于对象的视音频编码标准。MPEG-4 包含了 MPEG-1 及 MPEG-2 的绝大部分功能及其他格式的长处,并加入及扩充了对虚拟现实模型语言(VRML)的支持,增加了面向对象的合成文件以及数字版权管理(DRM)等功能。

目前,MPEG-4 最有吸引力的地方在于它能够保存接近于 DVD 画质的小体积视频文件,所以主要用于互联网、光盘、语音传送(视频电话)及电视广播等。

由于 MPEG-4 是一个公开的平台,各公司、机构均可以根据 MPEG-4 标准开发不同的制式,因此市场上出现了很多基于 MPEG-4 技术的视频格式,例如 QuickTime、DivX、Xvid 等。这种情况也给最终用户带来了很大麻烦,因为观看这些视频要下载不同的插件和播放器,而用户往往无从知道这些视频采用的是什么编解码器。

一个比较简便的解决方案是安装暴风影音,暴风影音提供了对绝大多数影音文件和流媒体的支持,包括 RM、QuickTime、MPEG-2、MPEG-4(DivX、Xvid、3ivx、MP4、FFDS、H264、……)、HDTV 等。

4. MPEG-7

MPEG-7 标准于 1997 年提出,在 2001 年形成国际标准。该标准是一种多媒体内容描述标准,定义了描述符、描述语言和描述方案,支持对多媒体资源的组织管理、搜索、过滤、检索等,便于用户对其感兴趣的多媒体素材进行快速有效的检索。可以应用于数字图书馆、各种多媒体目录业务、广播媒体的选择、多媒体编辑等领域。

5. MPEG-21

MPEG-21 标准是与 MPEG-7 标准几乎同步制定的。MPEG-21 标准的重点是建立统一的多媒体框架,支持连接全球网络的各种设备透明地访问各种多媒体资源。

6.5.3 常见视频文件格式

视频文件的格式很多,一般情况下,不同格式的文件要选择匹配的播放器来播放,当然也有一些播放器可以支持多种视频文件格式。下面介绍一些常见的视频文件格式。

1. AVI 格式

AVI 英文全称为 Audio Video Interleaved,即音频视频交错格式,它是一种将语音和影像同步组合在一起的文件格式,具有通用和开放的特点。它对视频文件采用了一种有损压缩方式，压缩比较高，应用范围非常广泛。AVI 支持 256 色和 RLE 压缩，主要应用在多媒体光盘上，用来保存电视、电影等各种影像信息。这种文件格式的优点是图像质量好，可以跨平台使用，缺点是文件体积较大。

AVI 格式是 Windows 操作系统支持的视频格式，从 Windows 3.1 即开始支持该视频格式。安装 Windows 操作系统后，会自带几种常用的 AVI 压缩格式，如 Cinepak Codec by Radius、Indeo Video 5.10、Intel Indeo(R) Video 3.2、Video 1 等。

2．MPEG 格式

MPEG/DAT 格式的具体格式后缀是.mpeg、.mpg 或.dat，家庭中的 VCD/SVCD 和 DVD 使用的就是 MPEG 格式文件。MPEG 格式文件在 1024 像素 × 768 像素下可以用每秒 25 帧(或 30 帧)的速率同步播放视频和音频，其文件大小仅为 AVI 文件的 1/6。MPEG 的平均压缩比为 50:1，最高可达 200:1，压缩效率非常高，同时图像和声音的质量也非常好，几乎被所有的计算机平台共同支持，是主流的视频文件格式。

3．MOV 格式

MOV(Movie Digital Video Technology)是美国 Apple 公司开发的一种视频文件格式，默认的播放器是 Quick Time Player，具有较高的压缩比和较好的视频清晰度，并且可以跨平台使用。

4．ASF 格式

ASF 格式(Advanced Streaming Format)是微软公司前期的流媒体格式，采用 MPEG-4 压缩算法。它是微软为了和现在的 Real Player 竞争而推出的一种视频格式，用户可以直接使用 Windows 自带的 Windows Media Player 对其进行播放。

5．WMV 格式

WMV(Windows Media Video)也是微软推出的一种采用独立编码方式并且可以直接在网上实时观看视频节目的文件压缩格式，是目前应用最广泛的流媒体视频格式之一。WMV 格式的主要优点包括：本地或网络回放、可扩充的媒体类型、多语言支持、环境独立性以及扩展性等。

6．RM 格式

RM 是 Real Networks 公司开发的一种流媒体文件格式，是目前主流的网络视频文件格式。它可以根据不同的网络传输速率制定出不同的压缩比率，从而实现在低速率的网络上进行影像数据实时传送和播放。Real Networks 所制定的音频、视频压缩规范称为 Real Media，相应的播放器为 Real Player。

RM 格式和 ASF 格式各有千秋，通常 RM 视频更柔和一些，而 ASF 视频则相对清晰一些。

※　学习感悟

_____

_____

_____

_____

本章习题

一、填空题

1. 数字图像以文件的形式保存，即图像文件，从图像数据的表示方法上，可以将图像分为两大类——_____和_____。

2. 从物理上讲，声音是一种波。用物理学的方法分析、描述声音特征的物理量有声波的_____、周期和_____。

3. 数字化声音的具体原理是：输入_____声音信号，然后按照固定的时间间隔获取该声音信号的振幅值，再将获取的振幅值用若干_____表示，从而将声音信号变成声音信号。

4. 位图有三个基本属性：_____、颜色深度和文件大小。

5. 视频分为两种类型，分别是_____和_____。

6. 多媒体技术的发展主要遵循了两条主线：一是_____；二是_____。

7. 多媒体计算机的关键技术是多媒体数据的_____和_____。

二、简述题

1. 简述多媒体技术的几个主要特点。

2. 简述位图与矢量图的区别。

3. 常见的图像格式有哪些？

4. 分别解释 RGB 模式与 CMYK 模式。

5. 数字视频数据压缩标准有哪些？

第 7 章　计算机网络基础

✦✧✦

　　计算机网络从形成、发展到广泛应用已经历了 60 年左右的时间，它的诞生使计算机的体系结构发生了巨大的变化。在当今社会生活中，计算机网络已成为人们工作、学习、生活中不可缺少的一部分，它不仅为我们的生活带来了极大方便，同时也改变着人类社会的生活方式。现在，计算机网络的应用遍布全球及各个领域，从某种意义上说，计算机网络的应用水平已成为一个国家信息化水平的重要标志，反映了一个国家的现代化程度和水平。因此，对计算机网络的研究、开发和应用越来越受到各国的重视。

※ 目标规划

1. 熟悉网络知识
2. 了解网络硬件知识
3. 具备网络应用技能

7.1　计算机网络概述

　　计算机网络(Computer Network)是计算机技术(Computer)和通信技术(Communication)相结合的产物，它是信息高速公路的重要组成部分，是一种涉及多门学科和多个技术领域的综合性技术。它可以将分布在不同地理位置的计算机系统互联起来，实现了资源共享和信息传递。

7.1.1　计算机网络的概念

　　计算机网络在不同的时期、从不同的角度出发有各种不同的定义。

　　早期把计算机网络定义为"以相互共享(硬件、软件及数据)资源的方式连接起来，且各自具有独立功能的计算机系统的集合"。这个定义侧重于应用目的，没有指出物理结构。

　　现在一般认为：计算机网络是指将地理位置不同的具有独立功能的多台计算机及其外部设备，利用通信设备与线路连接起来，在网络操作系统、网络管理软件及网络通信协议的管理和协调下，实现资源共享和信息传递的计算机系统。

　　从计算机网络的定义中可以看出以下几层含义：

❖ 计算机网络连接的是独立运行的计算机，而不只是计算机上的一个设备。

❖ 计算机互联的目的是实现硬件、软件及数据资源的共享，以克服单机的局限性。

❖ 计算机网络靠通信设备和线路，把处于不同地点的计算机连接起来，以实现网络用户间的数据传输。

❖ 在计算机网络中，网络操作系统、网络软件、网络通信协议是必不可少的，否则无法实现资源共享。

7.1.2 计算机网络的发展历史

计算机网络从无到有，从小到大，由局部应用发展到今天的全球互联，如此庞大的一个互联网系统，既不属于某个组织，也不属于某个国家。它是如何演变过来的呢？根据其发展过程大致分为四个阶段。

1. 第一阶段：面向终端的计算机网络

面向终端的计算机网络出现在 20 世纪 50 年代。在 1946 年世界上第一台电子计算机问世后的十多年时间内，由于计算机价格很昂贵，而通信线路与通信设备的价格相对便宜，所以为了提高使用效率，将一台计算机主机(Host)经过通信线路与若干台终端(Terminal)直接连接，以实现主机资源的共享，这就是最初的计算机网络雏形，其结构如图 7-1 所示。当接入主机的终端过多时，通信线路增多，费用随之增大，于是为了节约通信线路，又出现了若干终端共享通信线路的结构，如图 7-2 所示。

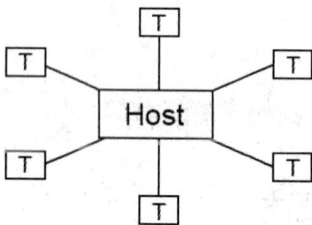

图 7-1 计算机网络雏形的结构   图 7-2 共享通信线路的网络结构

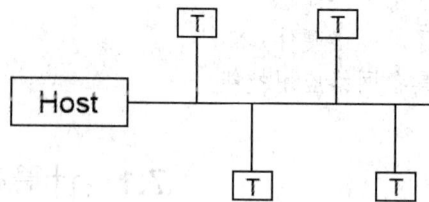

为了满足远程用户的需求，让数据信息传输得更远，后来网络结构中又使用了 Modem，如图 7-3 所示。随着远程用户任务需求越来越多，前端处理机(Front End Processor，FEP)与终端控制器(Terminal Controller，TC)相继出现，它可以让计算机和多个远程终端相连接，构成面向终端的计算机网络，如图 7-4 所示。

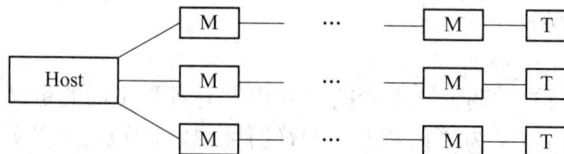

图 7-3 含有 Modem 的远程网络结构

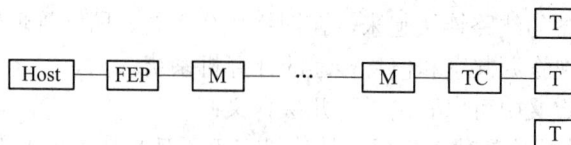

图 7-4 含有 FEP 与 TC 的远程网络结构

面向终端的计算机网络的主要特点如下：

❖ 以单个计算机为中心，分时访问与使用计算机上的信息资源，否则会导致计算机负荷过重，响应时间过长。

❖ 计算机是网络的控制中心，终端围绕着中心分布在各处。

❖ 计算机的性能和运算速度决定了终端用户的数量。

❖ 只提供终端和计算机之间的通信，终端之间无法通信。

❖ 可靠性低，一旦计算机发生故障，整个网络系统就会瘫痪。

2．第二阶段：面向内部的计算机网络

面向内部的计算机网络出现在 20 世纪 60 年代中期。由于上一代计算机网络只能在终端与主机之间进行通信，每台主机与它所提供服务的终端构成一个子网，子网与子网之间是无法通信的。为了克服第一代计算机网络的缺点，人们开始研究将多台计算机相互连接的方法。1969 年美国国防部的研究机构建立了 ARPA 网络，连接了美国加州大学洛杉矶分校、加州大学圣巴巴拉分校、斯坦福大学和犹他大学 4 个节点的计算机。两年后，建成 15 个节点并进入工作阶段。此后规模不断扩大，到了 1975 年，已经发展成超过 60 个节点和 100 多台大中型计算机的大型网络，地理上不仅跨越美国大陆，而且通过通信卫星与夏威夷和欧洲地区的计算机网络相互连通。

面向内部的计算机网络实现了主机与主机之间的通信，主机之间不是直接用线路相连，而是由接口报文处理机(Interface Message Processor，IMP)转接后互联的，如图 7-5 所示。

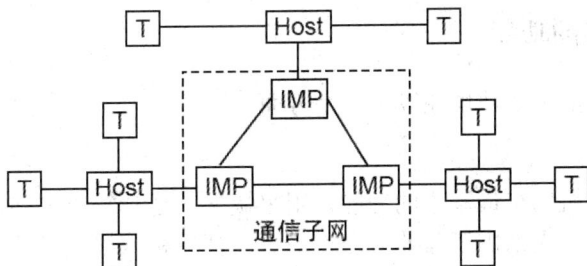

图 7-5　面向内部通信的计算机网络结构

此时的计算机网络的构成分为两大部分：通信子网与资源子网。接口报文处理机 IMP 负责网上各主机间的通信控制和通信处理，它们组成的通信子网是网络的内层。外围所有主机和终端组成资源子网。

这个时期的计算机网络是以能够相互共享资源为目的互联起来的具有独立功能的计算机的集合体，主要特点如下：

❖ 多个主机互联，实现了计算机和计算机之间的通信。

❖ 整个网络以资源子网为中心，采用全新的网络资源交换模式。

❖ 终端用户可以访问本地主机和通信子网上所有主机的软硬件资源。

❖ 数据处理与数据通信功能分开，负载均衡，响应速度提高。

❖ 使用分组交换技术。

3．第三阶段：开放互联的计算机网络

随着计算机网络技术的成熟，网络应用越来越广泛，网络规模不断增大。但是这个时期的计算机网络没有统一的标准，各大计算机公司研制的网络体系结构只能连接本部门生

产的网络设备，互不兼容。因此，人们迫切需要一种开放性的标准化网络环境，1977 年国际标准化组织(International Standardization Organization，ISO)成立专门机构，开始着手制定开放系统互联参考模型，1980 年公布了国际通用的 OSIRM(Open System Interconnection Reference Model)网络体系结构，从而使网络的发展有了统一的标准，结束了各自为政的局面。OSIRM 标志着第三代计算机网络的诞生，是公认的新一代计算机网络体系结构的基础，为普及局域网奠定了基础。

4．第四阶段：多媒体计算机网络——信息高速公路

1986 年，美国国家科学基金会(NSF)建立了自己的基于 TCP/IP 协议的计算机通信网络NSFNET。到了 1990 年 7 月，NSFNET 发展成为 Internet 的主干网，最终形成了全球范围的 Internet，从而真正实现了资源共享、数据通信和分布处理的目标。

20 世纪 90 年代，随着 Internet 的不断发展，计算机网络被世界上越来越多的人所接受，计算机网络进入一个全新的发展阶段。目前，Internet 已经深入到社会生活的各个领域，成为人们工作、学习、生活中不可缺少的一部分。

为了发展"信息高速公路"，在网络上实现各种多媒体应用，如视频广播、可视电话、远程教学、网上银行等，各种高速的网络技术和产品相继出现。目前，随着光纤通信技术的应用，多媒体技术迅速发展，计算机网络正朝着综合化、高速化、多媒体化的方向发展，人类已经真正进入了"信息高速公路"时代。

7.1.3　计算机网络的功能

计算机网络的功能主要体现在以下几个方面。

1．数据通信

数据通信是计算机网络最基本的功能，用来快速传送计算机与终端、计算机与计算机之间的各种信息。任何人都需要与他人交换信息，计算机网络提供了最快捷、最方便的途径。利用网络可以实现传真、电子邮件、发布新闻消息、电子数据交换(Electronic Data Inerchange，EDI)、电子公告牌(Bulletin Board System，BBS)、远程登录和浏览等数据通信。

2．资源共享

资源指的是网络中所有的硬件、软件和数据文件。共享指的是网络中的用户都能够部分或全部地使用这些资源。

(1) 硬件共享。在计算机独立工作模式下，所有的硬件设备都是独占式的，例如在一台计算机上安装的光驱、打印机、扫描仪等，其他计算机无法直接使用。而在计算机网络的环境中，可以方便地实现硬件设备的共享，允许其他用户通过网络来使用，例如可以通过计算机网络使用其他计算机上的打印机、光驱、硬盘等。通过网络共享硬件可以提高设备的利用率，节省重复投资。

(2) 软件共享。软件共享是网络用户对网络系统中的各种软件资源的共享，如主计算机中的各种应用软件、工具软件等。

软件共享的原因：一方面是由于有些软件对硬件的要求较高，有的计算机无法安装，可以通过计算机网络使用安装在服务器上的软件；另一方面，软件共享可以更好地进行软件版本的控制。除此之外，在许多没有硬盘的计算机上，即早期的无盘工作站计算机上，软件共享是必须的。

(3) 数据共享。数据共享是网络用户对网络系统中的各种数据资源的共享。网上的数据库和各种信息资源是共享的一个主要内容。因为任何用户都不可能把需要的各种信息由自己搜集齐全，况且也没有这个必要，计算机网络提供了这样的便利，全世界的信息资源可通过 Internet 实现共享。

3．分布式处理

随着计算机技术和网络技术的发展，计算机网络的功能也不断向纵深发展。除了传统的通信和资源共享外，计算机网络已经成为分布式处理任务的重要工具。对于大型的综合性问题，可以将问题的各部分交给不同的计算机分别处理，充分利用网络资源，扩大计算机的处理能力。这样处理问题能均衡各计算机的负载，提高处理问题的实效性。

7.1.4 计算机网络的分类

网络分类有很多标准，按照不同的标准，计算机网络有不同的分类方法，我们可以按地理范围、传输介质、传输速率和拓扑结构等分类。

1．按地理范围分类

按网络覆盖的地理范围可以将网络分为局域网(Local Area Network，LAN)、城域网(Metropolitan Area Network，MAN)和广域网(Wide Area Network，WAN)三种类型。

(1) 局域网。局域网(LAN)一般由微型计算机通过高速通信线路相连，覆盖范围一般在 10 km 以内，通常用于一个房间、一幢建筑物或一个单位。采用不同传输能力的传输介质时，局域网的传输速率也不同，一般为 1～20 Mb/s，局域网是目前使用最多的计算机网络，具有传输可靠、误码率低、结构简单、容易实现等特点。机关、单位、企业、学校都可以使用局域网进行各自的管理。

(2) 城域网。城域网(MAN)是在一个城市范围内建立的计算机通信网络。这种网络的连接距离可以在 10～100 km，与 LAN 相比，MAN 扩展的距离更长，连接的计算机数量更多，在地理范围上可以说是 LAN 网络的延伸。传输媒介主要采用光缆，传输速率一般在 100 Mb/s 以上。一个 MAN 网络通常连接着多个 LAN 网，例如政府机构的 LAN、医院的 LAN、电信的 LAN、公司企业的 LAN 等。

(3) 广域网。广域网(WAN)又称远程网，覆盖的地理范围很宽，可以是几个城市或几个国家，甚至全球范围，这种网络的连接距离也是没有限制的。广域网一般是由很多不同的局域网、城域网连接而成，是网络系统中的最大型的网络，也叫互联网。Internet 是世界上最大的互联网，其国际互联网的名称也因此而得。

2．按传输介质分类

按照网络的传输介质可以将计算机网络分为有线网络和无线网络两种。

有线网络指采用同轴电缆、双绞线、光纤等有线介质连接计算机的网络。通常所说的计算机网络一般是指有线网络。

采用无线介质连接的网络称为无线网。目前无线网主要采用三种技术：微波通信、红外线通信和激光通信，其中微波通信用途最广，它利用地球同步卫星作中继站来转发微波信号，通过空气把网络信号传送到具有相应接收设备的其他网络工作站。目前常见的网络通常是把有线网络和无线网络结合起来。

3．按传输速率分类

网络的传输速率有快有慢，传输速率快的称为高速网，传输速率慢的称为低速网。

传输速率的单位是 b/s(比特/秒，英文缩写为 bps)。一般将传输速率在 kb/s～Mb/s 范围的网络称为低速网，在 Mb/s～Gb/s 范围的网络称为高速网，也可以将 kb/s 网络称为低速网，将 Mb/s 网络称为中速网，将 Gb/s 网络称为高速网。

网络的传输速率与网络的带宽有直接关系。带宽是指传输信道的宽度，带宽的单位是Hz(赫兹)。按照传输信道的宽度可以分为窄带网和宽带网。一般将带宽在 kHz～MHz 之间的网称为窄带网，将带宽在 MHz～GHz 之间的网络称为宽带网。也可以将 kHz 带宽的网络称为窄带网，将 MHz 带宽的网络称为中带网，将 GHz 带宽的网络称为宽带网。

4．按拓扑结构分类

计算机网络的物理连接方式叫做网络的物理拓扑结构。按照网络的拓扑结构分类，可以分为星型网络、总线型网络、树型网络、环型网络。关于网络的拓扑结构，将在下一节详细介绍。

另外，按照不同的分类标准，可以划分更多的分类。按照网络的通信方式可以分为点对点传输网和广播式传输网；按照网络中各组件的功能来划分，又可以分为对等网络和基于服务器的网络；按照介质访问协议可以分为以太网、令牌环网和令牌总线网。

7.1.5 计算机网络的拓扑结构

拓扑(Topology)是拓扑学中研究由点、线组成几何图形的一种方法。计算机网络的拓扑结构是指抛开网络中的具体设备，把网络中的计算机抽象为点，把两点间的网络连接抽象为线，用相对简单的拓扑图形式画出网络上的计算机连接方式。常见的网络拓扑结构有以下几种。

1．总线型拓扑结构

总线型拓扑结构(BUS)由一条高速公用的主干电缆(即总线)连接若干个节点(即终端)，是一种共享通路的物理结构，如图 7-6 所示。这种结构中的总线具有消息的双向传输功能，采用广播方式进行通信，网上所有节点都可以接收同一信息，普遍用于局域网的连接，总线一般采用同轴电缆或双绞线。

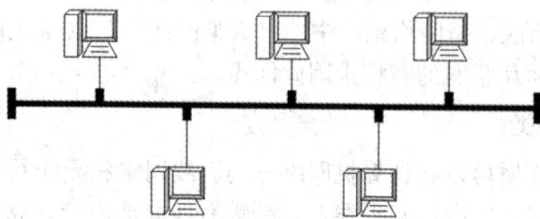

图 7-6   总线型拓扑结构

总线型拓扑结构的优点：

(1) 总线结构所需要的电缆数量少。

(2) 总线结构简单，可靠性高，节点故障不会殃及系统。

(3) 易于扩充，增加或减少用户比较方便。

总线型拓扑结构的缺点：

(1) 总线的传输距离有限，通信范围受到限制。

(2) 总线是整个网络的瓶颈，如果出现故障，诊断较为困难。

(3) 分布式协议不能保证信息及时传送，不具有实时功能。

2. 星型拓扑结构

星型拓扑结构(Star)以一台设备作为中央节点，其他外围节点都单独连接在中央节点上，形成一种辐射式互联结构，如图 7-7 所示。各个外围节点之间不能直接通信，必须通过中央节点进行通信。这种结构适用于局域网，近年来连接的局域网多数采纳这种连接方式，连接线路一般采用双绞线或同轴电缆。

星型拓扑结构具有以下优点：

(1) 控制简单，便于调试、维护和管理。

(2) 每个节点直接连到中央节点，故障诊断和隔离容易。

(3) 网络延迟时间较短，误码率较低。

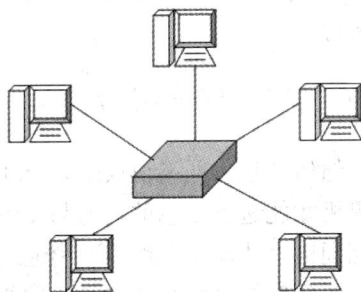

图 7-7　星型拓扑结构

星型拓扑结构的缺点：

(1) 安装工作量较大，线路利用率低，成本比较高。

(2) 中央节点的负担较重，一旦出现故障会导致网络的瘫痪。

(3) 各节点的分布处理能力较低。

3. 环型拓扑结构

环型拓扑结构(Ring)是把各个相邻的节点相互连接起来构成环状，如图 7-8 所示。各节点通过中继器连接到闭环上。对于任意两个节点之间的数据传送，其信息是单向、沿环、逐点通过转发传送到下一节点的，并最终到达目标节点。这种拓扑网络结构采用非集中控制方式，各节点之间无主从关系。

环型拓扑结构的优点：

(1) 使用电缆长度短，费用低。

(2) 结构简单，安装比较方便，增加或减少节点时，只需简单的连接操作。

(3) 传输速率高，传输距离远。

环型拓扑结构的缺点：

(1) 节点的故障会导致整个网络崩溃。

(2) 故障检测比较困难。

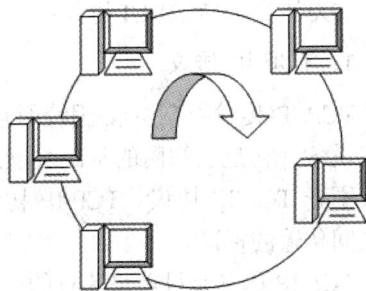

图 7-8　环型拓扑结构

(3) 环型拓扑结构采用令牌传达方式，负载较轻时，信道利用率较低。

4．树型拓扑结构

树型拓扑结构(Tree)实际上是星型拓扑结构的发展和扩充，是一种倒树型的分级结构，节点按层次进行连接，具有根节点和各分支节点，如图 7-9 所示。在树型拓扑结构中，信息交换主要在上、下节点之间进行，同层节点之间一般不进行数据交换。

树型拓扑结构的优点是通信线路连接简单，易于进行网络的扩展，网络管理软件也不复杂，维护方便。缺点是资源共享能力差，可靠性低，任何一个工作站或链路的故障都会影响整个网络的运行。

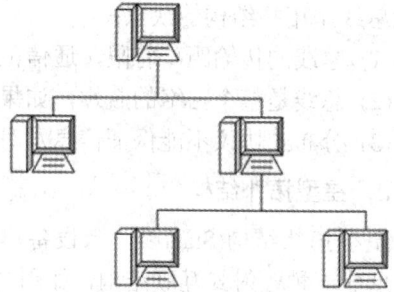

图 7-9　树型拓扑结构

7.1.6　计算机网络协议

通俗地说，网络协议(Protocol)就是网络之间沟通、交流的桥梁，只有相同网络协议的计算机才能进行信息的沟通与交流，这就好比人与人之间交流所使用的各种语言，只有使用相同语言才能正常地、顺利地进行交流。

从计算机网络角度来说，网络协议是计算机在网络中实现通信时必须遵守的约定，即通信协议。一般来说，协议主要由以下三个要素组成：

(1) 语义(Semantics)：用于解释控制信息每一部分的意义。它规定了需要发出何种控制信息，以及完成的动作与做出什么样的响应。

(2) 语法(Syntax)：指用户数据与控制信息的结构与格式，以及数据出现的顺序。

(3) 定时(Timing)：指对事件发生顺序的详细说明。

协议本质上无非是一种网上交流的约定，由于联网的计算机类型可以各不相同，各自使用的操作系统和应用软件也不尽相同，为了保持彼此之间实现信息交换和资源共享，它们必须具有共同的语言，交流什么、怎样交流及何时交流都必须遵行某种互相都能够接受的规则。

网络协议的作用是使网络上各种设备能够相互交换信息。常见的协议有 TCP/IP 协议、IPX/SPX 协议、NetBEUI 协议等。

1．TCP/IP 协议

TCP/IP(传输控制协议/因特网互联协议)是一种网络通信协议，它规范了网络上的所有通信设备。它是互联网的基础协议，没有它就根本不可能上网，任何和互联网有关的操作都离不开 TCP/IP 协议。TCP/IP 协议定义了电子设备如何连入因特网，以及数据如何在它们之间传输的标准。

TCP/IP 尽管是目前最流行的网络协议，但 TCP/IP 协议在局域网中的通信效率并不高，使用它在浏览"网上邻居"中的计算机时，经常会出现不能正常浏览的现象，此时安装 NetBEUI 协议就可解决这个问题。

2. IPX/SPX 协议

IPX/SPX(互联网络数据包交换/序列分组交换协议)是 IPX 与 SPX 协议的组合，它是 Novell 公司为了适应网络的发展而开发的通信协议，具有很强的适应性，安装方便，同时还具有路由功能。在该协议中，IPX 协议负责数据包的传送；SPX 负责数据包传输的完整性。大部分可以联机的游戏都支持 IPX/SPX 协议，比如星际争霸、反恐精英等。虽然这些游戏通过 TCP/IP 协议也能联机，但显然还是通过 IPX/SPX 协议更省事，因为根本不需要任何设置。

IPX/SPX 协议在局域网中的用途似乎并不是很大，如果确定不在局域网中联机玩游戏，那么这个协议可有可无。

3. NetBEUI 协议

NetBEUI 即 NetBIOS Enhanced User Interface(NetBIOS 增强用户接口)。它是 NetBIOS 协议的增强版本，被许多操作系统采用，例如 Windows for Workgroup、Windows 9x 系列、Windows NT 等。NetBEUI 协议在许多情形下很有用，是 Windows 98 之前操作系统的缺省协议。NetBEUI 协议是一种短小精悍、通信效率高的广播型协议，安装后不需要进行设置，特别适合于在"网上邻居"传送数据，所以小型局域网的计算机也可以安装 NetBEUI 协议。

7.1.7　计算机网络的体系结构

计算机网络体系结构是指计算机网络层次结构模型和各层协议的集合。我们知道，计算机网络是计算机、外围设备和数据传输设备互联的复合系统，在这个系统中，由于计算机型号不同，终端类型不同，线路类型、连接方式、通信方式等也不相同，所以在网络中实现各节点之间的通信并不容易。

为了使复杂的计算机网络能够实现通信任务，早在最初的 ARPANET 设计时就提出了分层的方法。在制定协议时，通常把复杂问题分解成一些简单问题，然后再将它们复合起来。1974 年，美国的 IBM 公司宣布了它研制的系统网络体系结构(System Network Architecture，SNA)，随后各大公司相继研制出了自己的系统网络体系结构。

为了使不同计算机厂家生产的计算机能够相互通信，以便在更大的范围内建立计算机网络，国际标准化组织(ISO)在 1978 年提出了"开放系统互联参考模型"，即著名的 OSI/RM 模型(Open System Interconnection/Reference Model)。它将计算机网络体系结构的通信协议划分为七层，自下而上依次为：物理层(Physics Layer)、数据链路层(Data Link Layer)、网络层(Network Layer)、传输层(Transport Layer)、会话层(Session Layer)、表示层(Presentation Layer)、应用层(Application Layer)。

1. 物理层

物理层是参考模型的最底层。该层是网络通信的数据传输介质，由连接不同节点的电缆与设备共同构成。物理层规定了激活、维持、关闭通信端点之间的机械特性、电气特性、功能特性以及过程特性。在这一层中，数据的单位称为比特(bit)。

2. 数据链路层

数据链路层是参考模型的第 2 层。该层的主要功能是在物理层提供的服务基础上，在通信的实体间建立数据链路连接,通过差错控制提供数据帧(frame)在信道上的无差错传输。在这一层中,数据的单位称为帧(frame)。

3．网络层

网络层是参考模型的第 3 层。在计算机网络中进行通信的两个计算机之间可能会经过很多个数据链路,也可能还要经过很多通信子网。网络层的任务就是选择合适的网间路由和交换节点,确保数据及时传送。网络层还可以实现拥塞控制、网际互联等功能。在这一层中,数据的单位称为数据包(packet)。

4．传输层

传输层是参考模型的第 4 层。该层的主要功能是向用户提供可靠的端到端服务,处理数据包错误、数据包次序,以及其他一些关键的传输问题。在通信过程中传输层对上层屏蔽了通信传输系统的具体细节,因此它是计算机通信体系结构中关键的一层。传输层协议的代表包括 TCP、UDP、SPX 等。

5．会话层

会话层是参考模型的第 5 层。这一层也可以称为会晤层或对话层,主要功能是提供一个面向用户的连接服务,并为会话活动提供有效的组织和同步所必需的手段,为数据传送提供控制和管理。

6．表示层

表示层是参考模型的第 6 层。这一层主要解决用户信息的语法表示问题,主要功能是提供格式化的表示和转换数据服务,包括数据格式变换、数据加密与解密、数据压缩与恢复等功能。

7．应用层

应用层是参考模型的最高层,为操作系统或网络应用程序提供访问网络服务的接口。应用层协议的代表包括 Telnet、FTP、HTTP、SNMP 等。

7.1.8 局域网的软硬件组成

局域网由两部分组成:网络硬件和网络软件。

1．网络硬件

组建局域网需要的网络硬件主要是服务器、网络工作站、网络适配器(网卡)、集线器(HUB)及传输介质等。

(1) 服务器。服务器(Server)是以集中方式管理局域网中的共享资源,为网络工作站提供服务的高性能、高配置计算机。常见的有文件、打印和异步通信三种服务器。

(2) 网络工作站。网络工作站(简称工作站,WorkStation,WS)是为本地用户访问本地资源和网络资源提供服务的配置较低的计算机。工作站分带盘(磁盘)工作站和无盘工作站两种类型。

(3) 网络适配器。网络适配器俗称网卡,是构成网络的基本部件。它是一块插件板,插在计算机主板的扩展槽中,通过网卡上的接口与网络的电缆系统连接,从而将服务器、工作站连接到传输介质上并进行电信号的匹配，实现数据传输。

网卡有多种类型，选择网卡时应从计算机总线的类型、传输介质的类型、组网的拓扑结构、节点之间的距离及网络段的最大长度等方面进行综合考虑。例如，针对不同的传输介质，适用于粗缆的网卡应有 AUI 接口；适用于细缆的网卡应有 BNC 接口；适用于非屏蔽双绞线的网卡应有 RJ-45 接口；适用于光纤的网卡应有 F/O 接口。现在的网卡一般都有 RJ-45 和 BNC 接口。

(4) 集线器。集线器是在局域网上广为使用的网络设备，可以将来自多个计算机的双绞线集中于一体，并将接收到的数据转发到每一个端口，从而构成一个局域网，还可以连接多个网段(不包含任何互联设备的网络)，扩展局域网的物理作用范围。

(5) 传输介质。传输介质也称为通信介质或媒体，在网络中充当数据传输的通道。传输介质决定了局域网的数据传输速率、网络段的最大长度、传输的可靠性及网卡的复杂性。局域网的传输介质主要是双绞线、同轴电缆和光纤。

- ❖ 双绞线：局域网所使用的双绞线也分为两类，即屏蔽双绞线(STP)与非屏蔽双绞线(UTP)。典型的屏蔽双绞线由外部保护层、屏蔽层与多对双绞线组成；非屏蔽双绞线由外部保护层与多对双绞线组成。屏蔽双绞线的抗干扰性能优于非屏蔽双绞线。常用的非屏蔽双绞线根据其通信质量一般分为 5 类，局域网中主要使用第 3 类、第 4 类和第 5 类，简称为三类线、四类线和五类线，其中三类线适用 10 Mb/s 以下的数据传输；四类线适用于 16 Mb/s 以下的数据传输；五类线适用于 100 Mb/s 甚至更高速率的数据传输。
- ❖ 同轴电缆：局域网中使用的同轴电缆是由内导体、绝缘层、外屏蔽层和外部保护层组成的，分为粗同轴电缆和细同轴电缆两种类型。
- ❖ 光纤：光纤是一种直径为 50 μm～100 μm 的柔软、能传导光波的介质。玻璃和塑料可以用来制造光纤，其中用超高纯度石英玻璃纤维制作的光纤可以得到最低的传输损耗。光纤传输有许多突出的优点，如频带宽、损耗低、重量轻、抗干扰能力强、保真度高等。

在同轴电缆、双绞线及光纤这 3 种传输介质中，双绞线的价格最低且安装、维护方便；同轴电缆造价介于双绞线和光纤之间，维护方便；光纤的价格高于同轴电缆和双绞线，但光纤具有低损耗、高数据传输速率、低误码率、安全保密性好的特性。

2．网络软件

组建局域网的基础是网络硬件，而网络的使用和维护要依赖于网络软件。在局域网上使用的网络软件主要是网络操作系统、网络数据库管理系统和网络应用软件。

(1) 局域网操作系统。在局域网硬件提供数据传输能力的基础上，为网络用户管理共享资源、提供网络服务功能的局域网系统软件被定义为局域网操作系统。

网络操作系统是网络环境下用户与网络资源之间的接口，用以实现对网络的管理和控制。目前，世界上较流行的网络操作系统有 Novell 公司的 NetWare、Microsoft 公司的 Windows NT 或 Windows 8 的 Server 2012、IBM 公司的 LAN Server。

它们在技术、性能、功能方面各有所长，支持多种工作环境，支持多种网络协议，能够满足不同用户的需要，为局域网的广泛应用奠定了良好的基础。

(2) 网络数据库管理系统。网络数据库管理系统是一种可以将网上各种形式的数据组织起来，科学、高效地进行存储、处理、传输和使用的系统软件，我们可以把它看做网上的编程工具，如 Visual FoxPro、SQL Server、Oracle、Informix 等。

(3) 网络应用软件。软件开发者根据网络用户的需要，用开发工具开发出来各种网络应用软件，例如常见的在局域网环境中使用的 Office 办公套件、收银台收款软件等。

7.2　Internet 基本概念

Internet 代表着当代计算机体系结构发展的一个重要方向，由于 Internet 的成功和发展，人类社会的生活理念正在发生变化，Internet 把全世界联成为一个地球村，全世界正在为此构筑一个数字地球。

7.2.1　Inertnet 的发展历程

Internet 的起源要追溯到 1957 年，那一年苏联发射了第一颗人造地球卫星。在这种情况下，美国政府为了加强科技基础设施，提高科学技术水平，创立了高级研究计划局(Advanced Research Projects Agency，ARPA)。ARPA 的主要工作是设计并实施一项工程，帮助科学家进行通信和共享某些计算机资源。

1969 年，诞生了 ARPANET，它连接了加利福尼亚的洛杉矶分校、斯坦福研究生院、犹他大学以及圣巴巴拉的加利福尼亚大学的计算机，它就是 Internet 的前身，这个只有 4 个节点的网络被称为"网络之父"。到了 1972 年，由于学术研究机构及政府机构的加入，这个系统已经连接了 50 所大学和研究机构的主机，1982 年，ARPANET 又实现了与其他多个网络的互联，形成了以 ARPANET 为主干的互联网。1985 年，美国国家科学基金会使用 ARPANET 技术建成了一个规模不大、像网一样的系统，连接了所有的主机以及本地机器，建立了基于 IP 协议的计算机通信网络 NFSNET。

早期的 ARPANET 只对少数的专家和政府要员开放，而以 NFSNET 为主干的互联网则向社会开放。到了 20 世纪 90 年代，随着计算机的普及和信息技术的发展，软件开发者开发了一个用户界面友好的 Internet 访问工具，进一步促进了互联网的迅速普及。现在，Internet 连接了世界上几乎所有的计算机，并为各年龄段的用户提供信息，人类的工作、生活已经与互联网密不可分。

Internet 的中文译名目前没有统一，国际互联网、全球互联网、互联网、因特网等都是指 Internet。

7.2.2　中国的 Internet

我国于 1994 年正式接入 Internet，但国内主干网的建设从 20 世纪 90 年代初就开始了。到 20 世纪末，已先后建成中国科技网(CSTNET)、中国教育和科研网(CERNET)、中国金桥信息网(CHINAGBN)和中国公用计算机互联网(CHINANET)四大中国互联网主干网。其中，前两个为非经营性网络，分别由中国科学院和教育部管理，后两个网为经营性网络，由传统的电信部门管理。

(1) 中国科技网。中国科技网是我国建设最早的四大互联网络中的一个。作为非营利性的公益网络，它主要为科技界、科技管理部门、政府部门和高新技术企业服务。

CSTNET 于 1994 年首次实现了我国与 Internet 的直接连接，同时在国内开始管理和运行中国顶级域名 cn，其服务主要包括网络通信服务、域名注册服务、信息资源服务和超级计算服务。网上的科技信息资源有科学数据库、中国科普博览、科技成果、科技管理、技术资料、农业资源和文献情报等，数据量相当大，可以向国内外用户提供各种科技信息服务。

(2) 中国教育和科研网。中国教育和科研网是由国家投资建设，教育部负责管理，清华大学等高等院校承担建设和管理运行的全国性学术计算机互联网络，它主要面向教育和科研单位，是全国最大的公益性互联网络。

CERNET 分四级管理，分别是全国网络中心、地区网络中心和地区主节点、省教育科研网、校园网。CERNET 全国网络中心设在清华大学，负责全国主干网的运行管理。地区的网络中心作为主干网的节点负责地区网的运行管理和规划建设。省级节点分布于全国除台湾省外的所有省、市、自治区。

(3) 中国金桥信息网。中国金桥信息网全称为中国公用经济信息网，是我国经济和社会信息化的基础设施之一，该网是国家的"三金(金桥、金关和金卡)"工程的金桥工程，由吉通通信有限公司承建，并承担该网的运营和管理工作。它是可在全国范围提供 Internet 商业服务的网络之一。

CHINAGBN 是以卫星综合数字业务网为基础，以光纤、无线移动等方式形成的天地一体的网络结构，使天上卫星网和地面光纤网互联互通，互为备用，可以覆盖全国各省市和自治区。中国金桥网的接入途径包括拨号方式和专线方式，其中的专线接入又包括 DDN 专线接入方案、点对点微波接入方案、共享微波接入方案和卫星接入方案等。

(4) 中国公用计算机互联网。中国公用计算机互联网由信息产业部负责组建，其骨干网覆盖全国各省、市、自治区，以经营商业活动为主，业务范围覆盖所有电话能通达的地区。

自 2003 年 3 月起，信息产业部将南方 21 省资源、原 CHINANET 品牌归属中国电信，电话上网接入号码为 16300 和 16388；北方 10 省资源归属中国网通，其互联网业务为"宽带中国 CHINA169"，电话上网接入号码为 16900。

随着我国国民经济信息化建设的迅速发展，拥有连接国际出口的互联网已由上述四家发展成九大网络，新增的五大网络是：

❖ 中国联合通信网(中国联通)：http://www.cnuninet.com。
❖ 中国网络通信网(中国网通)：http://www.cnc.net.cn。
❖ 中国移动通信网(中国移动)：http://www.chinamobile.com.cn。
❖ 中国长城宽带网：http://www.cgw.net.cn。
❖ 中国国际经济贸易网：http://www.ciet.net。

7.2.3　Internet 的特点

Internet 之所以发展如此迅速，被称为 20 世纪末最伟大的发明，是因为 Internet 从一开始就具有开放、自由、平等、合作和免费的特性。也正是这些特性，使得 Internet 得到了迅猛的普及。

1．开放性

Internet 是开放的，可以自由连接，而且没有时间和空间的限制，没有地理上的距离概念。只要遵循规定的网络协议，任何人都可以加入 Internet。在 Internet 网络中没有所谓的最高权力机构，网络的运作是由使用者的相互协调来决定的，网络中的每一个用户都是平等的。Internet 也是一个无国界的虚拟自由王国，在网络上信息的流动自由、用户的言论自由、用户的使用自由。

2．共享性

网络用户在网络上可以随意调阅别人的网页(Homepage)或拜访电子公告板，从中寻找自己需要的信息和资料，还可以通过百度、搜狗等搜索引擎查询更多的资料。另外，有一些网站还提供了下载功能，网络用户可以通过付费或免费的方式来共享相关的信息或文件等。

3．平等性

在 Internet 上是人人平等的，一台计算机与其他任何一台计算机都是一样的，网络用户无论老少，无论美丑，无论是学生、商界管理人士，还是建筑工人、残疾人都没有关系，大家通过网络进行交流，一切都是平等的。个人、企业、政府组织之间也是平等的、无等级的。

4．低廉性

Internet 是从学术信息交流开始的，人们已经习惯于免费使用它。进入商业化之后，网络服务供应商(ISP)一般采用低价策略占领市场，使用户支付的通讯费和网络使用费等大为降低，增加了网络的吸引力。

5．交互性

网络的交互性是通过三个方面实现的：其一是通过网页实现实时的人机对话，这是通过在程序中预先设定的超文本链接来实现的；其二是通过电子公告板或电子邮件实现异步的人机对话；其三是通过即时通讯工具实现的，如腾讯 QQ、微软的 MSN 等。

另外，Internet 还具有合作性、虚拟性、个性化和全球性的特点。Internet 是一个没有中心的自主式开放组织，Internet 上的发展强调的是资源共享和双赢发展的模式。

7.2.4　TCP/IP 协议

在 Internet 上规定使用的网络协议标准是 TCP/IP 协议。

TCP/IP 是传输控制协议/因特网互联协议(Transport Control Protocol/Internet Protocol)的缩写，它是每一台连入 Internet 的计算机都必须遵守的通信标准。有了 TCP/IP 协议，Internet 就可以有效地在计算机、Internet 网络服务提供商之间进行数据传输，不再有任何隔阂。

TCP/IP 协议并不完全符合开放系统互连参考模型(Open System Interconnect/Reference Model，OSI/RM)。传统的开放系统互联参考模型是一种通信协议的 7 层抽象参考模型，其中每一层执行某一特定任务。该模型的目的是使各种硬件在相同的层次上相互通信。而 TCP/IP 协议采用了 4 层的层次结构，即应用层、传输层、互联网络层和网络接口层。

应用层主要向用户提供一组常用的应用程序，比如电子邮件、文件传输访问、远程登录等，应用层协议主要包括简单邮件传输协议(Simple Mail Transfer Protocol，SMTP)、文件传输协议(File Transfer Protocol，FTP)、Telnet(远程登录协议)、超文本传输协议(Hyper Text Transfer Protocol，HTTP)等。

传输层负责传送数据，并且确定数据已被送达并接收。它提供了节点间的数据传送服务，如传输控制协议(Transmission Control Protocol，TCP)、用户数据报协议(User Datagram Protocol，UDP)等，TCP 和 UDP 给数据包加入传输数据并把它传输到下一层中。

互联网络层负责相邻计算机之间的通信，提供基本的数据封包传送功能，让每一块数据包都能够到达目的主机。网络层协议包括互联网协议地址(Internet Protocol Address，IP)、控制报文协议(Internet Control Message Protocol Internet，ICMP)、地址解析协议(Address Resolution Protocol，ARP)等。

网络接口层主要对实际的网络媒体进行管理，定义如何使用实际网络(如 Ethernet、Serial Line 等)来传送数据。

TCP/IP 协议包括传输控制协议 TCP 和网际协议 IP 两部分。

1．TCP 协议

TCP 协议提供了一种可靠的数据交互服务，是面向连接的通信协议。它对网络传输只有基本的要求，通过呼叫建立连接、进行数据发送、最终终止会话，从而完成交互过程。它从发送端接收任意长的报文(即数据)，将它们分成每块不超过 64 KB 的数据段，再将每个数据段作为一个独立的数据包传送。在传送中，如果发生丢失、破坏、重复、延迟和乱序等问题，TCP 就会重传这些数据包，最后接收端按正确的顺序将它们重新组装成报文。

2．IP 协议

IP 协议主要规定了数据包传送的格式，以及数据包如何寻找路径最终到达目的地。由于连接在 Internet 上的所有计算机都运行 IP 软件，使具有 IP 格式的数据包在 Internet 世界里畅通无阻。在 IP 数据包中，除了要传送的数据外，还带有源地址和目的地址。由于 Internet 是一个网际网，数据从源地址到目的地址，途中要经过一系列的子网，靠相邻的子网一站一站地传送下去，每一个子网都有传送设备，它根据目的地址来决定下一站传送给哪一个子网。如果传送的是电子邮件，且目的地址有误，则可以根据源地址把邮件退回发信人。IP 协议在传送过程中不考虑数据包的丢失或出错，纠错功能由 TCP 协议来保证。

上述两种协议，一个实现数据传送，一个保证数据的正确。两者密切配合，相辅相成，从而构成 Internet 上完整的传输协议。

7.2.5　IP 地址和域名

一般住房总有个门牌号码，这样邮递员才能把邮件准确无误地投寄到您的手中。在 Internet 中，为了实现与其他用户的通信，使用 Internet 上的资源，必须使用 IP 地址唯一标识 Internet 上的网络实体。为了便于记忆和理解，Internet 引入了一种用字符表示的域名来代表 IP 地址。

1．IP 地址

Internet 上连接的计算机数以千万计，如何来辨认要进行数据传送的目的计算机呢？根据 IP 协议规定,在 Internet 上的每一台计算机,都必须拥有一个 Internet 地址(简称 IP 地址),并且以系统的方法,按国家、区域、地域等一系列的规则来分配,以确保数据在 Internet 上快速、准确地传送。在 Internet 上,IP 地址是唯一的,一个主机对应一个 IP 地址。

IP 地址由 32 位的二进制数组成。为了使用方便,IP 地址经常被写成十进制的形式,使用四组数字组成并用圆点“.”分隔,例如 192.168.23.65。每个部分可以是 0~255 的十进制数,这种格式的地址称为“点分十进制”地址,采用这种编址方法可使 Internet 容纳 40 亿台计算机。

用户如果使用电话拨号上网,当用户的计算机连接到 Internet 上时,网络服务商(ISP)会临时分配给用户一个 IP 地址;如果使用专线上网,则必须事先申请一个专有 IP 地址。

2. 域名系统

尽管利用 IP 地址就可以在计算机之间进行通信,但要记住这一串长长的数字并不太容易,为此 Internet 引入了一种用字符表示的域名来代表 IP 地址。因为在 Internet 上是以 IP 地址来区分计算机的,所以使用域名作为计算机的网址时,必须借助于域名服务器(Domain Name System,DSN)完成域名到 IP 地址的解析工作。

域名的写法类似于“点分十进制”的 IP 地址,用圆点将各级子域名分隔开,域的层次序列从右到左(即由高到低),分别称为顶级域名、二级域名、三级域名等。典型的域名结构为:主机名.单位名.机构名.国家名。例如:www.sina.com.cn,其中 sina 表示新浪公司的域名,com 表示域名所有者的性质为商业机构,cn 表示国家为中国。

网络中常见的机构或组织类型的域名及其含义如下:

- ❖ com 表示商业机构。
- ❖ edu 表示教育机构。
- ❖ gov 表示政府机构。
- ❖ mil 表示军事机构。
- ❖ net 表示网络服务提供者。
- ❖ arts 表示文化娱乐。
- ❖ film 表示公司企业。
- ❖ org 表示非盈利组织。
- ❖ int 表示国际机构(主要指北约组织)。
- ❖ arc 表示康乐活动。
- ❖ info 表示信息服务。

另外,为了适应 Internet 在全球范围内的使用,在域名中增加了国家或地区的域名部分,它采用两个字母表示国家或地区,主要国家或地区如下:

- ❖ cn 表示中国。
- ❖ hk 表示香港(中国)。
- ❖ tw 表示台湾(中国)。
- ❖ fr 表示法国。
- ❖ au 表示澳大利亚。
- ❖ ca 表示加拿大。

- ❖ jp 表示日本。
- ❖ uk 表示英国。
- ❖ kr 表示韩国。
- ❖ ge 表示德国。
- ❖ us 表示美国。
- ❖ rs 表示俄罗斯联邦。

3. URL 地址

在 WWW 上每一信息资源都有统一的且在网上唯一的地址，该地址就叫 URL(Uniform Resource Locator)，它是 WWW 的统一资源定位标志。URL 就像域名一样，也是 Internet 上的地址，但 URL 是计算机上网页文件的地址，而域名对应的是计算机的 IP 地址。URL 由 3 部分组成：资源类型、存放资源的主机域名及网页文件名。

当用浏览器(如 IE)浏览网页时，每一个网页都有唯一的 URL 地址，例如：

http://www.tsinghua.edu.cn/top.html

其中，http 是 Hyper Text Transfer Protocol(超文本传输协议)的缩写，表示该资源类型是超文本信息；www.tsinghua.edu.cn 是清华大学的主机域名；top.html 为网页文件名。在 IE 浏览器的地址栏中输入上述 URL 地址，就可以打开该网页。当 URL 省略网页文件名时，表示定位于 Web 站点的主页。

7.2.6　Internet 的应用

通过 Internet 可以进行全球电子邮件通信、查询和检索各种信息等。它的应用领域包括教育、科研、娱乐、购物、广告、旅游、可视电话会议、讨论小组、公司项目管理以及电子商务等。

Internet 发展到今天，提供的信息资源非常丰富，任何人在 Internet 上都可以找到他所感兴趣的主题，Internet 已经成为信息资源的海洋。下面将介绍一下最常用的 Internet 应用。

1. 远程登录

远程登录(Telnet)是 Internet 提供的基本服务之一，它允许用户在本地机器上对远方节点进行账号注册，注册成功后，可以把本地机器看做是远方节点的一个终端，从而使用远方机器上的软、硬件资源。

远程登录的作用就是把本地主机作为远程主机的一台仿真终端使用，这是一种非常重要的 Internet 基本服务。事实上，Internet 上的绝大多数服务都可通过 Telnet 进行访问。

2. 文件传输

文件传输(FTP)是 Internet 的主要用途之一。使用基于 FTP(File Transfer Protocol，文件传输协议)的文件传输程序可以登录到 Internet 上的一台远程计算机，把其中的文件传送回自己的计算机系统，或者将本地计算机上的文件传送到远程计算机中。

3. 电子邮件

在 Internet 上，电子邮件(E-mail)系统拥有的用户最多，是最受欢迎的通信方式。用户可以通过 E-mail 系统同世界上任何地方的朋友交换电子邮件，只要对方也是 Internet 的用户。

电子邮件服务是计算机网络中应用最广泛和使用最频繁的一项服务。由于它的使用，加速了世界范围内的数据交换和信息传播。

4．信息浏览(WWW)

信息浏览(World Wide Web，WWW)是一个基于超文本文档的分布式 Internet 数据库系统，用于描述 Internet 上所有可用信息和多媒体资源。

WWW 系统有时又称为 Web 系统，是由无数的网页(Web Page)组合在一起的信息世界。这些网页使用了一种被称为 HTML(超文本标记语言)格式的文件。所谓超文本是一种非常简单的结构，它是在普通文本的基础上增加了链接(Link)功能，即可以很方便地通过链接从一个页面跳转到另一个页面，而这些页面遍布 Internet 世界。Web 页面的链接是非常神奇的，它使原本孤立、静止的文本有了互动的能力。这种互动的形式为人们搜索信息、获取知识提供了方便。

5．新闻组

新闻组(Newsgroups)并非是传递新闻的地方，而是一种论坛，是 Internet 上一种让人们分享信息、交换意见与知识的地方。新闻组包含了科学、艺术、政治、商务、医疗、教育、娱乐等各方面的讨论主题。

新闻组成员必须使用一种称为 Newsread 的程序来访问新闻组，也可以使用 Outlook Express 访问新闻组，新闻组中的信息通常是保存在被称为新闻服务器(News servers)的计算机中。

6．电子公告板

电子公告板系统(BBS)是英文 Bulletin Board System 的缩写，是一种远程电子通信手段。现在很多 BBS 在 Internet 上已经变成纯粹的"讨论区"，主要功能就是将所需内容以电子公告的形式进行发布，目前延伸为个人与个人之间、企业与个人、企业与企业之间的交流。

7．即时通讯

即时通讯(Instant Messenger，IM)是指通过互联网和其他网络开展的实时通讯。全世界第一个即时通讯软件为 ICQ。目前国内最为流行的即时通讯软件是腾讯 QQ，它以良好的中文界面和不断增强的功能形成了一定的 QQ 网络文化。除此以外，还有微软的 MSN、网易的 POPO、多玩 YY 等都是各具特色的即时通讯工具，主要功能包括文字聊天、语音聊天、传送文件、远程协助、视频聊天、发送短信等。

7.3 网 络 连 接

只有将计算机接入 Internet，才能享受丰富多彩的网络生活，真正体验网上冲浪的感觉。如果要接入 Internet 首先需要购买一台个人计算机，然后向 ISP 服务商申请开通上网业务，还需要配备一些相应的硬件，如网线、网卡或 Modem 等。

7.3.1　Internet 的接入方式

计算机上网的方式有好多种，最初的家庭上网是通过电话拨号方式接入的，费用比较低，但是网速特别慢，所以现在基本不再使用这种方式。目前，常见的上网方式有 ADSL、小区宽带、有线电视宽带以及无线上网。

1．ADSL 上网

ADSL(Asymmetric Digital Subscriber Line，非对称数字用户线)是一种通过电话线上网的方式，是目前我国家庭上网最主要的方式。其优点是上网的同时可以使用电话，但是对通话质量有一定的影响。要使用 ADSL 方式上网，必须先在网络运营商处开通 ADSL 服务，然后安装 ADSL 上网设备 Modem，建立网络连接。

2．小区宽带

小区宽带又称 LAN，是目前大中城市较普及的一种上网方式，它主要采用光缆与双绞线相结合的布线方式，利用以太网技术为整个小区提供宽带接入服务。小区宽带的安装比较简单，它使用单独的专用电缆，因此性能较为稳定，缺点是当接入用户较多时，网速会变得比较慢。

3．有线电视宽带上网

有线电视宽带上网是通过高带宽的有线电视缆线传送网络数据，这种上网方式需要配备有线缆调制解调器(Cable Modem)。

使用有线电视宽带上网时不用拨号，不独占电视信号线，并且网络连接稳定，速度相对较快，通常按流量计费。

4．无线上网

前述的上网方式都是有线上网，随着网络技术的不断发展，无线上网也越来越普及。无线上网主要有两种方式：一是通过手机开通上网功能，然后让计算机通过手机或无线网卡来上网；二是通过无线网络设备，它以传统局域网为基础，使用无线 AP 和无线网卡来上网。

7.3.2　申请开通 ADSL 业务

家庭用户要开通上网业务，最方便与实惠的就是 ADSL 上网方式，只要拥有一根电话线即可。用户可以向当地的电信营业厅或者是其他 ADSL 业务服务商提出申请，并办理相关手续即可，基本流程如图 7-10 所示。

申请 ▶ 付费 ▶ 安装 ▶ 开通

图 7-10　申请 ADSL 业务的基本流程

(1) 在当地 ADSL 业务营业厅申请开通 ADSL，此时需要详细填写业务登记单，填写申请人的有效证件名称及证件号码，并向服务人员交验证件。

(2) 填写登记单并交费后，即可获得一个 ADSL 上网账号、用户名和密码。

(3) 交费后的几个工作日内，工作人员便会主动与您联系，上门安装。

(4) 工作人员安装 ADSL 时，将免费提供 ADSL Modem、分离器和 PPPoE(宽带通)客户端软件，连接后开通上网业务。

7.3.3 常见网络故障的处理

在使用 ADSL 方式上网时，经常会遇到这样或那样的问题，例如，经常掉线的问题、如何自动拨号、中途如何断开网络等。发生故障的原因是多方面的，而且每个人的上网环境也不同，所以在分析故障时，一定要根据实际情况具体分析。下面介绍几种最常见的网络故障及其可能的原因。

1．ADSL 经常掉线

使用 ADSL 方式上网时，有时会出现经常掉线的现象，造成掉线的原因可能有以下几个方面：

(1) 网络本身不稳定。当网络处于高峰期时，计算机的处理能力有限。这种原因造成的掉线，无计可施，只能避开高峰期上网。

(2) 网卡质量不稳定。故障现象是掉线后再也连不上了，如果排除了网线、插槽等问题，一般为网卡质量不稳定，用户应及时更换网卡。

(3) 电话线出现问题，特别是雨天更容易出现掉线现象。

(4) 室内电磁干扰。如果室内的电磁干扰比较严重(如空调、洗衣机等)，也可能导致通信故障，建议上网时远离类似电器。

(5) 可能是软件导致。例如，驱动程序与操作系统的版本不匹配、PPPoE 软件安装不合理、软件兼容性不好等，也可能导致频繁掉线。

2．拨打电话时网络中断

当 ADSL 连接至网络时，拨打电话时网络会掉线，稍后会自动连接，出现这种故障的原因可能有以下几个方面：

(1) 信号分离器的质量问题。这是首先要考虑的一个原因，信号分离器相当于一个低通滤波器，只允许 $0\sim4$ kHz 的声音信号通过电话，如果质量存在问题，会影响到声音信息的接收。

(2) 分离器的线路接反了。分离器上的接口不能混用，如果由于粗心接反了线路，同样会导致宽带掉线，而且在上网时打电话，通话中会有很大的杂音。

(3) 线路老化或质量太差。这种原因的可能性比较小，但是如果线路老化或质量不过关，确实影响数据传输质量。

3．Link 指示灯不停闪烁

ADSL Modem 上有一个 Link 指示灯，用于显示网络连接状态，它有三种表现形式：一是红灯，表示物理连接存在问题；二是绿灯，表示网络正常连接；三是闪烁状态，表示正在建立连接。如果长时间不停地闪烁，可能有以下几个方面的原因：

(1) 如果 Link 指示灯一直闪烁，表示当前信号不稳定，若过一会儿恢复为正常，表明该指示灯闪烁状态是由电信公司的内部线路调整引起的。

(2) 如果 Link 指示灯一直闪烁不停且无法恢复正常，表明通信线路存在故障。此时可以测试一下电话线中是否有信号存在，如果有信号则表示线路工作很正常。

(3) 如果线路正常，而 Link 指示灯一直闪烁不停，可能是端口有问题。此时可以检查一下 ADSL 线路在入户时，信号分离器有没有连接好，以及信号分离器之前有没有连接其他设备，如分机或防盗系统等。

(4) 如果上面的问题全部排除，指示灯还不能恢复正常，则需要联系 ISP 提供技术支持。

4．拨号时提示错误 678

使用 ADSL 拨号上网时，有时会碰到"错误 678"的故障提示，其含义是远程计算机无响应，简单地说，就是网络不通。出现这种故障的原因可能如下：

(1) 检查线路是否松动。出现"错误 678"故障，首先要检查线路，例如，ADSL Modem 连线、信号分离器接口、线路水晶头是否氧化等，确认线路不存在问题。

(2) 检查 ADSL Modem 是否拨号正常。因为网卡自动获取的 IP 没有清除，所以再次拨号的时候网上无法获取新的 IP 地址，这时就会提示"错误 678"。解决办法是，进入"控制面板"的【网络连接】窗口，在"本地连接"图标上单击鼠标右键，从弹出的快捷菜单中选择【禁用】命令，稍等片刻后，再次在禁用的"本地连接"图标上单击鼠标右键，从弹出的快捷菜单中选择【启用】命令，然后重新拨号。

(3) 如果上述方法无效，尝试重启计算机，再进行 ADSL 连接与拨号。

(4) 如果步骤(1)、(2)和(3)都无法解决故障，应查看网卡灯是否亮着，如果网卡灯不亮，首先应考虑网卡是否正确安装。

(5) 如果上述所有操作无效，应联系 ISP 确认端口是否正常或提供技术支持。

※ 学习感悟

本章习题

一、填空题

1. 计算机网络的_____叫做网络的物理拓扑结构。按照网络的拓扑结构分类，可以分为_____、_____、_____、_____。

2. 常见的协议有_____协议、_____协议和_____协议。

3. 开放系统互联参考模型将计算机网络体系结构的通信协议划分为7层，自下而上依次为_____、数据链路层、_____、传输层、会话层、表示层、应用层。

4. 局域网由网络_____和网络_____两部分组成。

5. Internet引入了一种用字符表示的_____来代表IP地址，但是在Internet上是以_____来区分计算机的。

6. 在WWW上每一信息资源都有统一的且在网上唯一的地址，称为_____，它是WWW的统一资源定位标志。

7. 计算机网络分类方法有很多种，如果从覆盖范围来分，可以分为_____、_____和_____。

8. Internet采用_____协议实现网络互联。

9. 局域网的传输介质主要是_____、_____和_____。

二、简述题

1. 简述OSI参考模型各层的主要功能。

2. 简述计算机网络的功能。

3. Internet具有哪些特性？

4. 简述几种常见的Internet接入方式。

5. 简述网络协议的三要素。